技術評論社

はじめに

この本は、Linuxやサーバーについてまったく知らない方向けに書かれた入門書です。タイトルどおり、「ゼロから」学習をはじめることを想定しています。Webサーバーを構築しながら、Linuxの操作を学び、OSのインストールから、Webサーバーの公開までのおおよその流れが掴める構成です。

サーバーについて学ぶには、コマンドを多く叩くのが一番です。本書では、多くのハンズオンを用意し、まずは「黒い画面」に親しめるように努めています。

最近では、AWSをはじめとしたクラウドプラットフォームやDockerなどのコンテナ技術の広まりにより、サーバーやLinuxに馴染みのないエンジニアでも、サーバーを構築することが増えました。これらの技術は、コマンドを知らなくても手軽に構築できる一方で、少し複雑なことをやろうと思うと、インフラ技術の知識不足による壁にあたりやすい傾向にあります。

Linux操作は、インフラの基本です。Linuxを学ぶことは、その根底に流れる仕組みを学ぶことにもなるでしょう。

皆さんは、言わばLinux1年生です。世界は深く広いので、この本で、即座にインフラのスペシャリストになるのは難しいですが、大きな知識の土台にはなるはずです。

また、Linuxについて詳しい方は、本書をまどろっこしい本だと感じるかもしれませんが、そうした方は「入門者」ではなく、「編入者」です。この本は、Linux1年生の皆さんのための入門書なので、上手く調整しながら読んで下されば幸いです。

ぜひ、Linuxとサーバーの世界を楽しんでくださいね。

2023年3月　小笠原種高

目次

CHAPTER 1 サーバーをはじめよう

CHAPTER 2
サーバーを構築しよう

CHAPTER 3
Ubuntuを操作しよう

CHAPTER 8

Webサーバーを公開・管理しよう

ご注意

ご購入・ご利用の前に必ずお読みください。

- 本書は、「ゼロからわかる Linux Webサーバー超入門［Apache HTTP Server対応版］」（小笠原種高著）の内容を一部もとにしています。
- 本書に記載された内容は、情報の提供のみを目的としています。したがって、本書を用いた運用は、必ずお客様自身の責任と判断によって行ってください。これらの情報の運用の結果について、技術評論社および著者はいかなる責任も負いません。
- 本書ご購入の前に、必ずバージョン番号をご確認ください。
- 本書で使用したサンプルファイルと、練習問題・解答解説は下記のサイトより入手できます。

https://gihyo.jp/book/2023/978-4-297-13427-3

本書の内容およびサンプルファイルに収録されている内容は、次の環境にて動作確認を行っています。

OS	Windows 11
Webブラウザ	Google Chrome

上記以外の環境をお使いの場合、操作方法、画面図、プログラムの動作等が本書内の表記と異なる場合があります。あらかじめご了承ください。

以上の注意事項をご承諾いただいたうえで、本書をご利用ください。

CHAPTER

1

サーバーをはじめよう

現在、あらゆるところでサーバーが使われており、我々の生活を支えてくれています。しかし、「サーバーとは何か」を理解している人は少ないかもしれません。
この章では、「サーバーとは何か？」から始め、サーバーを構築するために必要なものや、サーバー OSなど、サーバーを取り巻く技術について説明します。

1-1 サーバーの仕事と役割を知ろう

サーバーとは、いったいどのようなもので、どのようなことをしているのか。「サーバーとは何か」について学びます。

1-1-1 世界はサーバーとクライアントでできている

皆さんは、Linuxや、サーバーについて、どのくらい知っているでしょうか。少し触ったことがあるという方も居れば、まったく知らない方もいらっしゃるでしょう。

あまり詳しくないことを恥じる必要はありません。なぜなら、本書は、**はじめてLinuxやサーバーを触る人のための本**だからです。

これから我々は、Linux環境上にWebサーバーを立てることを題材に、Linuxでのファイルやユーザーの操作の仕方やアプリケーションのインストール、Webサーバーの立て方を学んでいきます。なぜ、LinuxやWebサーバーを学ぶのでしょうか。また、これらを学んだら何ができるようになるのでしょう。

● 世界の秘密とサーバーとクライアント

まず大前提として、電脳世界の大半は**サーバー**と**クライアント**でできています。Webサイトや、ファイル共有、メールなど、「誰かが提供するもの」には、必ずサーバーが使われています。その「提供されたもの」を操作したり閲覧したりするために使われているのがクライアントです。個人のパソコンや、スマートフォンがこれにあたります。つまり、**世界は、「提供する側」(サーバー)と、「提供される側」(クライアント)でできている**のです。ですから、サーバーを学ぶことは、世界の秘密を覗くことなのです。

とはいえ、本書は入門書ですから、秘密の端の端くらいです。でも、端に立つことができれば、広大なサーバー技術を学ぶ取っかかりになることでしょう。

● WebサーバーとWebシステムと世界規模の蜘蛛の巣

サーバーには、色々な種類があります。サーバーの中でも最も使われていると言っても良いのが**Webサーバー**です。Webサーバーはその名のとおりWebサイト（Webページ）を提供するためによく使われています。皆さんがいつも楽しんでいるSNSもWebサイトの一種ですし、動画サイトや検索サイトなども全てWebサイトです。

またWebサーバーはWebサイトだけでなく、**Web技術**を使ったシステムにも使われています。そもそも、Webというのは「World Wide Web（ワールドワイドウェブ）」の略で、「蜘蛛の巣」という意味を持ちます。日本語なら「**世界規模の蜘蛛の巣**」です。なぜ蜘蛛の巣という名前をつけているかと言うと、「ネットワーク上で互いに文書同士がリンクし合っている網（仕組み）」のことを指すからです。皆さんが、ネットサーフィンをする時も、WebページからWebページへジャンプしますね。まさにあれが「Web」なのです。World Wide Webは、Wから始まる単語が3つ続くので、「WWW(注1)」や「W3（ダブリュースリー）」とも言います。

こうした、Webサイトを作ったり、見たりするのに使われている技術をまとめて「Web技術」と呼びます。そして、Web技術は、大変便利なので、ウェブサイトを作る以外にも利用されており、IT業界では必須の技術なのです。

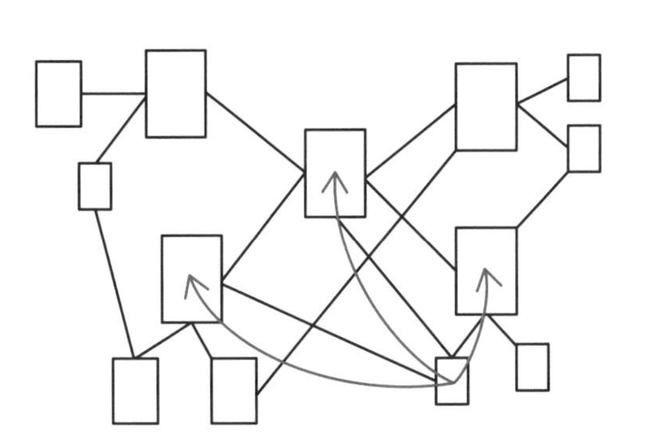

・Webは蜘蛛の巣のようにお互いにリンクしあっている。

・1つのページから別のページにジャンプできる

World Wide Web

世界規模の蜘蛛の巣

● サーバーには大概Linuxが使われている

では、Linuxはどう関わってくるのでしょうか。

Linuxは、OS（Operating System）の一種です。OSとは、ソフトウェアとハードウェアの仲立ちをするものです。一言で言うと、通訳さんのような役割です。皆さんのパソコンであれば、WindowsやmacOSが使われていることが多いでしょうし、スマートフォンであれば、AndroidやiOSがほとんどでしょう。

パソコンとスマートフォンとで、採用されるOSが違うように、サーバーの世界ではLinuxやUNIX、Windows Serverがよく使われています。

TIPS

（注1）開発現場では、スラング的に「ダブダブダブ」と読まれることが多い。同じように、W3を「ダブリューさん」と言うことも。

特にLinuxのシェアは大きく、サーバーの勉強をするには、まずLinuxを学んでおくと入門として良いのです。

1-1-2 サーバーとは何者なのか

では、このサーバーとは何者なのでしょうか。

サーバーとは、「server」の名のとおり、**何かサービス（service）を提供するもの**を指します。メールサーバーならメール機能を提供するサーバー、Webサーバーなら Webサービスを提供するサーバーです。提供するサービスによって「●●サーバー」と呼ばれます。

そのため、なんとなく「メールを使うのに必要」「ゲームをするのに必要」「ネットに関係がある」(注2)といったイメージかもしれません。そのイメージは間違っていません。

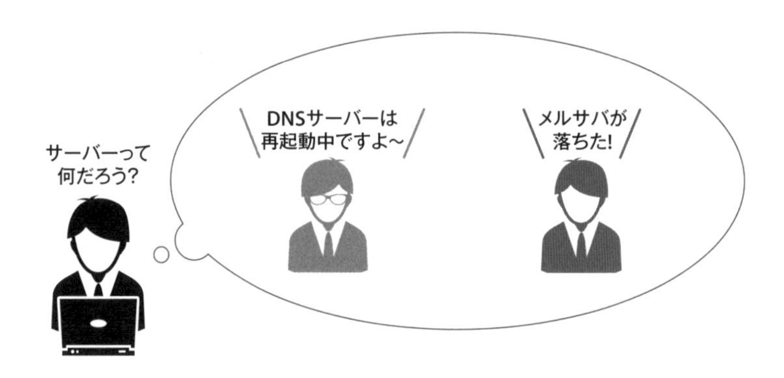

サーバーの機能は、ソフトウェアで提供されます(注3)。

サーバーでは、普段使っているパソコンと同じようにOSが動いており、その上でソフトウェアが動きます。メールサーバー用のソフトを入れれば、メールサーバーの機能を持つようになりますし、Webサーバー用のソフトを入れれば、Web用の機能を持つようになるというわけです。

つまり、サーバーとは、「どんなソフトウェアが動いているか」で、機能が決まるのです。

ですから、複数のソフトウェアを、一台のサーバーマシンに入れることもできます。

Windowsのパソコンで WordとExcelがどちらも使えるように、サーバーマシンも

(注2) エンジニアでなくとも、「サーバーが落ちた!」「メルサバ（メールサーバー）の調子が悪い」などの言葉を、耳にしたことがあると思います。会社であれば、「そのPDF、ファイルサーバーに置いておいて」「今、DNSサーバーは再起動かけているからインターネット使えないよ」などと言われることもあるかもしれませんね。

(注3) サーバーに特化した機器自体を「サーバー」と呼ぶこともあります。そのため、「サーバー」と言った時に、機器を指している場合と、機能を指している場合があります。

複数のソフトウェア（サービス）を同居させることが可能です。

メールサーバーと、Webサーバーが同じコンピューターの中に入っているというケースもあり得るわけです。

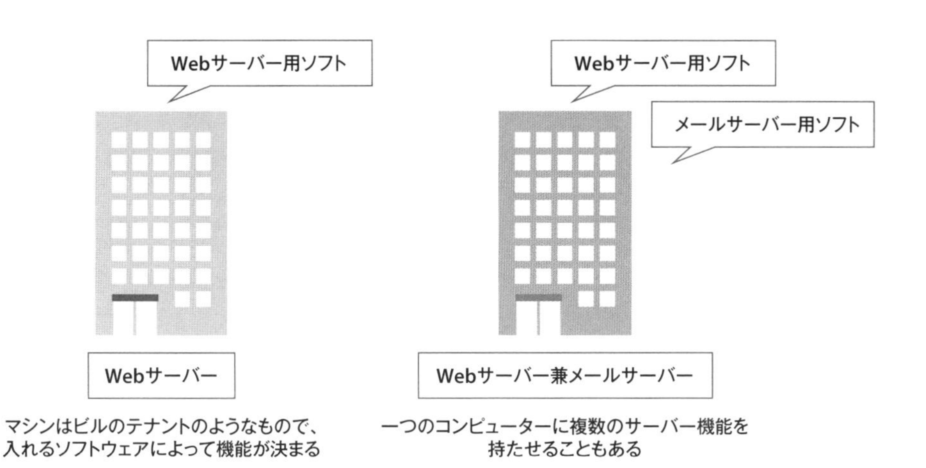

●図　サーバの機能はインストールするソフトウェアで決まる

1-1-3 サーバーは何をしているのか

サービスを提供する側のコンピューターをサーバーというのに対し、サービスを受ける側のコンピューターを「クライアント（client）」といいます。普段使っているデスクトップパソコンや、ノートパソコン、タブレットやスマホなどがこれにあたります。

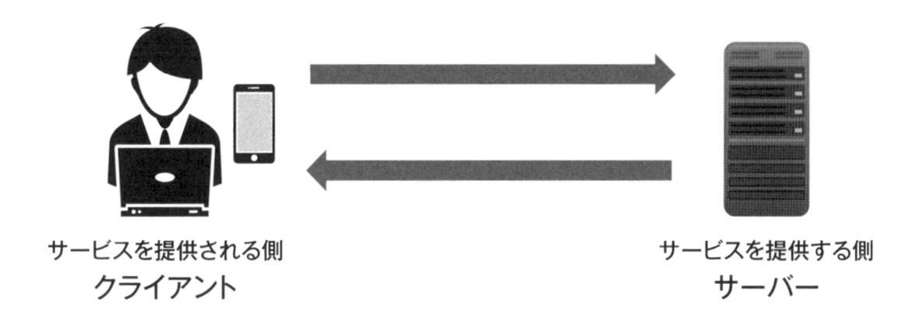

多くのサーバーは、サーバーの機能を使うのに、クライアントからアクセスして使用します。メールの送受信を実際に担当するのは、メールサーバーであっても、メールの読み書きはパソコンやスマホから行います。Webサイトを提供するのはWebサーバーであっても、それを閲覧するのは、パソコンやスマホです。

具体的にどのような動きをしているのか、Webサーバーを例にとってみましょう。

Webサーバーには、HTMLファイルや、画像ファイル、プログラムファイルなどのコンテンツが置かれています。

クライアントのブラウザが、見たいWebサイトのURLにアクセスすると、そのデータを持つWebサーバーが、それらのコンテンツを提供します。ブラウザは、それらのコンテンツをダウンロードし、ページの形で表示します。

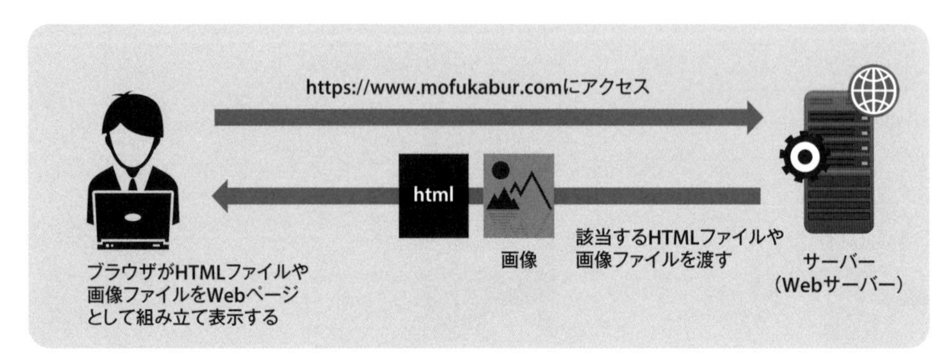

●図　サーバーはクライアントからの要求を処理する

つまり、サーバーは常にクライアントからアクセスしやすい状態に置かれ、機能を提供し続けるのが役割です。もちろん、サーバーの種類や役割によっては、特定の人しかアクセスできないサーバーや、隠されたサーバーもありますが、「アクセスする権利（注4）のある人が、許可された状態では、常にサーバーにアクセスできること。そして、サーバーが機能を提供できること」は、サーバーとして必須のことなのです。

特に、Webサーバーならば、ページを見る人がいつ訪ねてくるかわからないので、24時間365日、どんな時でも動いている必要（注5）があります。これはメールサーバーなども同じです。

1-1-4 サーバーの種類とインターネット

サーバーというと、すべてがインターネットに繋がっているイメージがあるかもしれませんが、そうでもありません。

サーバーの種類は、様々です。インターネットにつないで、誰でもアクセスできるようなものもあれば、インターネットに繋がずに、会社内（注6）や家庭内のみで使うものもあります。

インターネットに繋ぐということは、便利なようですが、セキュリティ面での心配も発生します。ですから、つながなくて良いサーバーは、インターネットにはつながない

（注4）サーバーの種類によっては、万人に開放されたサーバーではないこともあります。その場合は、アクセスする権利の無い人がアクセスできないようにすることも、また重要なことです。

（注5）メンテナンスなどで意図して止めることもあります。

（注6）このような内部ネットワークをイントラネットと言う。

のです。

本書は、Webサーバーを題材にLinuxを学ぶ本ですが、他にどのようなサーバーがあるのか、知っておくことは大事ですから、簡単に紹介しておきましょう。

● Webサーバー

Webサーバーは、ウェブサイトの機能を提供するサーバーです。HTMLファイルや画像ファイル、プログラムを置いておきます。クライアントのブラウザがアクセスしてくると、それらのファイルを提供します。最近では、ウェブサイト以外にも、システムの土台として使われることが多く、重要な技術の一つです。

また、その性質上、インターネット上に配置することが多く、セキュリティ面でも、様々な配慮が必要です。本書では、4章にて詳しく扱います。

● メールサーバー

メールのやりとりのためのサーバーです。メールの送受信を担当するSMTPサーバーと、クライアントにメールを受信させるPOPサーバーがあります。これら二つを合わせてメールサーバーと呼ぶことが多いです。メールをダウンロードしてから読むのではなく、サーバーに置いたまま読めるIMAPサーバーもあります。仕組みについて詳しくはサポートサイトに掲載しています。

● データベースサーバー

データを保存したり、検索したりするためのサーバーです。データベースを使用しないと、データの管理が煩雑になったり、プログラムが大変になってしまいます。そのため、現在のほとんどのシステムでは、Webサーバーとデータベースを組み合わせて使っています。あまり意識されないですが、SNSや動画サイト、検索サイトなども、裏ではデータベースが動いています。

● DNSサーバー（ディーエヌエスサーバー）

IPアドレスと、ドメインを結びつけるDNS機能を持つサーバーです。IPアドレスとは、「118.18.1.xxx」（xxxは3桁の数字）のような3桁の数字を4つ組み合わせたもので、インターネット上の住所を表します。ドメインは、URI（URL）の「gihyo.jp」や「mofukabur.com」のような部分です。本来、インターネットでは、IPアドレスでないとアクセスできないのですが、それでは不便なので、ドメインを使ってアクセスします。IPアドレスとドメインを結びつけるのがDNSサーバーであり、実際にウェブサイトを製作する場合には、こうした知識も必要になります。仕組みについて詳しくはサポートサイトに掲載しています。

● DHCPサーバー（ディーエイチシーピーサーバー）

IPアドレスを自動的に振る機能を持つサーバーです。サーバーは、作っただけでは、IPアドレスが振られていません。IPアドレスを設定するには、手動で行うか、DHCPサーバーにて自動で行います。こちらもWebサイト製作時には、知っておくべき知識です。

● FTPサーバー（エフティーピーサーバー）

FTPプロトコルを使って、ファイルの送受信を行うサーバーです。ファイルの設置に使います。最近では、CMS(注7)（Contents Management System）と呼ばれるソフトウェアやシステムで、Webコンテンツを作ることが多くなったので、非エンジニアの人が使うことは減りましたが、開発現場ではFTPでアクセスしてファイルの操作を行うことも多いです。FTP以外に、SCPや、SFTPを使うこともあります。

● プロキシサーバー

通信を中継する役割を持つサーバーの総称です。社内LANなどインターネットから隔離された場所からインターネット上のサーバーに接続するときに使います。キャッシュ機能を持っているほか、一部の接続を許可しないように設定することもでき、たとえば、社内から特定のサイトにアクセスできないようにしたり、未成年が不適切なサイトを見られないようにしたりする用途にも使えます。

また、プロキシサーバーを経由すると、接続先から自分のアクセス元を隠すことができるため、自分の身元を隠すようなアンダーグラウンドな使われ方をされることもあります。

● ファイルサーバー

ファイルを保存して、皆で共有するためのサーバーです。アクセス権を設定でき、一部の人だけに読み書きできるように制限することもできます。

インターネット上で使われているファイルサーバーもありますが、会社の中でもよく使われています。その性質上、社内のファイルサーバーは、Windows ServerがOSとしてよく使われるのも特徴の一つです。

● 認証サーバー

ユーザー認証するためのサーバーです。Windowsネットワークにログインするための「Active Directory」と呼ばれるサーバーや、無線LANやリモート接続する際にユーザー認証する「Radiusサーバー」などがあります。

（注7）WordPressや、MovableTypeもCMSの一種。SNSの入力画面も、広義のCMSである。

1-2 サーバー構築に必要なものを知ろう

サーバーと言えば、なんだか特殊なものであるような気がするかもしれません。しかし、サーバーとクライアントの違いは大きくありません。役割の違いに過ぎないのです。

1-2-1 サーバーの構成

サーバーがどのように構成されているか、お話していきましょう。

まず、再三話題にあがっている「サーバー」と「クライアント」ですが、これらの機器に違いはありません。違うのは、役割です。「どの立場なのか」に過ぎないのです。

ですから、どんな機器でも、「提供する側」となれば、サーバーですし、「提供をされる側」であれば、クライアントです。やろうと思ったら、皆さんの普段使っているノートパソコンや、スマートフォンをサーバーにすることもできます。逆に、Linuxを普段のパソコンとして使っても良いのです。そのくらい、両者に違いはありません。ただし、サーバーとして使うには、サーバーに特化した(注8)構成になっています。

具体的には、「無駄なもの」がないようになっているのです。クライアント用と異なり、サーバー用のOSは、グラフィカルな画面がないなど、余計なソフトが動いていません。サーバーマシンを使うのは、ソフトウェアがメインで、人間が直接触ることは少ないからです。そのため、まったくの初心者には違うものに見えるかもしれないですね。

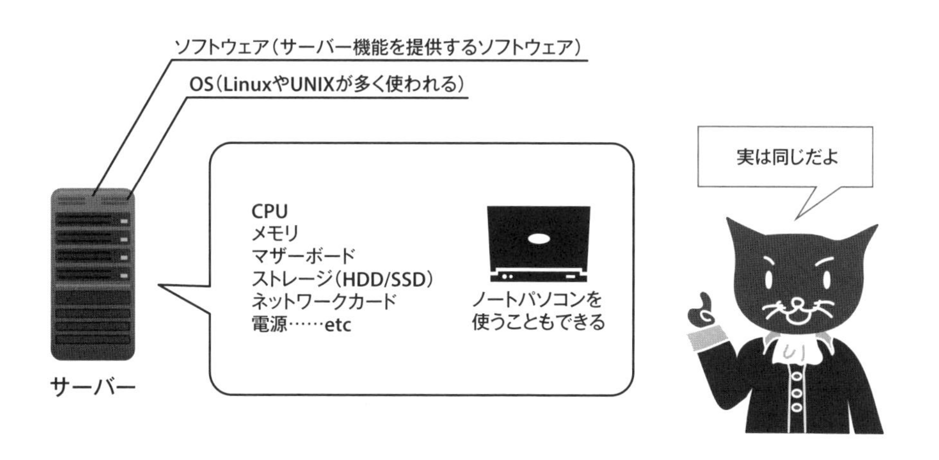

(注8) 逆に、WindowsやMacなどクライアント用パソコンは、人が使いやすいようになっている。スマートフォンは、手で操作しやすい構成になっている。

1-2-2 サーバー用のマシン

サーバー用のマシンは、24時間365日稼働することが前提であり、複数のユーザーが同時にアクセスすることも多いことから、CPUやマザーボードなども、熱がこもりにくい業務用のものが使われます。また、電源も安定して供給できる大きな容量が使用されています。複数台で構成したり、他のサーバーと一緒に管理したりするために、ラック(注9)に設置しやすいようなケースに入っていることもあります。

自社で使うファイルサーバーなどは、部屋の片隅に設置されることもありますが、大規模のWebサーバーなどは、データセンターなどのサーバーを管理してくれる業者に預けることが多いです。特に、インターネット上に置くサーバーは、レンタルや預けるスタイルが一般的です。

●サーバーマシンの構成

項目	内容
CPU	コンピューターの頭脳に当たる部分で、コンピューターはCPUを中心に構成されている。処理の性能に関わる。
マザーボード	CPUやメモリなど構成物を接続しているボード。処理の性能に関わる。
メモリ	一時的にデータを保存する場所。処理の性能に関わる。
ストレージ	永続的にデータを保存する場所。HDDとSSDがある。
ネットワークカード	ネットワークに接続する口。
電源	電源。電力が足りなくなると、動かせなくなる。

※基本的に物理的な構成は、すべて処理の性能に関わると思ってよい

● サーバー用コンピューターやサーバーOSの特徴

- 常時稼働している。
- 24時間無停止に耐えられるように熱がこもりにくいなど、連続稼働を前提としたパーツが選択されている
- 同時に複数のユーザーがアクセスできるように設定されている
- ユーザーごとに権限の設定がされている

TIPS (注9) ラックとは、幅19インチのケースに20～30台ほどサーバ機器を取り付けられるようにした電源付の棚のようなものです。1台が冷蔵庫くらいの大きさで、小さいスペースにたくさんのサーバーを設置できます。

COLUMN

ラックマウント型とブレード型

個人で使うパソコンと違い、サーバーはたくさんの台数を設置することが多いため、「ラックマウント型」や、「ブレード型」と呼ばれるタイプがよく使われます。

ラックマウント型は、専用の「ラック」にネジ止めして使うもので、幅や高さは共通です。ラックは、オーディオ機器の設置に使われるラックと同じ19インチラックがほとんどです。

ブレード型のサーバーは、1枚のボードにサーバー機能を搭載したもので、1つのラックに何枚も縦に刺すことで、1つのラックに、数十台のサーバーを搭載できるようにしたものです。

また、最近では、効率良く多くのサーバーを構築・管理するために、「仮想サーバー」や「コンテナ技術」もよく使われます。

仮想サーバーは1台の大きな物理マシンを、コンピューター上で複数の領域に区切ってそれぞれにメモリやCPUの使用可能量を割り当てて、複数台のソフトウェア的なサーバーを用意したものです。

一方、コンテナ技術は、プログラムの隔離された実行環境を作るものです。Docker社のDockerが有名です。仮想サーバーでは、ソフトウェア的に物理マシンを再現しますが、コンテナ技術は、実行環境を隔離するだけなので、軽量なのが特徴です。

1-2-3 サーバーOS

サーバーには、サーバー用のOS(注10)を使用します。

サーバー用のOSには、Windows系とUNIX(ユニックス)系（厳密にはUnix系とも）とがあり、「サーバーOS」として有名なLinux(リナックス)やBSD(ビーエスディー)はUNIX系です。

サーバーOSの大きな特徴として、主流のUNIX系OSでは、GUI（Graphical User Interface）と呼ばれる、マウスで視覚的な操作をするインターフェイスを（多くの場合）持っていないことがあげられます。いわゆる「黒い画面」と呼ばれるコマンド入力画面CLI（Command Line Interface）で、直接命令を打ち込んで操作します。そのため、少し操作しづらく感じるかもしれません(注11)。

Windows系のOSでは、逆にGUIを使用するのが基本です。

TIPS

（注10）サーバーに、クライアント用のOSを使用することもできますが、余計なソフトが入っていたり、サーバーとして使いづらい点があるため、あまり使われません。

（注11）黒い画面に慣れない場合は、「X Window」と呼ばれるGUIを提供するソフトウェアをインストールして、マウスで操作する場合もありますが、その分だけメモリやCPUが必要となるのと、それらを保守する面倒が生じるため、避けられる傾向にあります。

そのほか、UNIX系は複数のユーザーで同時に利用することを前提としている点も大きな違いでしょう。ユーザーごとに操作できる範囲を、権限として設定できます。

この場合のユーザーとは、ソフトウェアや、WindowsのユーザーのようなOSにアカウントのあるもののことです。互いのユーザー環境を隔離し、互いの操作が影響しないように実行することができるようになっています。

●図　UNIX系のサーバーはコマンドで操作するのが基本

1-2-4 サーバーのソフトウェア

サーバーは、ソフトウェアによって、機能を提供するわけですから、それぞれ必要なソフトウェアは違います。また、紹介した以外にもソフトウェアはありますから、無理に暗記するのではなく、必要なサーバーから一つずつ馴染んでいくと良いでしょう。

●主なサーバーの種類と、使用するソフトウェア

サーバー	使用するソフト	特徴
メールサーバー	Sendmail、Postfix、Dovecot	SMTP サーバー、POP サーバー、IMAP4 サーバーなど、メール関連のサーバー
Web サーバー	Apache、nginx、IIS	Web サイトの機能を提供するサーバー
DNS サーバー	BIND	DNS 機能を持つサーバー
DHCP サーバー	dhcpd	IP アドレスを自動的に振る機能を持つサーバー
FTP サーバー	ProFTPD、IIS	FTP プロトコルを使って、ファイルの送受信を行うサーバー
プロキシサーバー	Squid、nginx	通信を中継する役割をもつサーバー
データベースサーバー	MySQL、MariaDB、PostgreSQL、SQL Server、Oracle Database	データを保存したり、検索したりするためのサーバー
ファイルサーバー	Samba	ファイルを保存して、皆で共有するためのサーバー
認証サーバー	OpenLDAP、Active Directory	ユーザー認証するためのサーバー

1-2-5 その他の準備するもの

サーバーマシンと、OS、ソフトウェアがあれば、サーバーはできますが、サーバーとして動かすには、他にも必要な知識や準備するものがあります。

まず、Webサーバーや、データベースサーバーのように、コンテンツやデータ、自作のプログラムなど、「何かを載せる土台」として使うようなサーバーは、載せる本体が必要です。Webサーバーだけ作っても、中身のコンテンツが無ければ意味がありません。

また、サーバーは「提供するもの」ですから、インターネット、もしくは社内や家庭内のネットワークに設置しないと、あまり意味がないでしょう。そのためには、ネットワークの手配が必要です。

セキュリティ面に不安があると、安心して使えないので、そうした設定や仕組みも必要です。会員や、社員など、特定の人しか使えないサーバーならば、認証の仕組みも要るでしょう。

このように、「何サーバー」なのかによって、必要なものは異なりますから、徐々に知識を増やしていきましょう。

1-3 サーバーOSについて知ろう

サーバーのOSといえば、Linuxが有名です。本書もLinuxを扱います。Linuxと一口に言ってもディストリビューションという様々な種類があります。

1-3-1 OSの種類（WindowsとUNIX）

サーバー用のOSは、大きく分類してWindows系とUNIX系の2つがあります。UNIX系から派生したOSには、Linux系とBSD系、Solaris（ソラリス）系などがあり、よく使われるのがLinux系です。

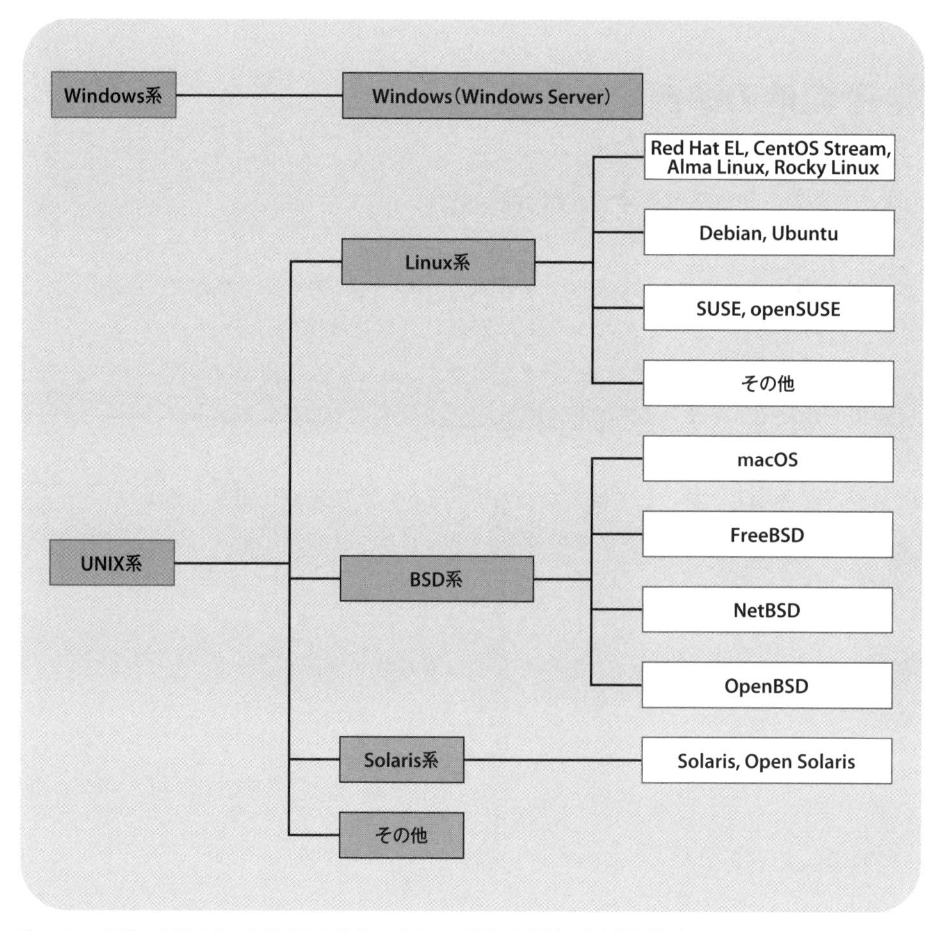

注　CentOS…2021年12月31日をもってCentOS8のサポートが終了しました。

このようにOSの種類が多いと、どれを使うか迷ってしまうかもしれませんね。

もし、あなたがサーバーを構築しようと思った場合、どのOSを選べば良いのでしょうか。それぞれのOSはどのように違うのでしょうか。

サーバーOSの違いは、大きなものとしては先に示したようにWindows系とUNIX系の違いがあります。これらは操作体系が大きく異なり、その上で動作するソフトウェアにも差異があります。

皆さんはWindowsの操作に慣れているかもしれませんが、サーバーの世界ではUNIX系のLinuxが多くのシェアを占めます。本書でもLinuxを用います。

Linux系の中でもそれぞれ微妙に差がありますが、どれか1つのLinux系OSを学習しておくと多くの場合その知識を利用できます。

OSによって、有償であったり、無償であったり、サポート体制も異なります。

確実に運用したいのであれば、有償でもサポートのあるものを選びます。勉強だから安いのが一番！であれば、無償のものを選べばよいでしょう(注12)。

本書では、無償で提供されており、国内での利用実績が多いことからLinuxディストリビューションの**Ubuntu**を使用します。

1-3-2 有償のOSと無償のOS

OSには、有償のものと無償のものがあります。

有償のもので、代表的なものは、マイクロソフト社のWindows Serverです。これはクライアント用のWindowsをベースとしたサーバーであり、マイクロソフト社の製品です。学生向けなど一部例外を除き、無償で使うことはできません。

また、Linux系でも、Red Hat Enterprise LinuxやSUSEなどは有償の商品です(注13)。

● 代表的な有償のサーバー用OS

・Windows Server（マイクロソフト社）
・Red Hat Enterprise Linux（Red Hat社）
・SUSE Linux Enterprise Server（SUSE社）

（注12）自信がない初心者のうちは、社内に詳しい人がいる、既に運用実績があるなどの、情報を得やすいOSが良いかもしれません。

（注13）PC向けのUNIXの一部のOSは、もともとオープンソースで開発されてきた経緯があるため、基本的には無償のものが多いのですが、保守・サポート体制や、有償ソフトウェアを同梱しているなどの理由から、有償のものもあります。

●有償OSと無性OSの違い

①保守・サポート体制

有償のものは、ベンダーのサポートを受けられるのが魅力です。そのため納品物としては有償版を選択することが一般的です。

一方、無償の場合は、サポートはないものの、コミュニティなどユーザーが情報交換できる仕組みが整っています。

②商用ソフトウェアの同梱

有償のものには、商用のソフトウェアを同梱したものもあります。エンタープライズ系のソフトウェアを同梱したり、エンタープライズ向けにチューンナップしたりされます。また、ソフトウェア提供元が、有償OS版のみサポートしているケースもあります。

1-3-3 Linuxの種類（ディストリビューション）

UNIX系では、Linux系とBSD系が大きな勢力です。Linuxには更にいくつかの種類があり、これを「ディストリビューション（distribution）」と言います。P.24の図にもある「Ubuntu」や「Red Hat」とは、ディストリビューションの名前です。

OSはカーネルとツールやプログラムで構成されています。カーネルとは、OSの中心的な機能であり、メモリやディスクの読み書き、プログラムの起動、通信など、本当に基本的な機能しか備わっていません。そこに、外部の命令を実行するプログラムを付け加えることで、はじめてOSとして機能するようになるのです。

この部分は、様々なディストリビューションが提供している。
ディストリビューションによって、内容は違う。代表的なソフトウェアなどもパッケージされていることがある。シェル（コマンドを解釈するソフトウェア）もディストリビューションが提供。

ファイルの読み書き、メモリ管理、プロセス管理など、基本的な機能を有する。
ソフトウェアとハードウェアの仲立ちをする。

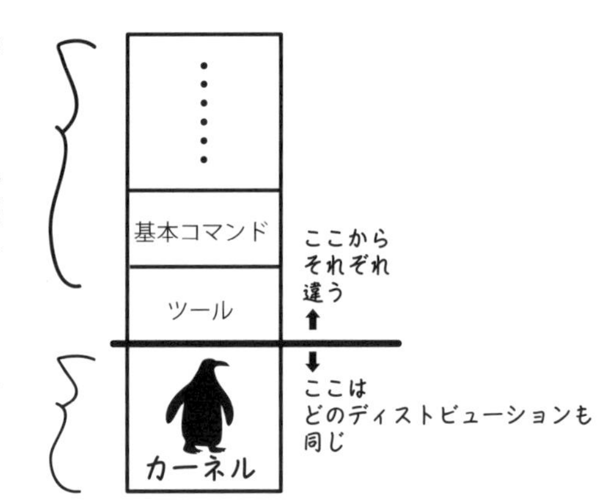

こうした外部プログラムをひとつひとつインストールするのは大変です。そこで、Linuxのカーネルが登場したとき、それぞれのコミュニティや会社が、カーネルとともに、プログラムをセットで配布して、まとめてインストールできるようにしたものを配布しました。これがディストリビューションです。

つまり、ディストリビューションが違うと付随するプログラムが違うので、インストールされているコマンドや設定ファイルの場所や書き方などが違うのです。

現在、主流のディストリビューションは、次の2つの系統です。

①Red Hat系（レッドハット系）

Red Hat社が有償販売しているディストリビューションRed Hat Enterprise Linux（RHEL）を中心とした系列です。互換OSとしては、無料で導入できる「AlmaLinux（アルマリナックス）」や「Rocky Linux（ロッキーリナックス）」が存在します。これらのOSにはもともとの開発元であるRed Hatの強力なサポートはありません。

読者のみなさんが耳にすることが多いのは「CentOS（セントオーエス）」でしょう。Red Hatが無料で提供していて、RHELとの互換性を持っていました（もちろん無料なのでサポート内容などに差異はあります）。CentOSは以前は互換性を重視していましたが、現在はCentOS StreamというRHELをいわば先取りするようなディストリビューションに変わっています。

②Debian系（デビアン系）

Debianというコミニュティでまとめられたディストリビューションを中心とした系列です。DebianとUbuntu（ウブントゥ）が有名です。

Debianをもとに営利企業のCanonical社（カノニカル社）が開発を主導するのがUbuntuです。

本書では、この「Ubuntu」を使用します。

Ubuntuには、LTS（長期サポート版）と呼ばれる5年間に渡るセキュリティアップデートが提供されるバージョンがあり、安心して使いやすいのが特徴です。

Ubuntuはサーバー用だけでなくデスクトップ利用でも人気があります(注14)。

(注14) Ubuntuは、Server版とDesktop版など4種類に分かれています。Server版ではインストーラがテキストベースであり、X Window（マウスで操作できるGUI）が標準ではインストールされていません。Desktop版では、操作しやすいデスクトップ環境が付随しており、インストールも視覚的に操作できます。

1-3-4 Windowsサーバー

Windowsサーバーは、マイクロソフト社が提供している有償のサーバーOSです。

普段使っているWindows 11などのクライアント用とほとんど同じユーザーインターフェイスなので、Windowsユーザーには操作しやすいのが特徴です。また、Windowsなので、「すべてのWindows用のソフトウェア」が動きます。たとえば、Microsoft Officeなどのソフトウェアも動くわけです。

Windowsサーバーの特徴は、「Windowsクライアントを中心としたネットワークを構築する際のサーバーとなること」です。

Windowsでネットワークを構築する場合、「Active Directory（アクティブディレクトリー）ドメイン」で、クライアントやプリンタ、各種サーバーなどを一元管理できます。Active Directoryドメインにログインすると、どの機器にアクセスできるのか、どのような操作ができるのかなどを一元管理できます。

そのため、UNIX系サーバーがインターネット上で多用されるのに対し、ファイルサーバーなどは、Windowsサーバーで構築されることも多いです。

COLUMN

ログインとシャットダウン

サーバーで何か操作する場合には、必ずログインする必要があります。クライアントのパソコンでも、複数のユーザーで一つのコンピューターを共有することがありますが、サーバーの場合は、複数ユーザーでの使用が基本です。そのため、その作業が行える権限を持つユーザーでログインして、操作をすることになります。また、本番の操作ではシャットダウンはしません。シャットダウンすることは、サーバーを止めるということです。ですから、作業を終えたらログアウトするのみで、シャットダウンはしないのです。

1-4 サーバーの基本を知ろう

クライアントパソコンは、買ってきたらすぐに使えるように、既に様々なソフトウェアが準備されていますが、サーバーの場合は、自分で揃えていきます。

1-4-1 サーバー構築者に優しいUbuntu

Ubuntu（ウブントゥ）とは、Linuxのディストリビューションの一つで、コミュニティによって開発されています。カノニカル（Canonical）社から大きな支援を受けており、開発者の多くを同社の社員が占めます。Debian GNU/Linuxをベースとしたディストリビューションです。

Ubuntuは、アフリカの単語で「他者への思いやり」や「皆があっての私」(注15)といった意味であるとの解説どおり、サーバー構築者に優しい設計思想です。

ディストリビューションによっては、Linux初心者がなかなか思うように構築できないものもありますが、Ubuntuは万事に渡って親切なので、皆さんのような入門者が触るのに最適なディストリビューションであると言えるでしょう。

ここでは、簡単にUbuntuの特徴を紹介しましょう。

● デスクトップ版とサーバー版

Ubuntuには、デスクトップ版とサーバー版、IoT版、クラウド版の4つのバリエーションがあります。今回使用するのは、サーバー版ですが、クライアント用としてデスクトップ版を使っているユーザーも多いでしょう。

サーバー版とデスクトップ版の大きな違いは、インストール時に導入されるソフトウェアです。サーバー版は、あまり無駄なものが入っていませんし、デスクトップ版はクライアント用として使えるようにオフィスソフトなどが、最初から入ります。

同時にリリースされますが、ベースとなるカーネルのバージョンが異なることもあり、内部に違う点もあるので注意が必要です。

● ビジネス用途でも無料／カノニカル社によるサポートの販売

Ubuntuは、ビジネス用途でも無料です。とはいえ、ビジネスの場合は、サポートが欲しいこともあるでしょう。そうしたニーズのために、カノニカル社がサポート販売して

TIPS

(注15) https://www.ubuntulinux.jp/ubuntu

いるので、そちらを利用することができます。

● 半年に一度のリリース／長期サポート版

Ubuntuは、新しいバージョンをリリース（提供）する時期が決まっています。4月と10月の2回[注16]です。そのため、「突然、新バージョンになって大慌て！」などということはなく、その時期を押さえておけば良いのです。

ただ、半年に1度リリースとなると、忙しないと感じるユーザーも居ます。特に自社のプログラムが、絶対に不具合を起こしてはいけない（ミッションクリティカル）ような場合は、OSがコロコロ変わるのは望ましくないです。そうしたユーザーのために、長期サポート版（LTS）」が用意されています。LTS版[注17]では、5年に渡り、セキュリティアップデートが約束されています。現在のLTS版は、22.04であり、2022年4月にリリースされました。次回は24.04で、24年4月にリリース予定です。

● その他の特徴

ソフトウェアなどは、dpkgとAPTというパッケージで管理されています。ですから、aptコマンドなどで簡単に入れることができます。また、snap[注18]パッケージにも対応しています。

また、初期状態ではrootユーザーがロックされていたり、ファイアウォールの設定が手軽であることも特徴の一つでしょう。

COLUMN

Linuxチョットデキル？

Linuxは、UNUX系のOSです。フィンランド出身のリーナス・トーバルズ（Linus Torvalds）氏が開発したのが始まりです。リーナス氏は1969年生まれ。これだけ世界中で使われているOSのカーネル開発者ですが、まだ会社でバリバリ働いているような年齢なのです。

そんな彼ですが、ネットスラングとしても有名です。Linuxの生みの親でありながら、「ワタシハリナックスチョットデキル」[注19]というTシャツを着ていたため、「チョットデキル」という言葉は、「生みの親くらい詳しい」というジョークに使われています。

TIPS

（注16）そのため、Ubuntuのバージョンは「18.04」「20.10」など、末尾にリリース月が入っている。

（注17）3ヶ月ごとに、その時点での最新版パッケージがリリースされる。これをポイントリリースと言う。

（注18）Linuxのディストリビューションに影響されずにインストールできるパッケージ。

（注19）2014年のLinuxConにて着用していたTシャツ。参加者全員に配布されたもの。

1-4-2 必要なものは自分でインストールする

ここまで、サーバーとは何かについてお話してきましたが、いよいよ実践の話です。

サーバー OSは、最小限のソフトウェアしかインストールされておらず、必要なものは、あとから自分でインストールしていくものです。たとえば、WindowsやmacOSでは当たり前の「マウスでの操作」も、自分でソフトウェアを入れなければ使えません。Webサーバー用のソフトウェアやメールサーバー用のソフトウェアも、もちろん自分で入れます。

使い勝手から考えると、少し奇妙な話に感じるかもしれませんね。入れておいてくれれば便利なのに！と不満にも思うでしょう。

しかし、**サーバーの基本は、「最小限」**です。最小限のソフトウェアを入れ、最小限のものだけを動かし、最小限の権限を与えます。「何もそこまで、最小限でなくても…」と思うかもしれませんが、これには理由があるのです。

一つは、24時間365日稼働させるため、機器への負担を減らすということです。

余分なものが動いていれば、その分CPUやメモリの負担になります。

もう一つは、セキュリティの問題で、特にインターネット上に設置するサーバーの場合は、サービスが多く動いていたり、余計な権限があったりすると、攻撃のとっかかりとされてしまいます。

それを防ぐために、最小限の運用とするのです。

とは言え、すべてを一からソフトウェア入れるのは大変ですので、よく使われるソフトウェアはOSインストール時にOSと同時にインストールできるインストールセットもあります。

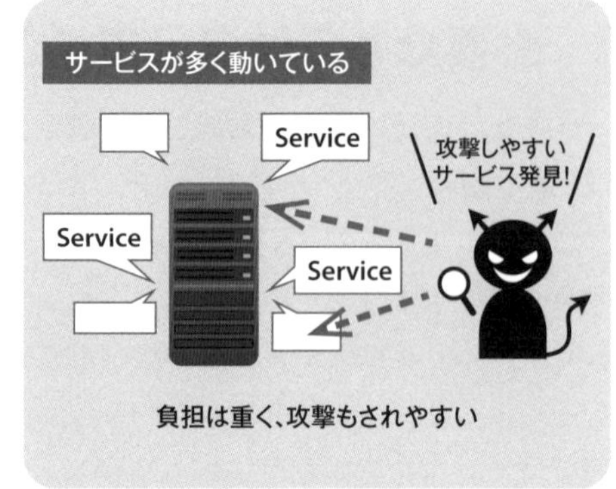

1-4-3 コマンド(CLI)での操作とGUIでの操作

UNIX系の場合は、コマンドから操作するCLI(いわゆる黒い画面)が基本[注20]です。これは、「ネットワーク越しに管理すること」を想定していることと、GUIによるセキュリティやメモリ使用量の問題があるためです。ただし、時代の変遷により最近ではGUIを使う現場が多くなってきました。とは言え、CLIでなければできないことや効率的ではないこともあるので、本書ではCLIで進めていきます。

● CLI(コマンド)での操作

サーバーは、「コンソール(console)」もしくは、「ターミナル(terminal)」と呼ばれる黒い画面で操作します。Windowsのコマンドプロンプトのようなものです。キーボードから命令を打ち込んで操作します。カーソルを動かすのも↑↓←→キーで行います。

GUI[注21]であれば、ディレクトリの移動なども、マウス(トラックパッド)で行いますが、コマンド中心のCLIの場合「●●のディレクトリに移動する(具体的には『cd ●●』)」と命令を打ち込んで移動します。ファイルコピーの場合も「●●のディレクトリから○○のディレクトリにコピーする(具体的には『cp ●● ○○』)」と命令します[注22]。

CLIで操作するには、サーバーに直接ディスプレイやキーボードをつなげて操作する方法と、他のパソコンやサーバーなどからソフト[注23]を使用してネットワーク経由で操作する方法があります。

(注20) Windows Server 2022の場合は、Windows 10と同じような画面で操作します。

(注21) 最近のエンジニアは、最初からGUIのあるパソコンを触ってきた世代であり、サーバー用コンピューターも進化しているので、徐々にGUIで操作する風潮も広がっています。

(注22) 入力を一々面倒に感じたり、タイプミスをしてしまったらどうしようと思うかもしれませんが、補完機能を上手く利用したり、あらかじめ打ちこむ命令をファイルにしておいて、一時フォルダに読み込ませるなどの方法があります。

(注23) ターミナルソフトと言います。

● GUI（グラフィカルな画面）での操作

サーバー用OSでは、初期段階でCLIしか使用できないことがほとんどです。GUIでの操作（マウスでの視覚的な操作）のためには、サーバーに**X Windowシステム**をインストールします。X Windowとは、UNIXにおけるウィンドウ表示の基本システムです。ただし、X Windowは、「ウィンドウ表示」しかしません。つまり、ソフトウェアに命令されたものをデスクトップに描画する機能しかなく、命令するソフトウェアがなければ、黒い画面を映し続けるだけです。

そこで、ディレクトリの中身をウィンドウとして表示したり、コピー&ペーストやドラッグ&ドロップでの操作をできるようにするためには、さらに別のソフトウェアが必要になります。これを「デスクトップ環境ソフト」と言います。

有名なデスクトップ環境ソフトに「GNOME（グノーム）」や「KDE（ケーディーイー）」があります。何を使うかで操作方法や見栄えが異なります。いわゆるGUIでの操作を実現しようとするならば、X Windowと、デスクトップ環境ソフトが最低限必要ですが、それ以外にも必要なソフトがあり、CLIに比べてたくさんのCPU処理とメモリが必要です。一方で、デスクトップ環境ソフトを入れればGUIで操作できます。本書では使いませんが、調べてみると良いでしょう。

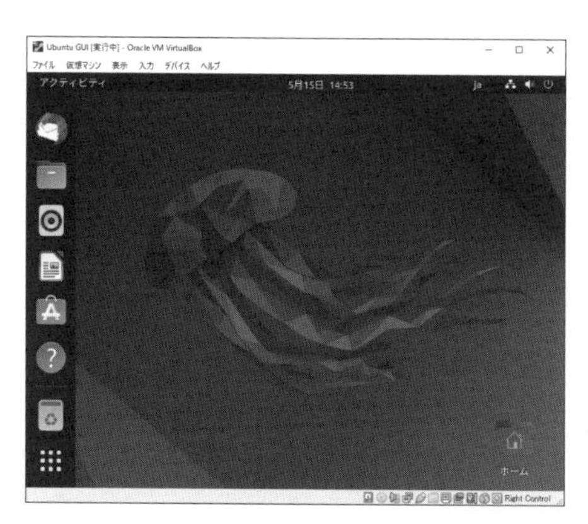

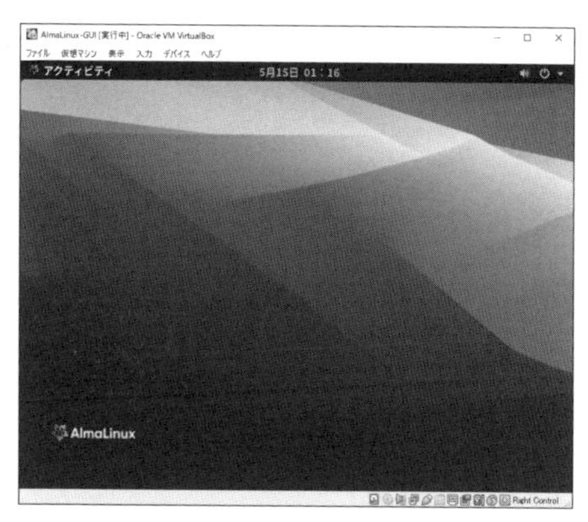

●図　デスクトップ環境ソフト。これならWindowsやmacOSとあまり変わらない。

1-4-4 ネットワーク経由での操作

サーバーは、パソコンのようにキーボードとモニタをつないで直接操作することもありますが、ネットワーク経由で操作することが多いです。

それは、サーバーを遠隔地に置いたり、セキュリティルームなどに置いたりして、物理的に隔離する例が多いためです。また、サーバー管理者が何十台ものサーバーを管理しているケースも多く、設定変更のために毎回その場所に赴き、画面から操作するのは現実的ではないからです。そうしたネットワークからログインするサーバーには、キーボードは普段つながっておらず必要な時だけつなげます。

ネットワークからログインして操作するためには、コンソールを使います。そのためのソフトとして「SSH (Secure SHell)」という暗号化した通信で入出力をやりとりする仕組みを使います。使用するには、サーバーに「SSHサーバー」と呼ばれるソフトをインストールしておき、クライアントではSSHクライアントというソフトを使って操作します。SSHクライアントとしては、「PuTTY(パティ)」や「Tera Term(テラターム)」が有名です。

Windowsをリモートで操作するときは、GUIでの操作が基本となるため、付属の「リモートデスクトップ」というソフトを使います。

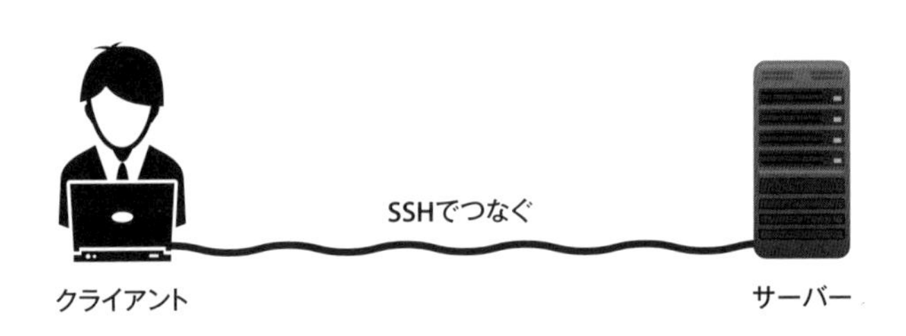

●図　SSHでリモートで接続して操作する

1-4-5 サーバー学習で何を身につけるのか

サーバーというものが、おぼろげに見えてきたでしょうか。

サーバーは、どのような役割のサーバーであるかによって、必要な知識や設定することは異なりますが、基本的な操作は同じです。まずは、ログインやインストール、設定ファイルの書き換え方などを学び、徐々に扱えるサーバーを増やしていくと良いでしょう。

本書では、Webサーバーを題材にLinuxの操作について学んでいきます。どのような学習をするのか、先に話しておきます。

まずは、サーバーの練習台となる仮想マシンを準備し、そこでログインやインストール、エディタの使い方、SSHでの接続などを、練習していきます。

この時、題材としては、最も手軽に構築できるWebサーバーを扱います。

Webサーバーの構築と設定が終わったところで、Webサーバー上でPHPを動かしたり、レンタルサーバーを借りて実際に公開するサーバーを構築します。

コマンドを打ち込んで操作するため、最初はやや戸惑うかもしれません。しかし、学習の負担が軽くなるように、できるだけ「その操作をするのに最小かつ十分な知識のみ」を説明していますから、頑張ってみてください。

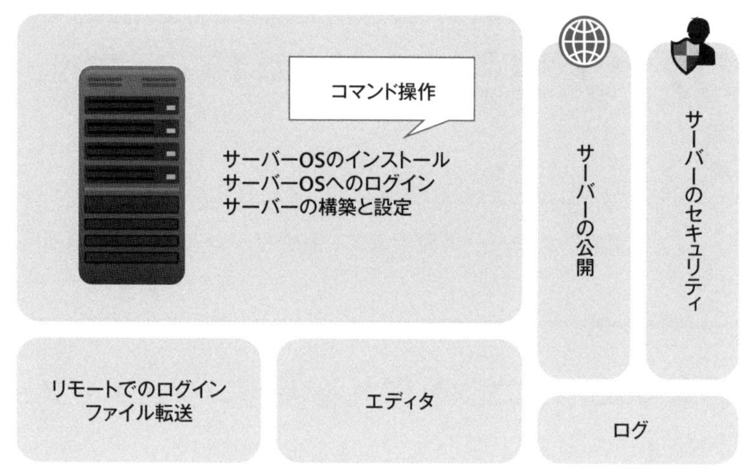

●図　本書のサーバー学習の範囲

COLUMN

ディストリビューションとフレーバーとRemix

Linuxのカーネルから枝分かれしてUbuntuやRed Hatなどが生まれたように、Ubuntuから更に派生したものもあります。「フレーバー」と「Remix」です。

フレーバーは、Ubuntuが公式の派生と認めたものでUbuntuが正式にサポートするものです。Remixは、Ubuntuから派生したもののUbuntuからは非公式となっているものです。

どちらもUbuntu Serverではなく、デスクトップ版で多く見られます。デスクトップ版は、人間が使うものなので、好みがありますから、派生が発生しやすいのでしょう。

有名なフレーバーとしては、Kubuntu（クブンツ）や、Lubuntu（ルブンツ）、Xubuntu（ズブンツ）などがあります。

Remixとして有名なのは、Ubuntuデスクトップの日本語版です。「Ubuntu22.04 LTS 日本語 Remix」など、日本語版はRemixなのです。

日本語版のRemixは公式とは大きな差異はなく、デスクトップ（GUI）環境で日本語が使える上、Ubuntu Japanese Teamによる奮闘により本家よりバグに対する修正が早いということすらあります。そのためRemixも個人使用であれば本家より快適かも知れません。

このようにLinuxのみならずUbuntuも派生があります。Linuxに慣れてきたら、「自分の実現したいこと」に合わせて、派生OSを選ぶのも、楽しいでしょう。

1-5 自分のパソコンにサーバーを作ろう

サーバー用のコンピューターを購入しなくても、サーバーは試せます。仮想マシンを使えば、場所を取らず、手軽にサーバーを構築できます。

1-5-1 パソコンのなかにパソコンを作れる仮想コンピューター

さて、ここからは実際にサーバーを構築したり、操作したりしてみましょう。

しかし、そのためには、サーバー用のコンピューターが必要(注24)です。

ただ、そうしたパソコンを使う場合、どうしても物理的に余分な場所が必要となるため、仮想コンピューターで構築するのが良いでしょう。

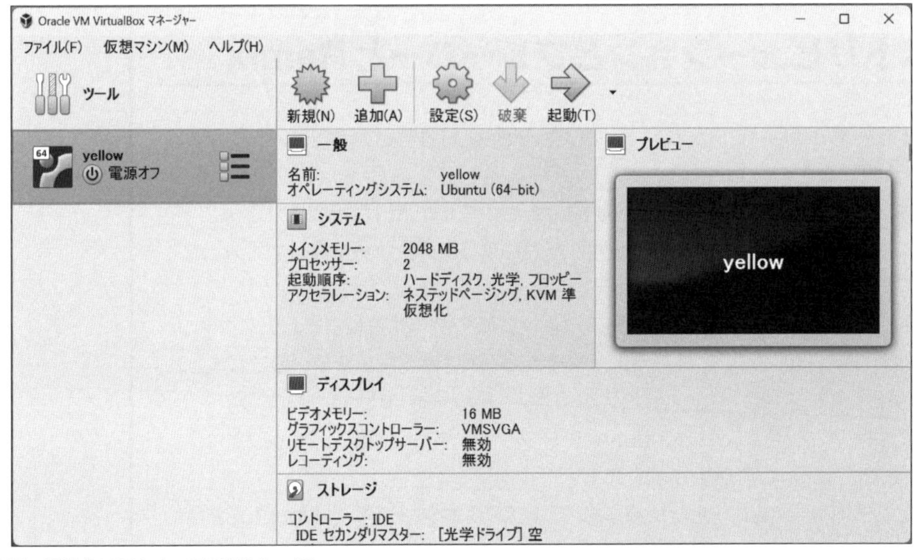

●図　仮想化ソフトウェアのVirtualBox

仮想コンピューターとは、コンピューターのなかに別のコンピューターを仮想的に作る機能です。「VirtualBox（バーチャルボックス）」や「VMware（ブイエムウェア）」などの仮想化ソフトをインストールすることで実現できます。

仮想コンピューターのメリットは、場所を取らず、1台で、何台ものパソコンを使えることです。普段使っているWindows 11のパソコン上に、仮想コンピューターを構築

TIPS

（注24）サーバー用のコンピューターは、わざわざ新規に購入しなくとも、Windowsを入れて使用していた古いクライアントパソコンや、液晶の壊れたノートパソコンでもOKです。

して、Windows 10を入れることもできます。そうすれば、普段はWindows 11を使用し、好きな時に同じコンピューター内にあるWindows 10を起動して使うことができます。

当然、サーバーのためのコンピューターを作ることもできます。

また、もしコンピューターが壊れたら、別のコンピューターに丸ごとに移動することもでき、仮想化ソフトによっては、スナップショットと呼ばれる履歴を残す機能も搭載しており、スナップショット時点まで操作を遡ることも可能です。

ただし、仮想マシンはコンピューターの中にコンピューターを作るために、それだけのメモリとディスクを消費します。また、仮想化支援機能のある64ビットパソコンでなければ、機能が動作しないことがある点も注意しましょう。

本書では、VirtualBoxを使用して、サーバーを構築の練習をします。

COLUMN

サーバーOSの中のサーバーOS

仮想コンピューターは、今回のような学習用だけではなく、実用にも使われています。サーバーOSのなかにサーバーOSを構築するという手法で、1台のサーバーのなかに、隔離したサーバーOSを何台も置きます。すべてのサーバーが、コンピューターのすべてのリソースを使っているとは限りません。このような方法であれば、物理的なコンピューターの数を減らせます。また、それぞれのサーバーは独立しているので、もし、1台が不具合を起こしても、残りに影響が出ません。

1-5-2 ホストOSとゲストOS

仮想化コンピューターを使う時、メインで使っているOSを「ホストOS」、その上で動作している仮想コンピューター上のOSのことを「ゲストOS」と呼びます。

仮想コンピューターを構築しても、起動していない時は動いていません。ホストOSの電源が切れている時も同じです。

そのため、いつもどおりパソコンの電源のスイッチを入れれば、ホストOSが起動し、いつもどおりに使えます。

仮想コンピューター上のゲストOSを操作したい場合は、仮想コンピューターを起動し、ゲストOSの画面を呼び出したり、ネットワークでゲストOSにアクセスしたりして操作します。

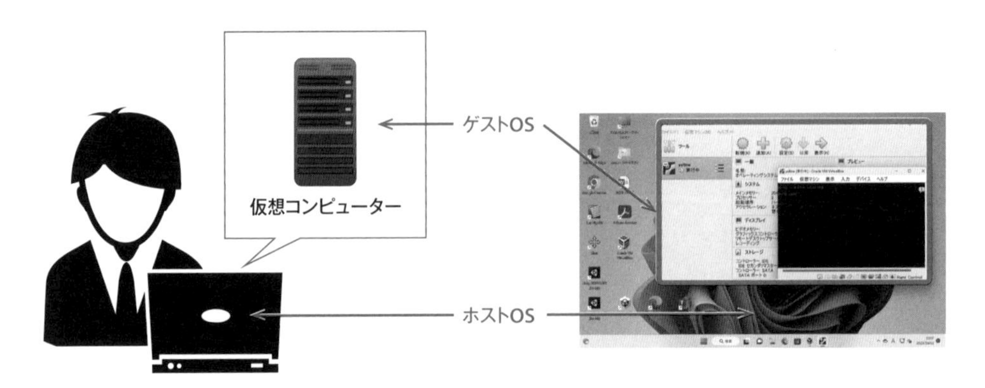

●図　ホストOSとゲストOS

1-5-3 無料で使えるVirtualBox

本書では、「VirtualBox」を使って、自分のパソコンに仮想マシンを構築します。

VirtualBoxは、オラクル社が提供している無償の仮想化ソフトです。WindowsやmacOS、Linuxなどで実行できます。VirtualBoxをインストールすると、その上に、ゲストOSとして、WindowsやLinuxなどをインストールして実行できるようになります。

使うOSは、Linuxのディストリビューションである「Ubuntu」です。

この方法であれば、別のパソコンを用意することなく、サーバーの世界を体験できます。

また、もし操作を間違えてしまっても、仮想コンピューターのなかだけのことなので、いま使っているパソコンに、何か影響を与えることはありません。

間違ってしまったら、アンインストールして、インストールし直すだけでよいので、はじめての人でも安心です。

その他の学習方法は2章の章末コラムで紹介します。

CHAPTER

2

サーバーを構築しよう

さっそく、サーバーを構築し、学習環境を整えましょう。
サーバーを構築するのは難しいように感じるかもしれませんが、サーバー用OSをインストールするのは、さほど難しいことではありません。
この章では、VirtualBoxを使用し、仮想環境にサーバー用OSをインストールします。

2-1 サーバーをつくるための流れ

学習環境を整えます。物理的にサーバー用のマシンを用意するのは難しいこともあるので、本書ではオラクル社が提供しているVirtualBoxを利用します。

2-1-1 学習用のサーバーを作る流れ

サーバー操作を習得するには、触ってみるのが一番です。

そこで学習用にサーバーを立てるのですが、そのためには、どこかのマシンにサーバー用のOSをインストールしなければなりません。とは言え、いつも使っているパソコンの他にもう一台というのは、すぐには用意できないでしょう。

そこで、仮想マシン（仮想化ソフトウェアを用いたパソコン内のコンピューター）を使うことにします。

仮想マシンを作るソフトとしては、「VirtualBox（バーチャルボックス）」や「VMWare（ブイエムウェア）」が有名です。本書では、VirtualBoxを利用します。

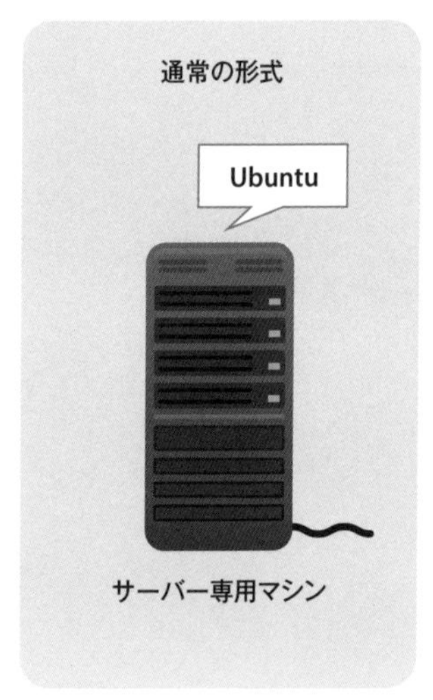

サーバー用のマシンにOSを入れる

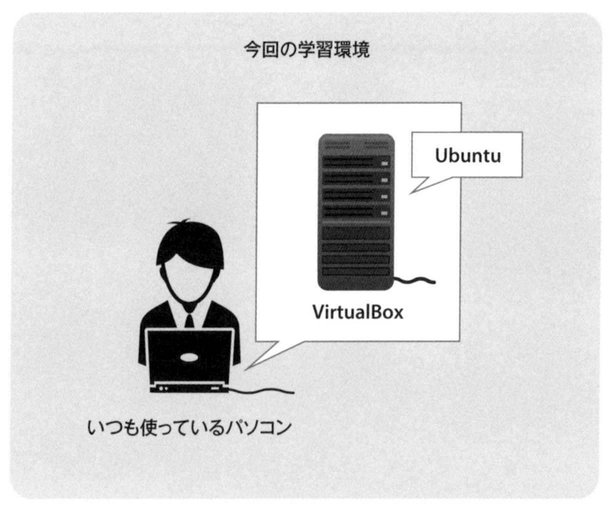

いつも使っているマシンに仮想環境（仮想的なマシン）を作り、OSを入れる

学習環境を整える流れとしては、まず最初にVirtualBoxをインストールし、そのVirtualBox内に仮想マシン（仮想コンピューター）を作り、Ubuntuをインストールします。仮想マシンを作る前に、Ubuntuのイメージファイルが必要となるため、先にダウンロードしておきます。

● **学習環境を整える流れ**

実際の操作は2-2で行います。

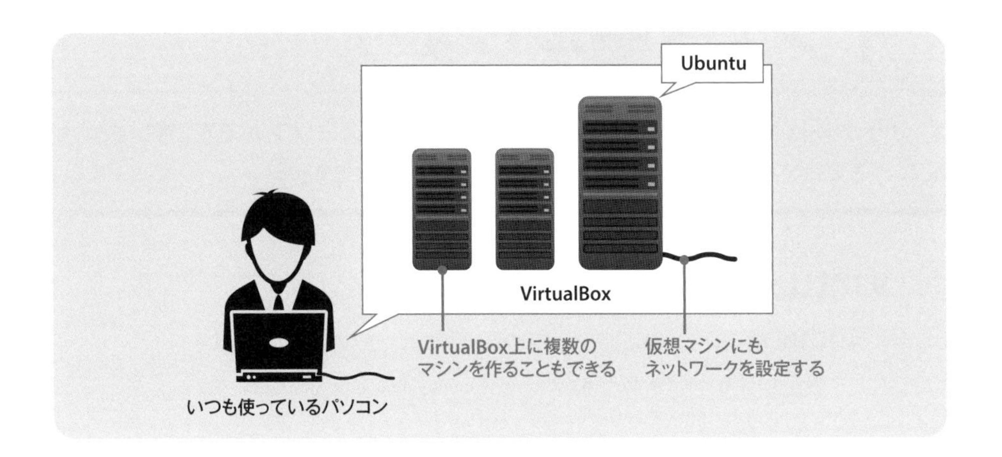

①VirtualBoxのダウンロード

VirtualBoxのイメージをオラクル社のサイトからダウンロードします。

②VirtualBoxのインストール

VirtualBoxをインストールします。

③Ubuntu Server 22.04 LTSのイメージのダウンロード（仮想マシンを作るより前に行う）

Ubuntu Server 22.04 LTSのイメージファイル（ISOイメージ）をダウンロードします。イメージファイルはDVDのような、OSインストール用のデータの集まりです。インストールは、仮想マシン作成後に行うのですが、イメージファイル自体は、仮想マシンを作る前に必要なので、先にダウンロードしておきます。

④仮想マシン（仮想コンピューター）の作成

VirtualBox内に仮想マシンを作ります。仮想マシンは、要は、一台のパソコンのようなものです。VirtualBox上に複数の仮想マシンを作ることもできます。ただし、同時に動かすと、その分メモリなどのマシンリソースは必要になります。

作る時に、仮想マシンにもネットワーク環境を設定します。また、普通のパソコンのDVDドライブにDVDを入れるように、仮想マシンにある仮想ドライブに、ISOイメージを挿入します。

⑤Ubuntu Server 22.04 LTSのインストール

イメージファイルを取得しUbuntu Server 22.04 LTSをインストールします。

なお、本書での学習後に、もう一度初めからやってみたい場合は、新しく仮想マシンを作るとよいでしょう。また、もう使わない場合は、仮想マシンを削除すれば、使っているパソコン本体に影響なく、仮想マシンだけを消すことができます。

2-2 VirtualBoxをインストールしよう

Virtual Boxは、オラクル社が提供している無償の仮想コンピューターソフトです。Windowsや macOS、Linuxなどで実行でき、複数の仮想マシンを持つこともできます。

2-2-1 VirtualBoxとは

VirtualBoxはオラクル社が提供している仮想マシンを実行するためのソフトです。仮想マシンとは、パソコンの中に、もう一台仮想的なパソコンを用意するものです。仮想マシンは、複数台作ることもできます。

仮想とは言っても、パソコン（ホストPC）自身とは、別のIPアドレス（ネットワーク上でのパソコンの住所のようなもの）が振られ、LAN上にあたかも実物が存在するように見えます。複数台の仮想マシンを用意した場合は、その台数分だけLAN上にあるように見えます。

そのため、設定次第では、通常のサーバーと同じように、別のパソコンからSSHを使ってリモート操作(注1)することも可能です。

この接続は、Windowsの機能であるリモートデスクトップとは別のものです。仮想コンピューターは、一つのパソコンの中に、もう一台のパソコンがある状態になるのですが、同一LAN上の別のパソコンやサーバーからは、2つのパソコンがそれぞれ独立して存在しているように見えます。

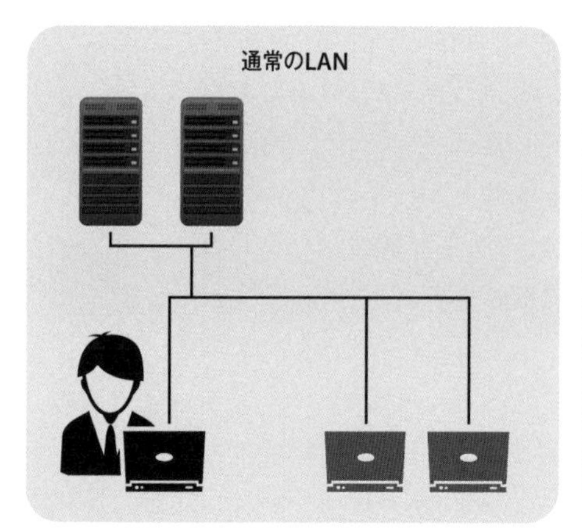

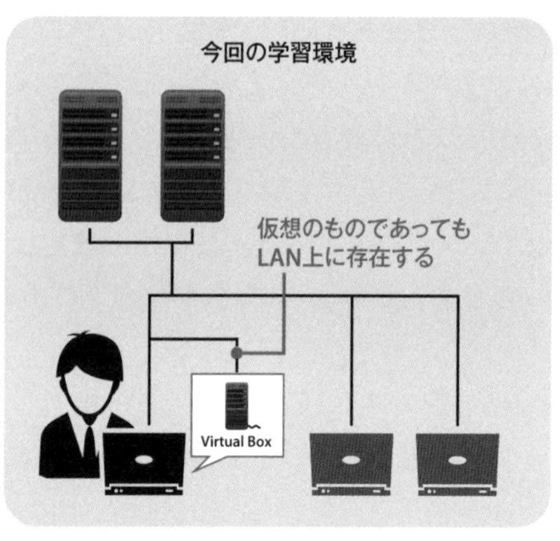

TIPS　（注1）SSHでの操作については、5章で説明します。

2-2-2 VirtualBoxをダウンロードする

まずは、ブラウザでVirtualBoxのダウンロードページにアクセスします。Windowsの場合は、「VirtualBox binaries」の「Windows hosts」をクリックします。すると、ダウンロードが始まり、VirtualBoxのインストールファイルが保存されます。

【VirtualBoxのダウンロードページ】

https://www.virtualbox.org/wiki/Downloads

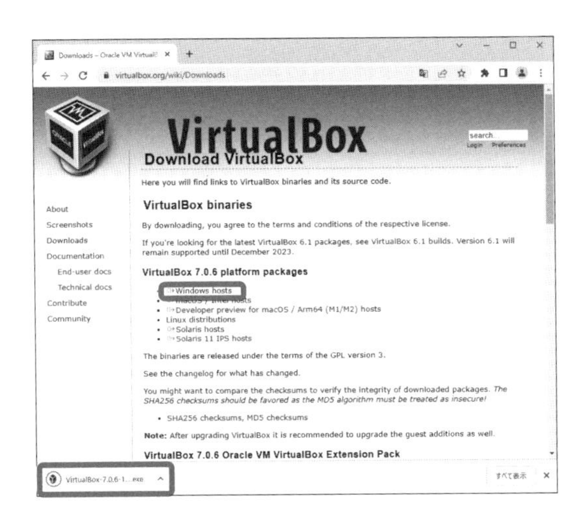

なお、インストールや操作は執筆時から変更されることがあります。最新の情報は公式サイトなどを参照してください。

2-2-3 VirtualBoxをインストールする

VirtualBoxのファイルをダウンロードして保存したら、それをダブルクリックして起動し、次のようにしてインストールします。

Step1 ユーザーアカウント制御

ユーザーアカウント制御のダイアログが表示されます。[はい]をクリックします。

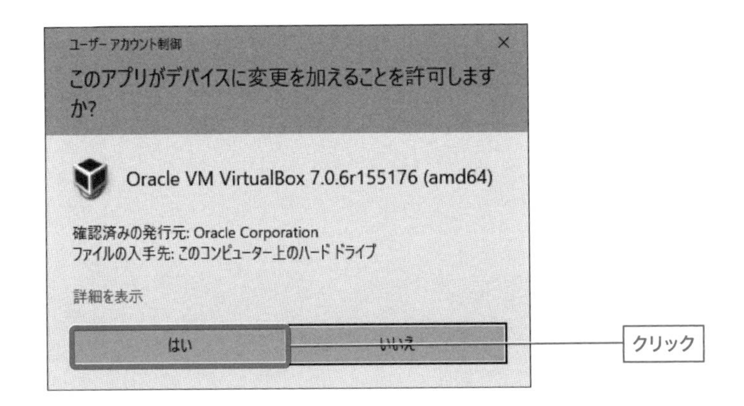

Step2 ウィザードを進める

セットアップウィザード画面が表示されます。[Next]をクリックします。

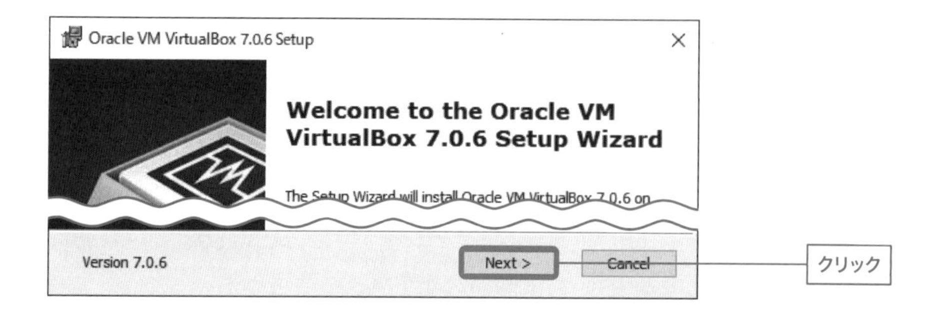

Step3 インストールする機能の選択

インストールする機能を選択します。デフォルトのままで良いので、そのまま[Next]をクリックします。

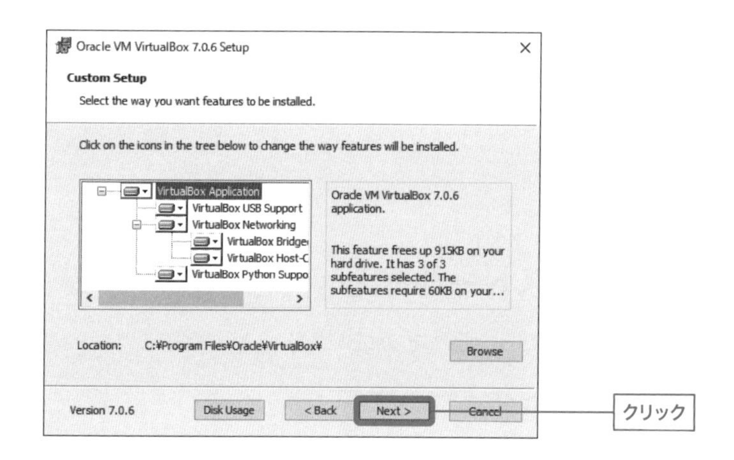

Step4 ネットワークの一時切断の警告

インストール中にネットワークが一時的に切断されるという警告が表示されます。例えば、ファイルをダウンロードしているときなどは中断する恐れがあります。切断しても問題がなければ、[Yes]をクリックして、次の画面に進んでください。

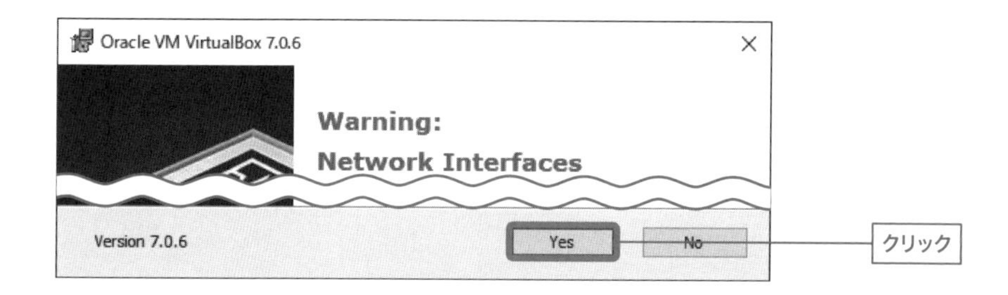

Step5 Python Coreパッケージのインストール

前のSTEPとよく似た画面ですが、こちらはPython Coreパッケージのインストールについての画面です。パッケージをインストールしないとVirtualBoxが入れられないので、[Yes]をクリックして、次の画面に進んでください。

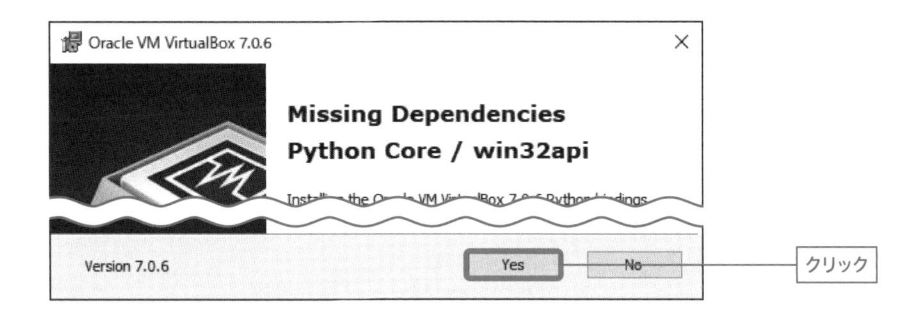

Step6 インストールの開始

[Install]をクリックして、インストールを開始します。

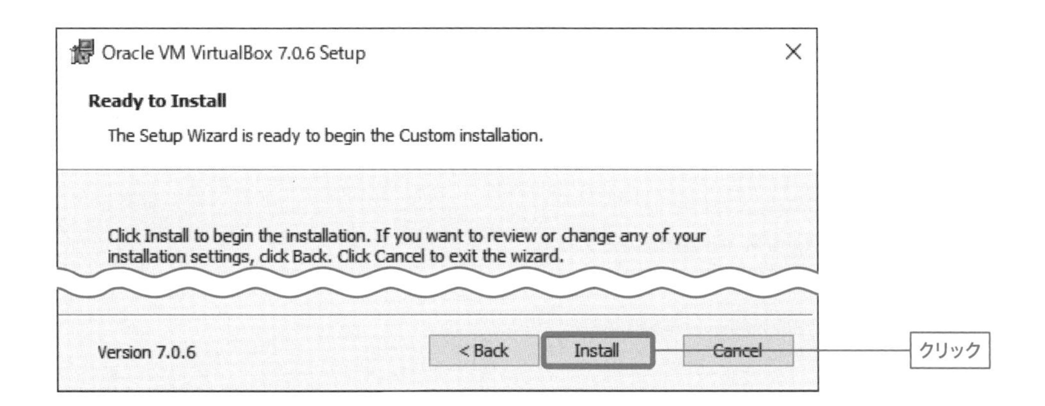

Step7 インストールが始まる

インストールが開始され、プログレスバーが表示されます。

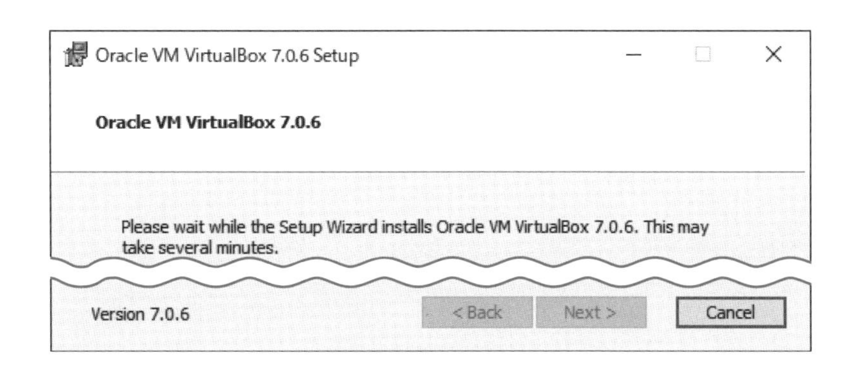

Step8 デバイスドライバのインストール（表示時のみ）

途中、デバイスドライバのインストールが始まります。[Windows セキュリティ] ダイアログが表示されることがありますが、その場合表示されたら [インストール] をクリックしてください。

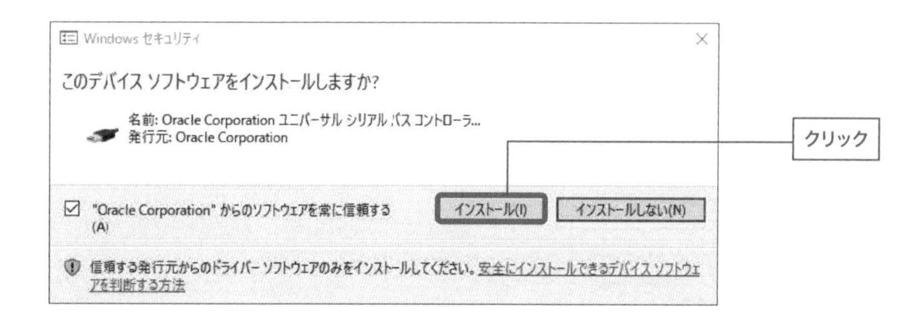

Step9 インストールの完了

しばらくすると、インストールが完了した画面が表示されます。[Finish] をクリックすると、インストールが完了します。

このとき [Start Oracle VM VirtualBox バージョン after installation] にチェックをつけておくと、すぐにVirtualBoxが起動します。

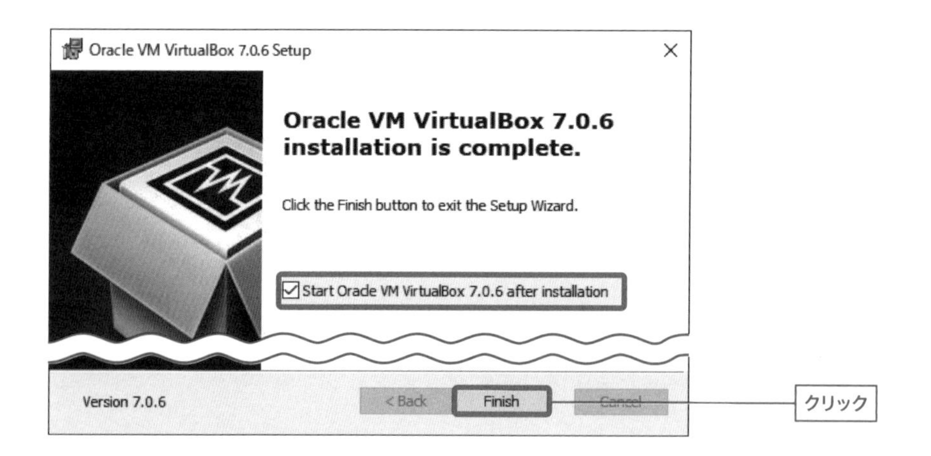

COLUMN

セットアップウィザードが表示されない場合

インストールファイルを実行後、セットアップウィザードが起動されずに次のエラーが表示された場合、PCに必要なプログラム（VC++2019のランタイム）がインストールされていません。

この場合、先にMicrosoftのサイトからVC++2019のランタイムを入手しインストールする必要があります。

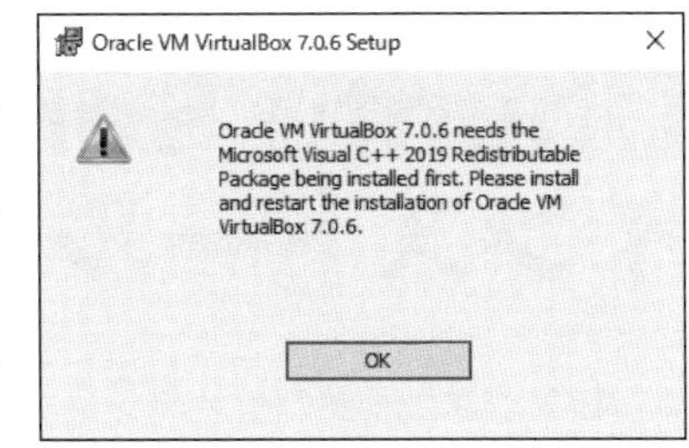

ランタイムは「https://aka.ms/vs/17/release/vc_redist.x64.exe」にありますが、入力が難しい場合、下記の流れで検索をたどることで入手できます。

検索サイトで「**vc++ 2019 redistributable x64 download**」で検索し（Googleの検索で「VC++ 2019」まで入力すれば、候補として出てきます。）、概ね上位にヒットするMicrosoftの「サポートされている最新の Visual C++ 再頒布可能パッケージ」のサイトを見つけ「Visual Studio 2015、2017、2019、および 2022」の「アーキテクチャ」の「X64」にあるリンク「https://aka.ms/vs/17/release/vc_redist.x64.exe」より「VC_redist.x64.exe」を入手してインストールしてください。

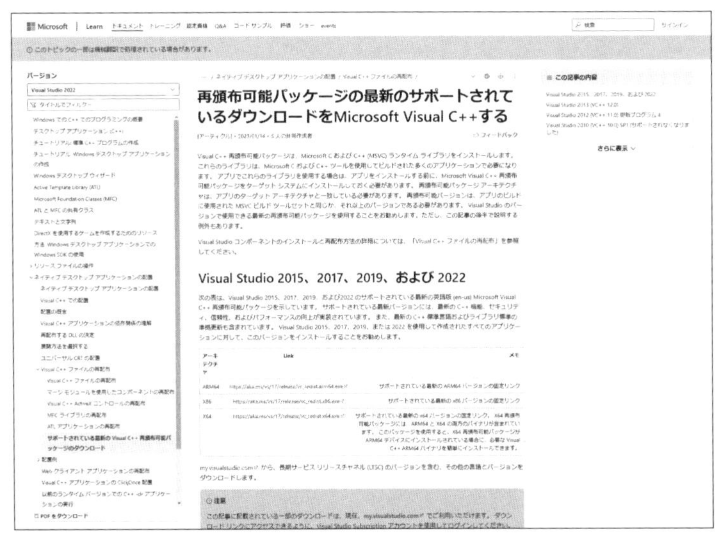

2-3 Ubuntu Serverを インストールしよう

Ubuntu Serverは、ISOという形式のイメージファイルとして提供されています。このイメージファイルをダウンロードして、VirtualBox にインストールします。

2-3-1 OSをダウンロードするには

Ubuntu Serverはオープンソースソフトウェアで、無償で提供されています。インターネット上で公開されているものをダウンロード(注2)して手に入れます

2-3-2 ISOイメージをダウンロードしよう

Ubuntu Serverは、Ubuntuのダウンロードページからダウンロードできます。

Ubuntu Server ダウンロードページ https://jp.ubuntu.com/download 22.04がないときは https://releases.ubuntu.com/

上記のダウンロードページに訪れると、「Ubuntu Desktop」「Ubuntu Server」「Ubuntu for IoT」など何種類かのイメージを選べます。今回はUbuntu Serverで学習しますから「Ubuntu Server」をダウンロードします(注3)。

(注2) Ubuntu Serverは64bit版しか提供されていないので、CPUアーキテクチャを選ぶ必要はありません。そのため、32bitCPUでは使用できないので、注意してください

(注3) Ubuntu Desktopと、Ubuntu Server以外は、やや特殊なバージョンです。初心者のうちはあまり使う機会がないでしょう。

「ダウンロード」ボタンをクリックするとダウンロードが始まります。

ダウンロードファイル名は「ubuntu-22.04.1-live-server-amd64.iso」(注4)です。

ファイルサイズは1Gバイトから2Gバイト近くありますから、回線によっては時間がかかります。パソコンがスリープモードにならないようにして、しばらく放置しておきましょう。ダウンロードしたファイルは、デスクトップに置いてください。

2-3-3 仮想マシンを作ろう

UbuntuのISOイメージが準備できたら、次にVirtualBoxを操作して仮想マシンを作ります。物理的なサーバーの場合は、仕様を決めて、現物を購入するのですが、VirtualBoxの場合も同じです。

ダイアログに従って、作りたいマシンの仕様を決めて、最後に「作成」ボタンを押すと、仮想マシンができます。

Step1 VirtualBoxを起動する

VirtualBoxを起動していない場合は[スタート]メニューから[Oracle VM VirtualBox]―[Oracle VM VirtualBox]をクリックして、VirtualBoxを起動してください。

Step2 新規仮想マシンを作成する

[新規]ボタンをクリックして、新しい仮想マシンを作成します。ウィンドウが表示されます。

Step3 仮想マシン名とOSを決める

仮想マシン名とOSを決めます。仮想マシン名は、わかりやすければどんなものでも

TIPS　(注4) ファイル名は取得時のバージョンにより多少変わることがあります。

良いのですが、本書では、名前（仮想マシン名）は「Yellow」とします。すべて小文字で「yellow」と入力しても、自動的に先頭が大文字になりますが、問題ありません。

Folderは仮想マシンのデータを保存する場所です。VirtualBoxはここで指定したフォルダに仮想マシン名（本書では「Yellow」）のサブフォルダを作成してデータを保存します。初期設定のままで特に変更の必要はありませんが、もしCドライブの空き容量が少ない等で変更する必要がある場合にはここで指定します。

ISO Imageは、インストールする元となるOSのISOです。本書では、「2-3-2 ISOイメージをダウンロードしよう」でダウンロードしたUbuntu ServerのISOファイルを指定します。デスクトップにファイルを置いた場合は、「C:Users¥（ユーザー名）Desktop¥（ファイル名）」です。

また、「Skip Unattended Installation」の項目に必ずチェックを入れてください。[次へ]をクリックして進みます。

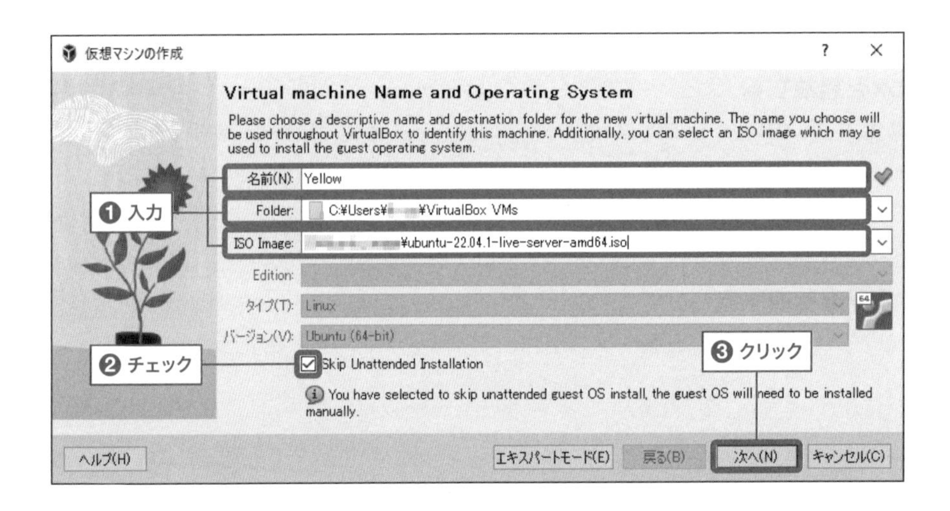

Step4 メモリ容量を決める

前のSTEPで、「Skip Unattended Installation」にチェックを入れず、メモリ容量とは違う画面が表示された場合は、特に何も入力せずに、「戻る」を押して、戻ってください。

この画面では、割り当てるメモリ容量を決めます。本書では、サーバーの基本機能しか使わないので、メインメモリーは初期値の2048MB（2GB）にしておきます。もし、サーバー上で、たくさんのソフト、メモリを多く必要とするソフトを動かす場合や、グラフィック画面での操作をしたい場合などには、8192MB以上を割り当てることを推奨しますが、基本的なことしかしない場合は、2048MBで充分でしょう。

Processorは CPUのコア数を指定するものです。本来であれば本書の学習範囲では1CPUで問題ありませんが、本書執筆時点で1CPUの場合、Ubuntu起動時にカーネルパニックが発生して異常終了する不具合があるため、2CPUで設定します(注5)。[次へ]をクリックして進みます。

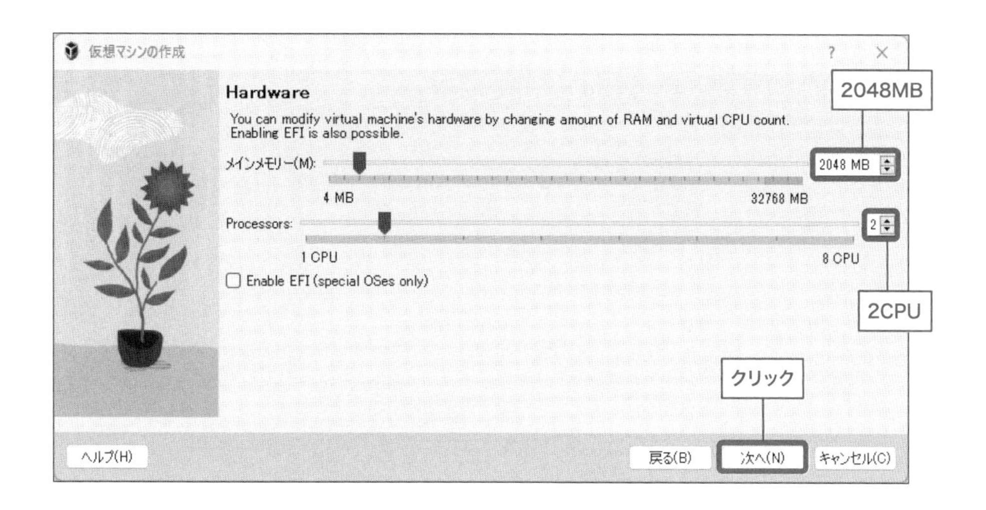

Step5 仮想ディスクを作成する

仮想サーバーのディスクを設定します。デフォルトでは25.00GB に設定されています。そのまま[次へ]をクリックして進めます。

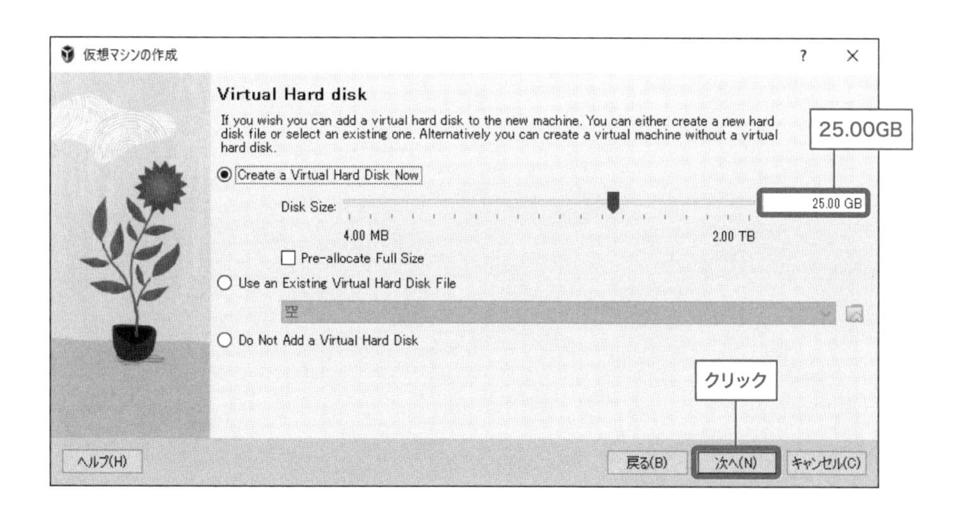

Step6 仮想マシンの概要を確認する

最後に概要が表示されます。「この設定で、マシンを作るよ」ということです。問題がなければ「完了」をクリックします。

TIPS （注5）カーネルパニックとは、カーネルと呼ばれるLinuxの本体が異常終了すること。

完了をクリックするとVirtualBoxに仮想マシンが作成されます。

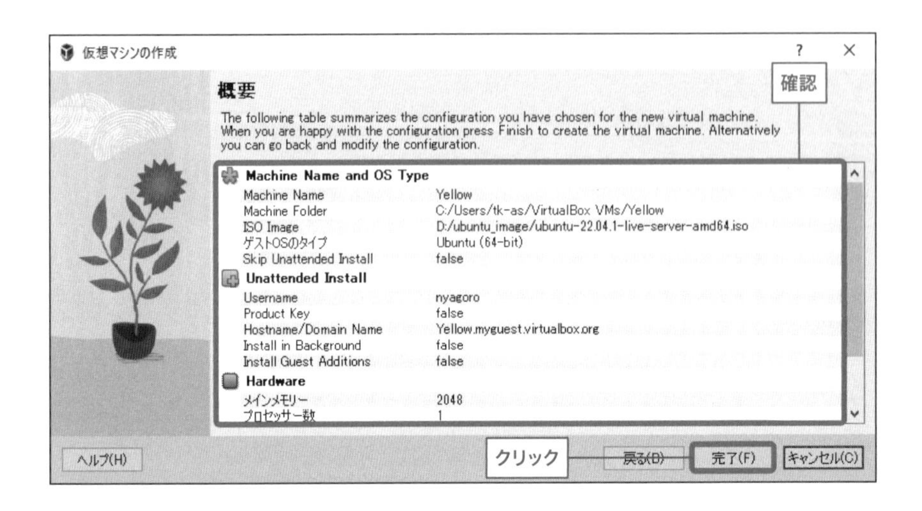

Step7 仮想マシンの完成直前

以上で仮想マシンができました。左側に「Yellow」という名前の仮想コンピューターができたことがわかります。最後にネットワークの設定をして、仮想マシンの準備が完了します。

ネットワークの設定のため、「Yellow」サーバーを選択した状態で、上の歯車アイコンの「設定」を開きます。

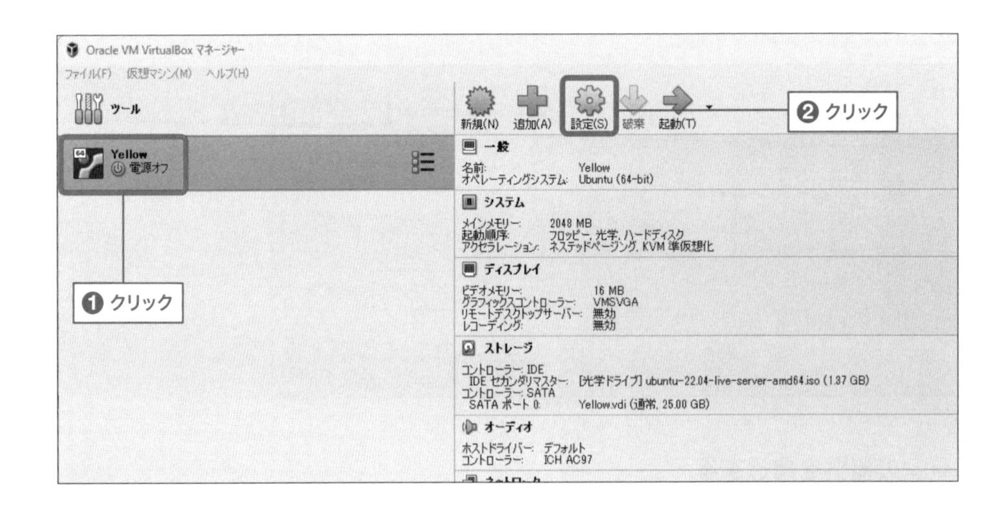

Step8 ネットワークの設定

設定画面が開くので、左の一覧から「ネットワーク」を開き、「アダプター 1」タブの「割り当て」のリストを「NAT」から「ブリッジアダプター」に変更します。これを行わないとWindows側からUbuntu側にネットワーク通信ができませんから忘れずに設定してください。

この設定は、本書に置いてVirtualBoxで学習する時の設定であり、本番環境では、設置するネットワーク環境は様々です(注6)。選択したら[OK]をクリックします。

Step9 仮想マシンの完成

これで仮想マシンが完成です。物理マシンでいうと、マシンが用意されて、電源はまだ入っていない状態です。この後、いよいよUbuntuのインストールに入りますから、そのまま2-3-4に進んでください。学習を一旦休憩したい場合は、2-4を参考に、VirtualBoxを終了させても大丈夫です。

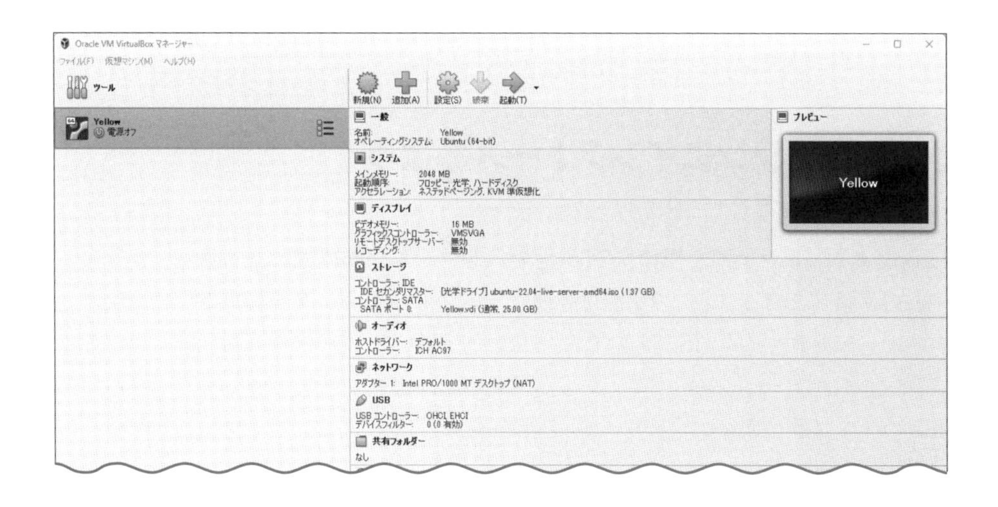

TIPS

(注6) VirtualBoxでは、NATはWindowsのIPアドレスを共有して通信する設定です。ブリッジは、WindowsのIPアドレスとは別にDHCPなどからIPアドレスを割り当てる設定です。後述するSSHでの接続との関係から、本書では、ブリッジアダプターを使用します。

COLUMN

ユーザー名とホスト名を決める

VirtualBoxにて、仮想マシンを作る時に、「ユーザーを自動で作る」という便利な機能があります。この機能は､STEP3で「Skip Unattachrd Installation」にチェックを付けないと、有効になります。

ただ、この機能は、本書執筆時点では、Ubuntu Serverには対応していません。

そのため、本書ではこの機能を使わずに、手動でユーザーを設定しています。

現時点で、Ubuntu Desktopでは機能しているので、近い将来、Ubuntu Serverにも対応されるかもしれません。その場合は、使ってみるのも良いでしょう。ただし、情報収集をよく行った上で最初は実験サーバーから導入するようにしてください。

2-3-4 仮想マシンにインストールしよう

2-3-3の続きの状態から始めます。

現在は、VirtualBoxマネージャーの左側に「Yellow」の仮想マシンが作成され、「電源オフ」になっているのが確認できます。この状態は仮想マシンのハードウェアが作成され、Ubuntuのインストールディスク（ISOファイル）がセットされて、電源が切れた状態です。

ここからUbuntuのインストール（セットアップ）を行います。

Step1 仮想マシンの起動する

まずは、仮想マシンを起動します。「Yellow」サーバーを選択した状態で、「起動」ボタンをクリックします。

しばらくすると、別ウィンドウで黒いインストール画面が表示されます。されたら次のステップに進んでください。

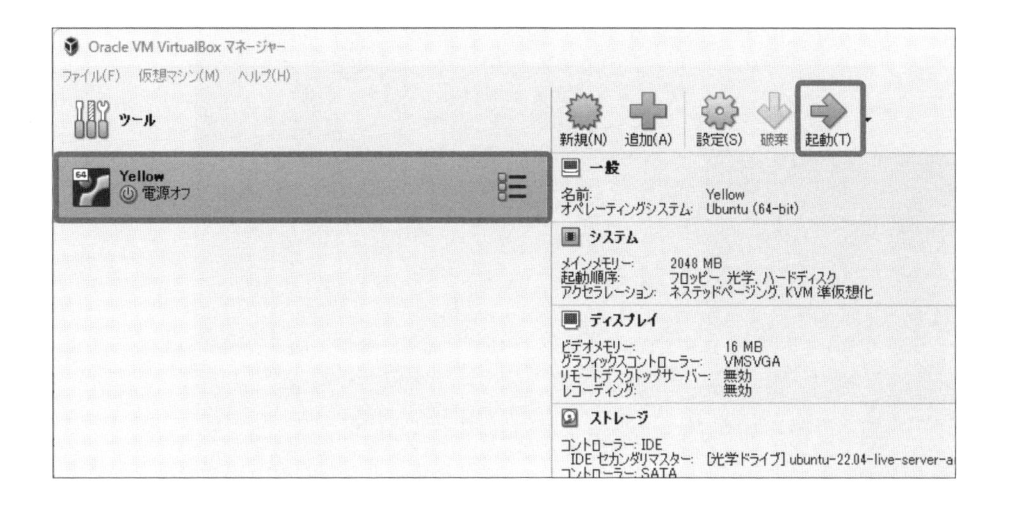

Step2 言語を選択する

別ウィンドウで、インストール画面が表示されたら、まずは言語を選びます。↑↓キーで対象を選びます。ここでは[English]を選択し、Enter キーで次へ進みます。

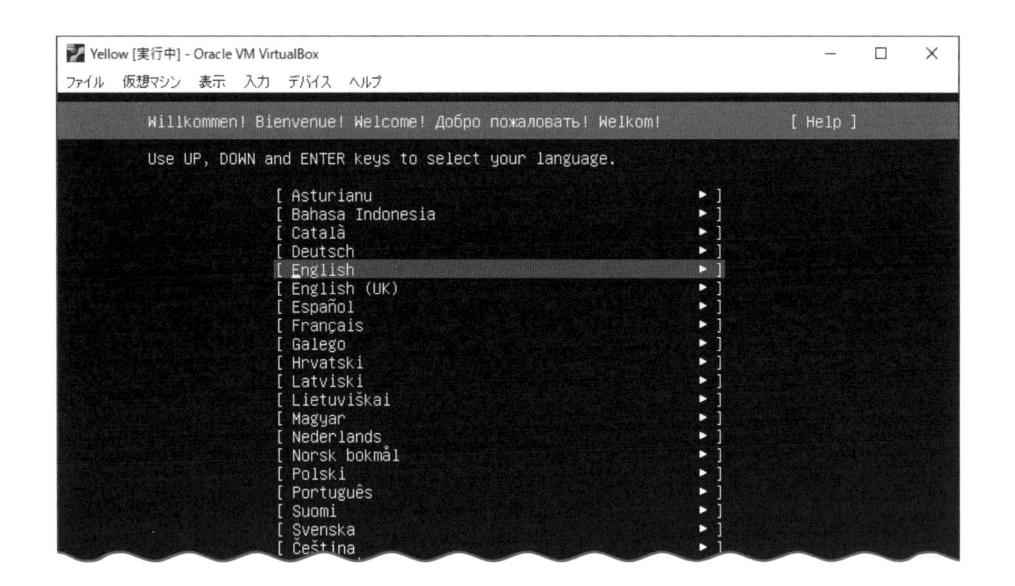

Step3 インストーラーのバージョンを選ぶ

今より新しいインストーラーがリリースされている場合、次のような画面が表示されます。今回は学習用途のため、特にインストール上のバージョン制限等はありません。問題なければ「Update to the new installer」を選択し、なるべく最新のものを入れましょう。この画面が出なければ次のSTEPに進みます。

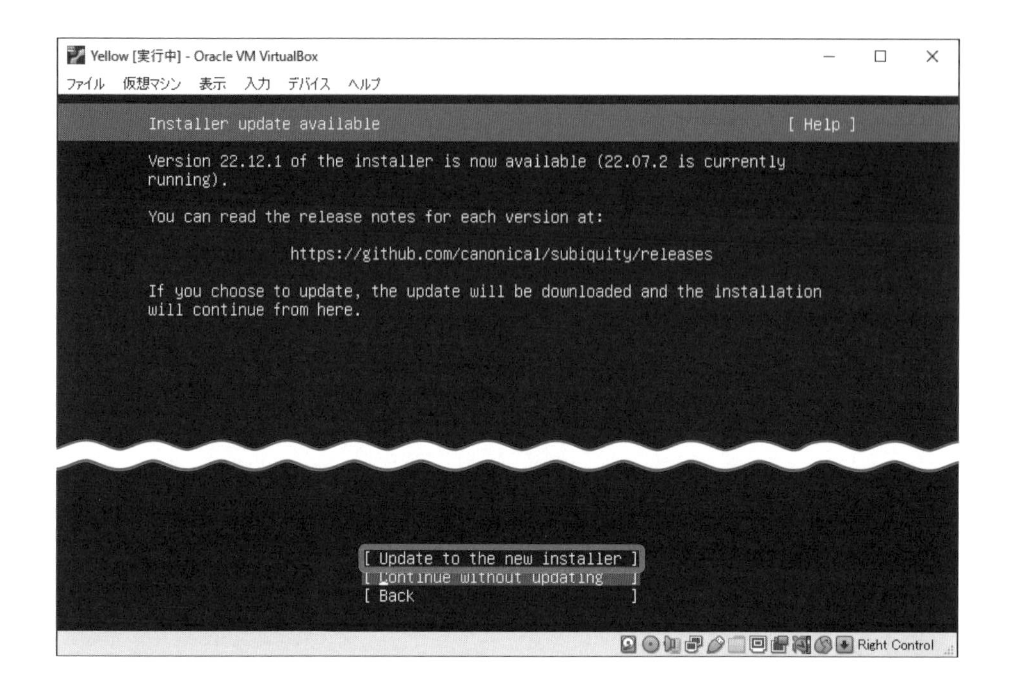

「Update to the new installer」を選択し、Enterキーを入力するとインストーラーのアップデートが行われるのでそのまましばらく待ちます。

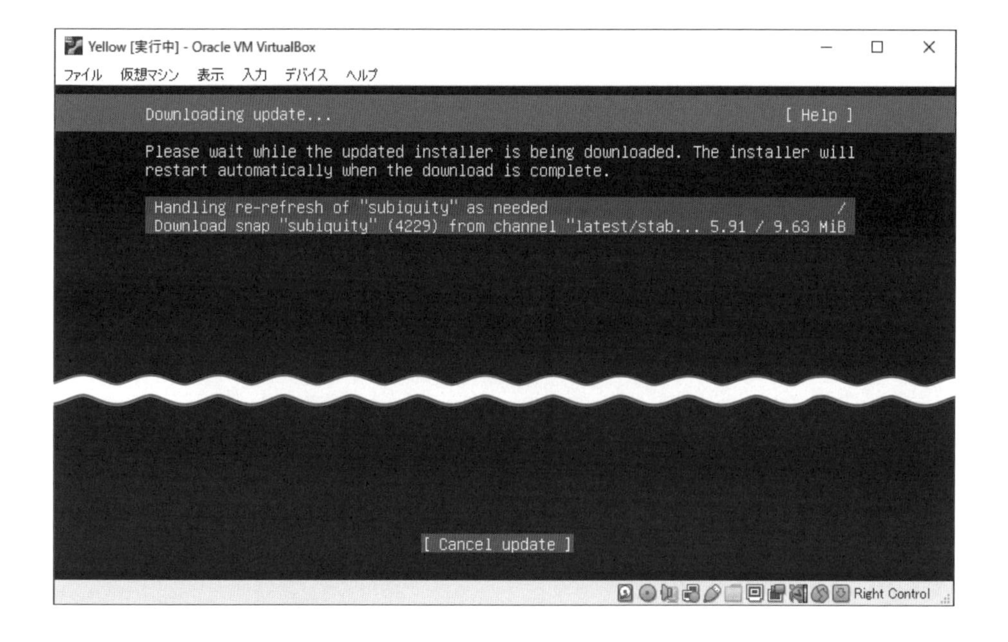

Step4 キーボードの設定

インストーラーのアップデートが終わったら、キーボードの設定をします。カーソルキーを使用して「Layout」の「English(US)」を選択してEnterキーを押し、キーボードの変更をします。変更先は「Japanese」です(注7)。

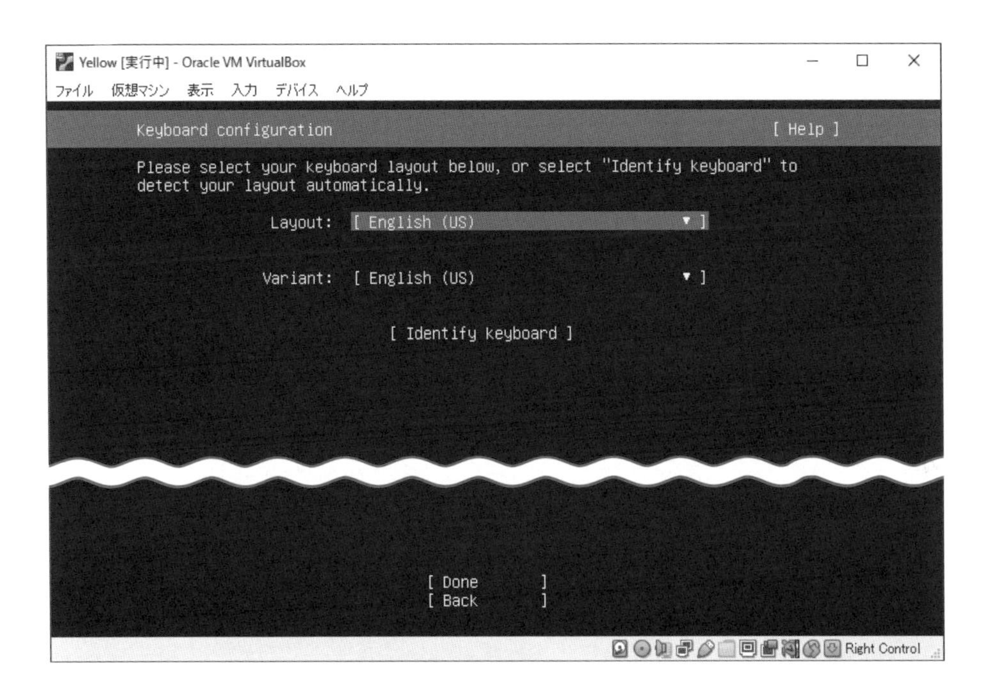

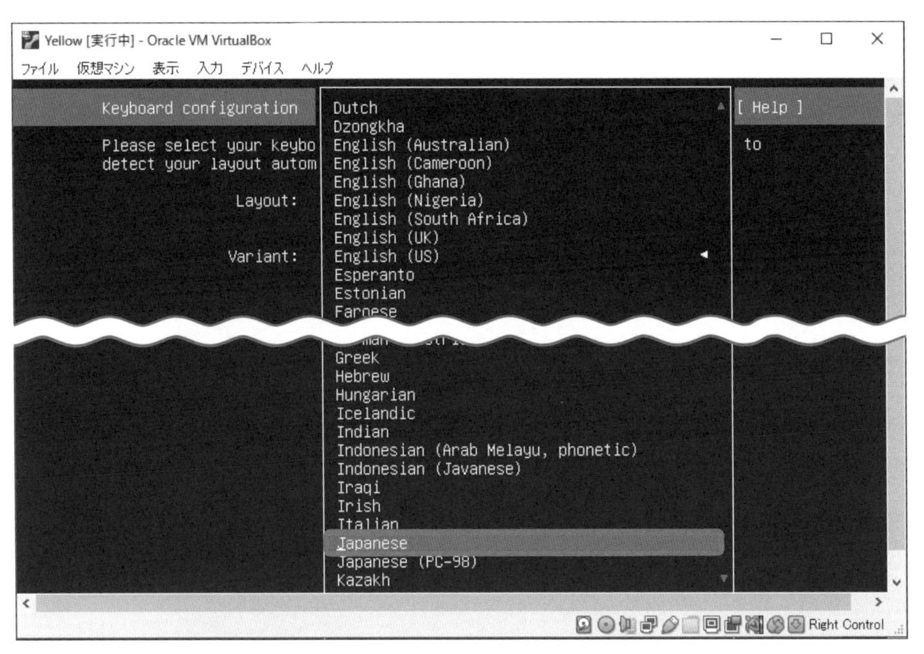

TIPS

(注7) 多くの日本人は、日本語配列のキーボードを使っているので、Japaneseを選択します。異なるキーボードを使用している場合は、それに応じて選択してください。よくわからない場合は、とりあえずJapaneseで良いでしょう。キーボードの配列の話なので、ローマ字入力／かな入力とは関係がありません。

設定すると、「Variant（変異体）」も自動的に「Japanese」に変更されます。確認できたら「Done」で次に進みます。

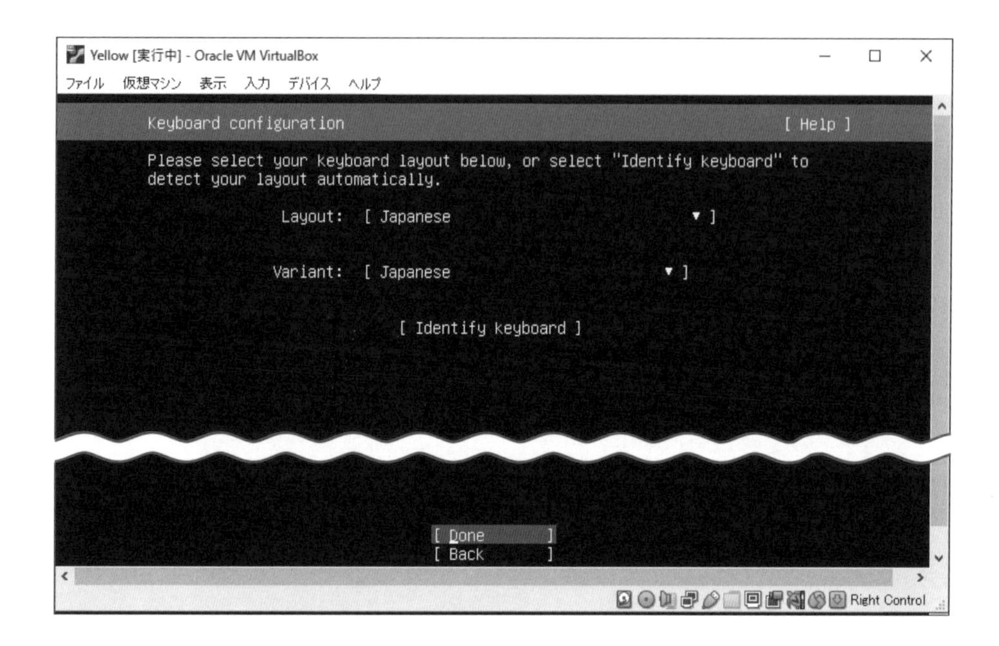

Step5 インストールするサーバーの確認

ここではインストールする内容を確認します。今回は通常のUbuntu Serverをインストールするので、このまま「Done」で次へ進みます。

Step6 仮想ネットワークの設定

続いてネットワークの設定です。Ubuntuサーバーが他のネットワーク上のマシンとやり取りするために、仮想ネットワークインターフェイスのIPアドレスを設定します。2-3-3でブリッジアダプターを設定した場合、VirtualBoxの入っているWindowsを通してDHCPでIPアドレスを取得し、Windowsと同じネットワークのIPアドレスがセットされます。そのまま「Done」で進みます。

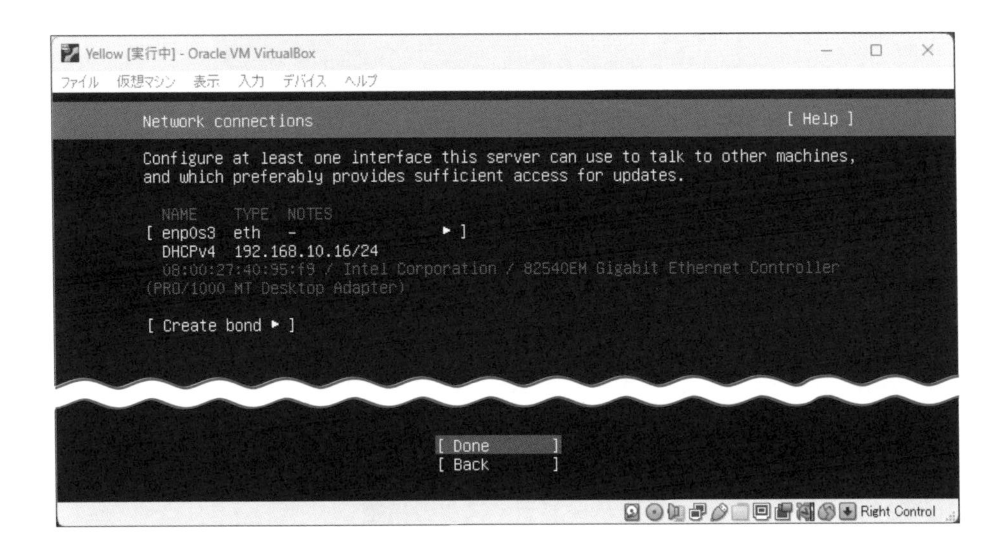

Step7 プロキシサーバーの設定

プロキシサーバーの設定です。個人の自宅で使用する分には空欄で問題ありません。会社など、プロキシサーバーのある環境下ではここでプロキシサーバーのIPアドレス等を指定します。そのまま「Done」で進みます。

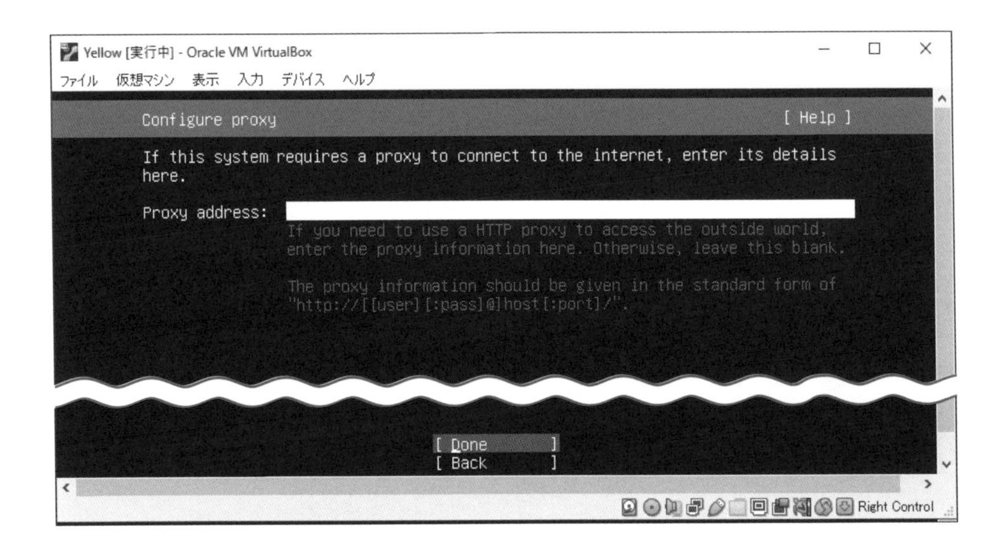

Step8 Ubuntuパッケージの入手先となるミラーサイト設定

問題なければ初期設定の日本サーバーを指定して「Done」で進みます。

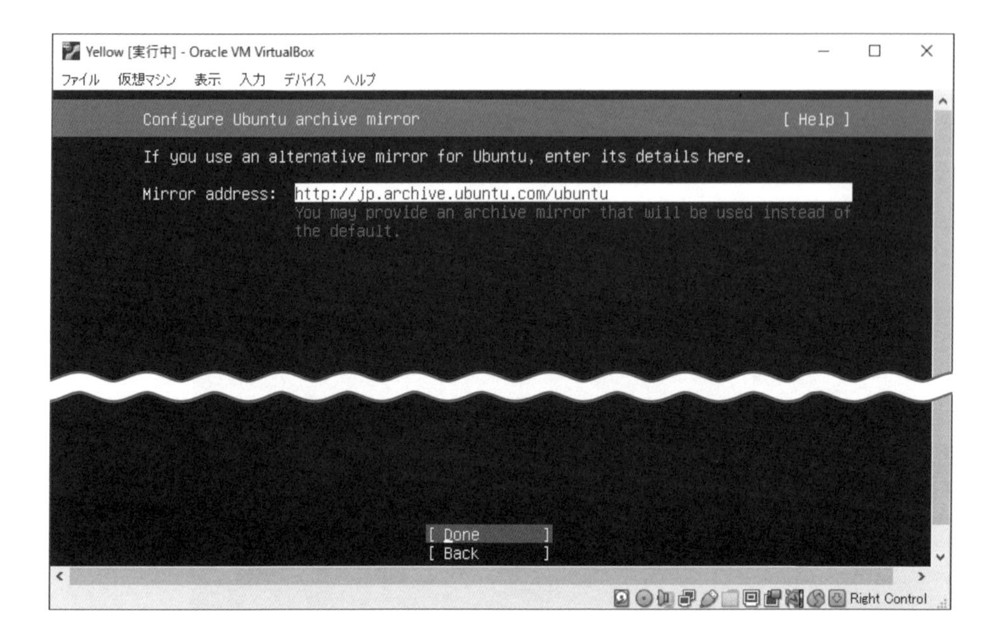

Step9 Ubuntu Serverのインストール先ハードディスクの指定

ここではUbuntu Serverのインストール先ディスクを指定します。なお、デフォルトでは仮想マシン上のハードディスクで、VirtualBoxでの仮想マシン作成時に指定した25.00GBのディスクが指定されています。ここもこのまま「Done」で進みます。

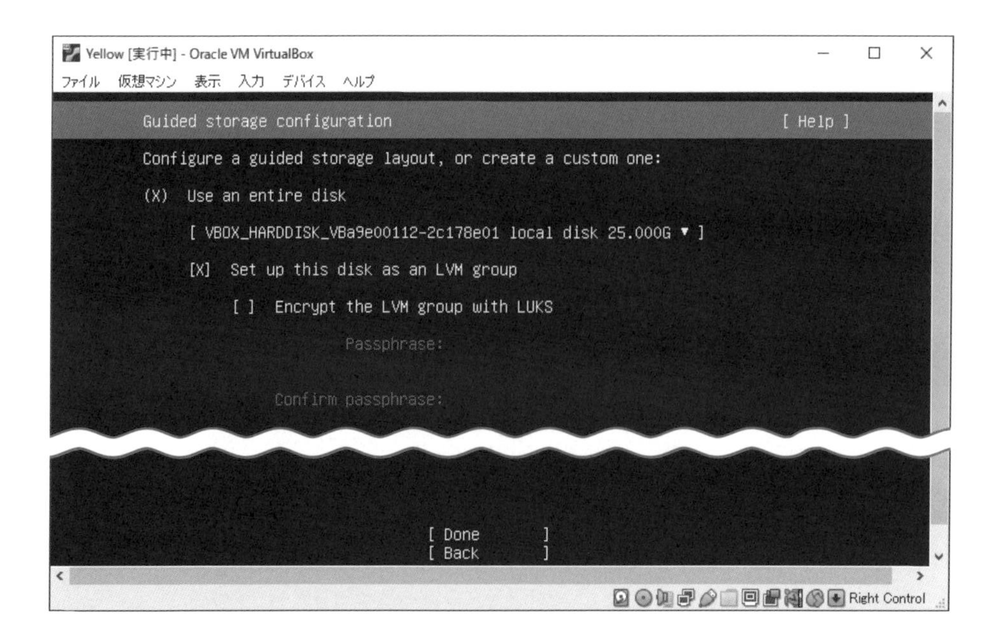

進むとハードディスク設定確認が出てきます。ここもそのまま「Done」で進みます。

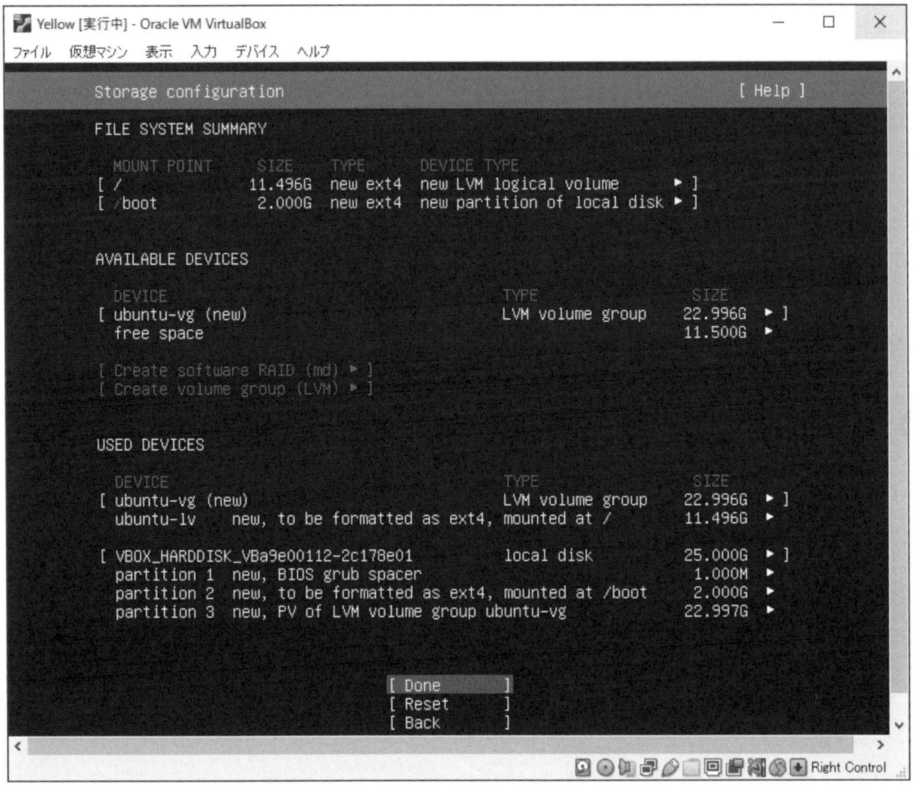

```
Yellow [実行中] - Oracle VM VirtualBox
ファイル 仮想マシン 表示 入力 デバイス ヘルプ

Storage configuration                                          [ Help ]

FILE SYSTEM SUMMARY

  MOUNT POINT      SIZE    TYPE      DEVICE TYPE
[ /              11.496G  new ext4  new LVM logical volume      ▸ ]
[ /boot           2.000G  new ext4  new partition of local disk ▸ ]

AVAILABLE DEVICES

  DEVICE                                      TYPE               SIZE
[ ubuntu-vg (new)                             LVM volume group   22.996G ▸ ]
  free space                                                     11.500G ▸

[ Create software RAID (md) ▸ ]
[ Create volume group (LVM) ▸ ]

USED DEVICES

  DEVICE                                      TYPE               SIZE
[ ubuntu-vg (new)                             LVM volume group   22.996G ▸ ]
  ubuntu-lv    new, to be formatted as ext4, mounted at /        11.496G ▸

[ VBOX_HARDDISK_VBa9e00112-2c178e01           local disk         25.000G ▸ ]
  partition 1  new, BIOS grub spacer                              1.000M ▸
  partition 2  new, to be formatted as ext4, mounted at /boot     2.000G ▸
  partition 3  new, PV of LVM volume group ubuntu-vg             22.997G ▸

                         [ Done       ]
                         [ Reset      ]
                         [ Back       ]
                                                          Right Control
```

Step10 ハードディスク設定の最終確認

ここでは次に進むかを確認しています。内容は「インストールが開始されるとハードディスクがフォーマットされ、データがすべて消去されます」という主旨で、実行前に注意してくれているのです。なお、この仮想マシン中のUbuntuからみたハードディスクは、VirtualBoxで作成した25.00GBのハードディスクであり、私たちが操作しているWindows PCのハードディスクではないので、このまま進んでも問題はありません。「Continue」を選択して進みます。

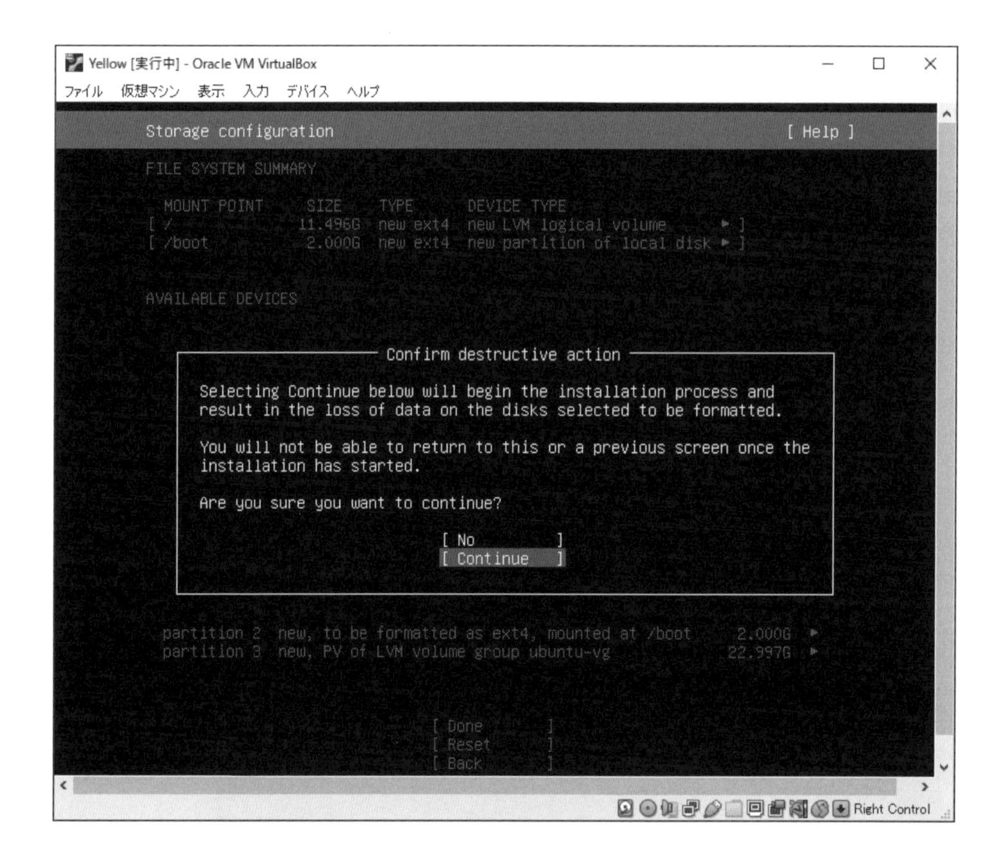

Step11 初期アカウントとサーバー名の決定

ここではUbuntuの初期アカウント（**初期ユーザー**）となるユーザー名と、サーバー名を設定します。

「Your name」はアカウントの持ち主の名前を入れますが、特に入力しなくても構いません。

サーバー名は「your server's name」に記載します。サーバー名は英小文字、0から9までの数字、アンダーバー（ _ ）とハイフン（ - ）のみが使用できます。どんな名前でも良いのですが、本書では、「**yellow**」として進めていきます。

「Pick a username」は、初期ユーザー名です。初期ユーザーとは、簡単に言うと、管理者のようなものです(注8)。こちらもどのように付けても良いですが、本書では、「**nyagoro**」とします。

その下の「Choose a password」「Confirm your pasword」は、初期ユーザーのパスワードです。「Choose a password」「Confirm your pasword」は同じものを入力します。

TIPS （注8）ユーザーの話は、少しややこしいので、詳しくは３章にて解説します。

本書では、「**nyapass00**」とします[注9]。このユーザー名とパスワードを忘れるとUbuntuにログインできなくなります。忘れないようにしましょう[注10]。

入力したパスワードは、ショルダーハック対策のため＊で表示されます。

サーバー名	本書での初期ユーザー名	本書でのパスワード
yellow	nyagoro	nyapass00

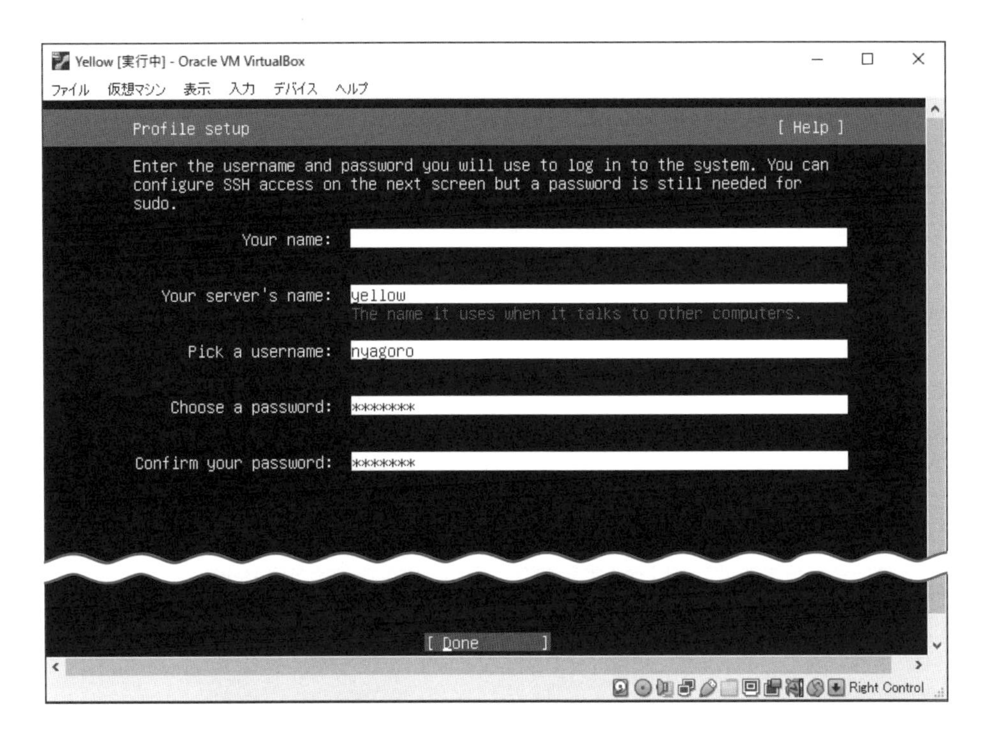

Ubuntu Proへのアップグレード画面が出たらスキップします。

Step12 SSHの設定

SSHとは主に他のPCからサーバーを操作するときに使用する通信プロトコルです。本書ではVirtualBoxの外に位置するWindows PCからTera TermというソフトでUbuntuに接続する学習にてSSHを使用します。そこで、この「Install OpenSSH Server」の項目をカーソルキーで選択し、スペースキーでチェックを入れます。

「Import SSH identity」は本書ではデフォルトの「No」のままとします。

TIPS

(注9) 本書では、学習目的であるため、わかりやすいユーザー名とパスワードを使用しますが、実際にサーバを構築する際には、セキュリティをよく考えて名付けるようにしてください。「root」や「admin」「ogasawara」（管理者の名前）をパスワードに使用するのはもってのほかです。

(注10) ユーザー名とパスワードは、厳重に管理してください。無くしてはいけませんが、パソコンのモニターに付箋で貼ってはいけません。また、本番の時には、どのようにユーザー名とパスワードを管理するのか、社内でもよく検討してください。

Yellow [実行中] - Oracle VM VirtualBox
ファイル 仮想マシン 表示 入力 デバイス ヘルプ

SSH Setup [Help]

You can choose to install the OpenSSH server package to enable secure remote access to your server.

[X] Install OpenSSH server

Import SSH identity: [No ▼]
You can import your SSH keys from GitHub or Launchpad.

Import Username:

[Done]
[Back]

Right Control

Step13 その他追加機能の設定

次の画面では、サーバーインストール時に追加するソフトウェアを選択することができます。本書では通常のUbuntu Serverの機能のみを使用しますので、ここでは何も指定せずに「Done」で進みます。

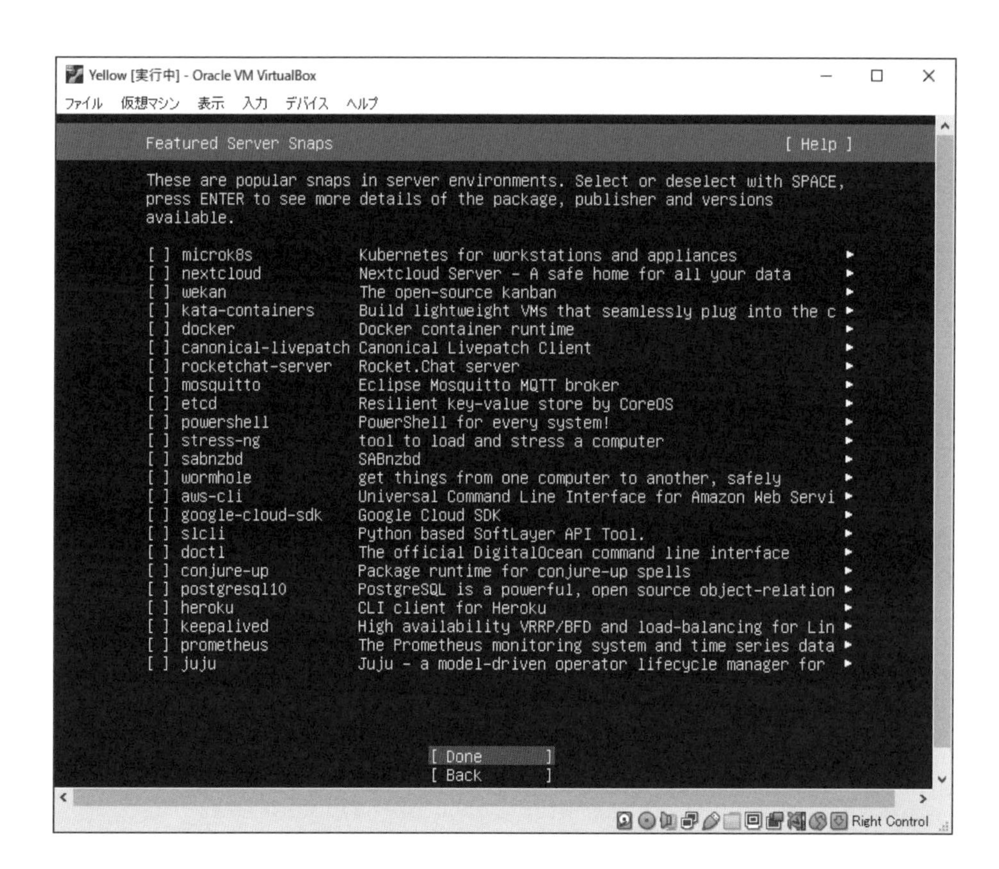

Step14 インストールの開始

ここまで設定するといよいよインストールが始まります。インストール中にセキュリティ関係のアップデートも自動で行われますので、時間は結構かかります。

インストールが完了すると、画面下側の選択肢が「Reboot Now」に変わります。変わったら選択して再起動します。

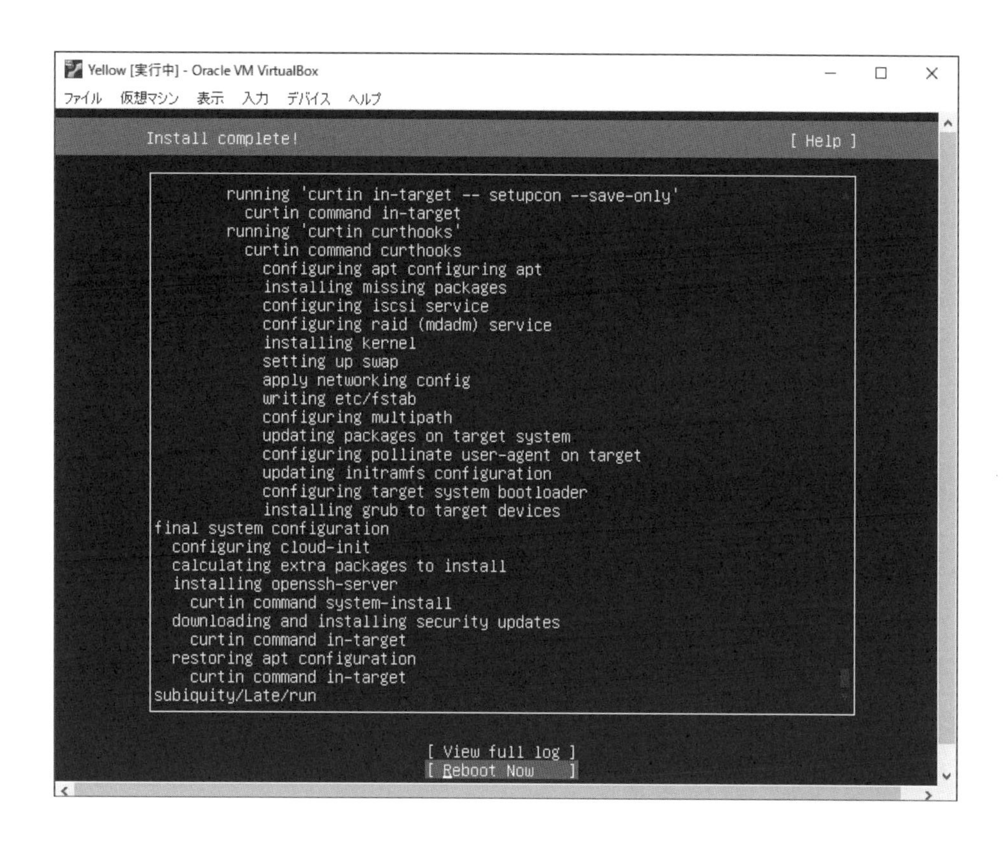

再起動が完了し、ログイン画面が表示されれば、Ubuntu Serverのインストールは完了です。[FAILED]などエラーが表示されたらエンターキーを押して下さい。

実際のログインは、3-1-1にて行いますが、既にサーバー操作の経験があり、確認してみたい場合は、設定したユーザー名とパスワードでログインしてみると良いでしょう。

また、一旦学習を終了したい場合は、2-4の「仮想マシンの停止と開始」を参考にしてください。

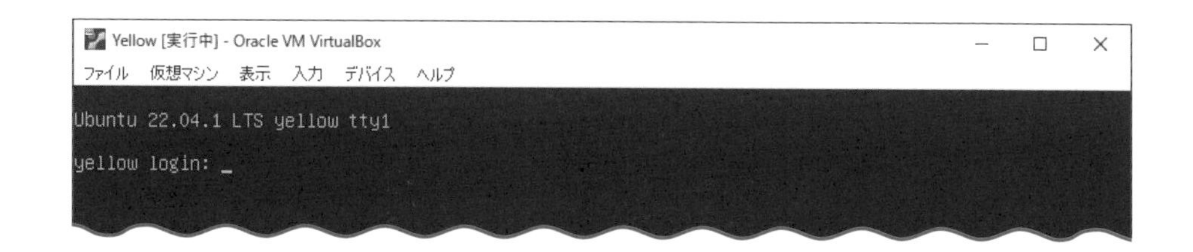

2-4 仮想マシンの停止と開始

仮想マシンの停止方法と開始方法を覚えておきましょう。

仮想マシンは、パソコンの上でもう一台のパソコンを動かしているようなものです。

学習していない時は、停止したいでしょうから、停止と開始の方法を覚えておきましょう。

2-4-1 仮想マシンを停止する

VirtualBoxでは、複数の仮想マシンを立てることができます。そのため、個々のサーバーの停止方法とVirtualBoxの終了方法を覚えておきましょう。

サーバーのシャットダウン（仮想マシンの停止） → VirtualBoxの終了

●個々のサーバーをシャットダウンする（仮想マシンの停止）

サーバーを終了させたいときは、3-3で説明する**シャットダウン方法が基本**ですが、VirtualBox上でのマウス操作でも終了させることができます。

VirtualBoxのサーバー一覧が表示されるウィンドウでサーバー名（本書では「Yellow」）を右クリックして「Stop」→「ACPIシャットダウン」を選びます。しばらくすると、この学習環境が終了します。もう一度起動したいときは、先と同じ手順で起動し直してください。

サーバーは電源をいきなり落とすとデータが壊れる恐れがあります。VirtualBoxによる仮想サーバーの場合も同じです。必ず、「ACPIシャットダウン」で終了させてください。［電源オフ］は、物理的に電源を落とすことと同じです。学習環境が壊れる恐れがあるので選択してはいけません。

ログアウトは、本番での操作と学習時の操作は異なるので注意しましょう。

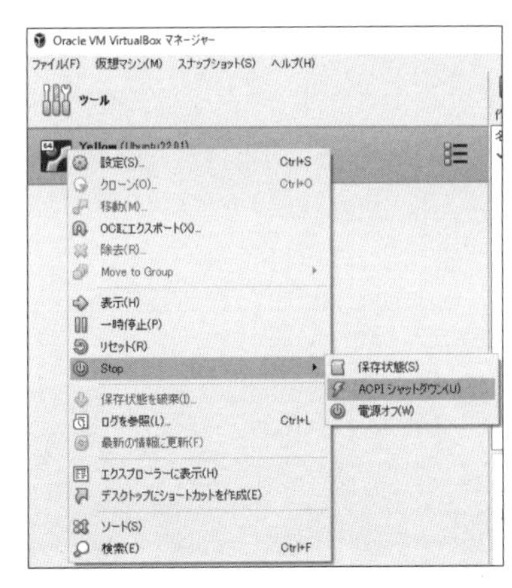

● VirtualBoxの終了

VirtualBoxを終了させるには、普通のソフトウェアと同じく、ウィンドウの右上にある閉じるボタンを押すと終了します。

2-4-2 仮想マシンを起動する

サーバーを立ち上げるには、まずVirtualBoxを起動させ、更に仮想マシンを起動させます。

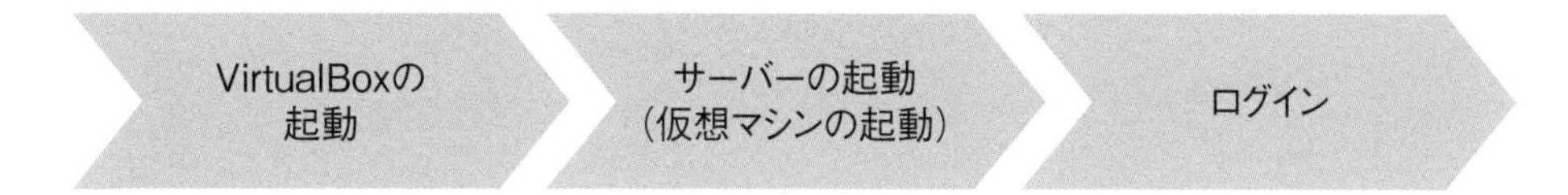

● VirtualBoxの起動

[スタート]メニューから[Oracle VM VirtualBox] — [Oracle VM VirtualBox]をクリックして、VirtualBoxを起動します。

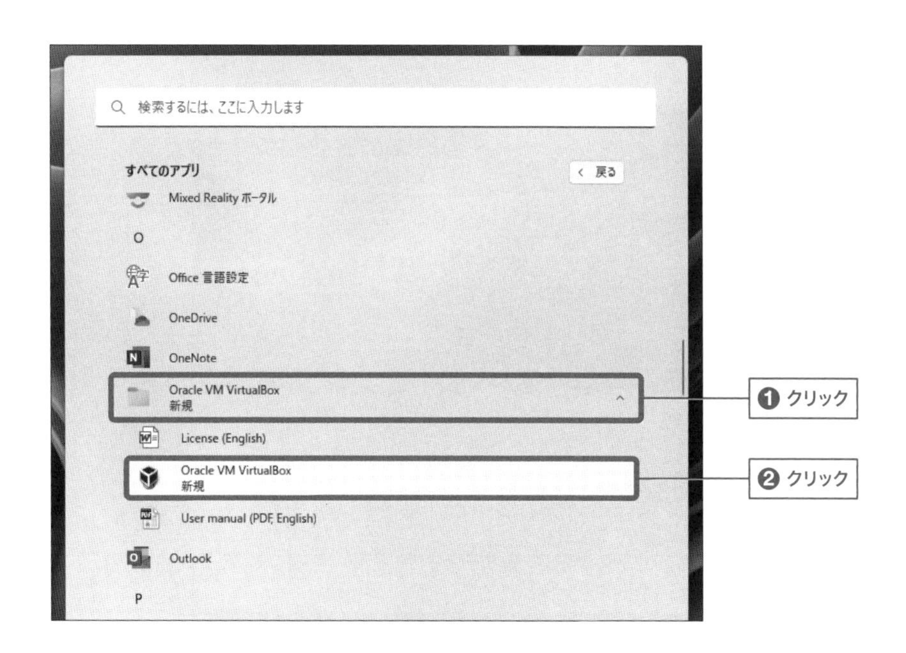

左側の一覧から「Yellow」を選択して[起動]ボタンをクリックします。

● サーバーの起動

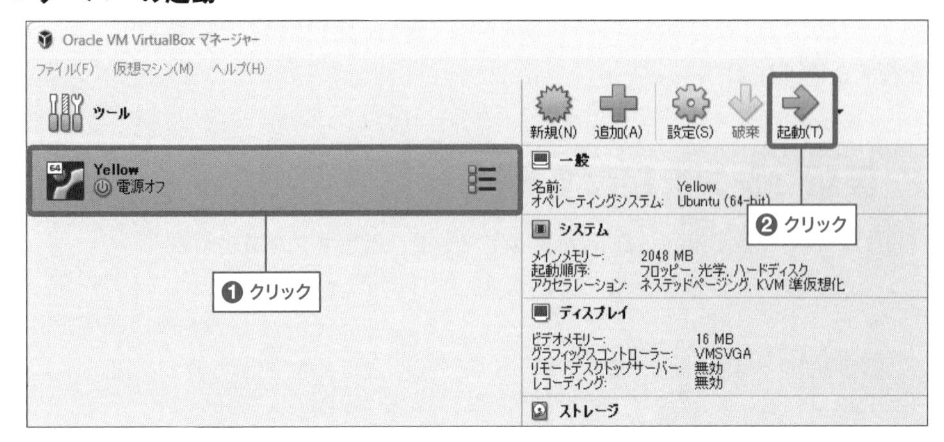

VirtualBoxの画面が開いたら、サーバーの一覧から「Yellow」を選択し、「起動」をクリックします。すると、2章でインストールしたUbuntu Serverの画面が表示されます。

起動中は、いくつかのメッセージが表示されます。メッセージを読み終わったら「×」ボタンを押して非表示にしましょう。

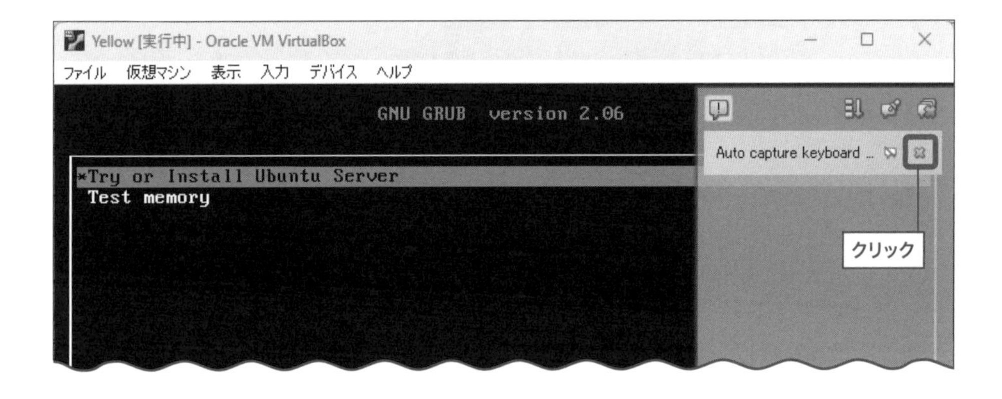

最後に「login:」の文字が表示されたら起動完了です。

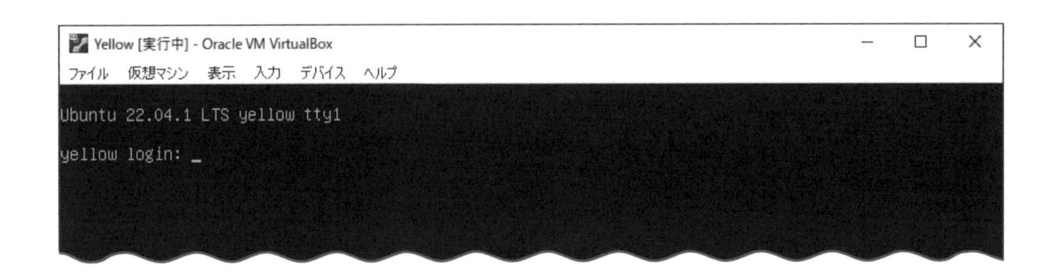

ログインの方法は、3-1-1を確認してください。

COLUMN

学習方法は様々。WSL2や、Docker、AWS、中古パソコン

本書では、実際のサーバーに近く負担の少ない方法として、仮想マシンを使用して学習を進めていきます。しかし、この方法以外にも、学習方法はいくつかありますから、身近に頼りになる先輩や上司が居るのなら、相談してみましょう。

VMwareを使う

VMwareは、VirtualBoxと並ぶ仮想環境ソフトです。もし、自分のパソコンに入っている仮想環境ソフトが、VMwareならば、仮想環境ソフトを二つ入れるのは大変なので、そちらで学習するのも良いでしょう。構築方法はほぼ同じですが、ネットワークの設定などが一部異なるかもしれません。詳しくは本書サポートサイトに載せてあります。

WSL2を使う

WSL2は、マイクロソフト社が提供しているWindows用のLinux OSです。普段使っているWindowsのパソコンに、LinuxOSを入れられるという欲張りな仕組みです。

本書サポートサイトにて、手順を記載しておいたので、そちらを確認してください。ただし、一部使用できないコマンドがあるので、注意してください。

Dockerを使う／AWSを使う

Dockerは、プログラムを隔離して実行できるソフトウェアです。AWSは、クラウド環境でサーバーなど一式をレンタルできるサービス(注11)です。

どちらも最近人気の技術ですが、Linuxの学習には、やや向きません。できないことが色々とあるからです。ただ、これらの技術を学習するのに、先にLinuxを学んでおくと、負担が大きく軽減されるので、本書読了後には、チャレンジしてみると良いでしょう。

中古のパソコンを使う

1-4-1にも書いたとおり、クライアントパソコンにLinuxを入れることもできます。また、これは本番環境に非常に近いので、おすすめです。使うのは、そんなに古くないノートパソコンで充分です。本番と違って、他からアクセスがないので、スペックは高くなくて良いでしょう。

TIPS　(注11) 詳しくは、8章を参照のこと

CHAPTER

3

Ubuntuを操作しよう

サーバー用OSをインストールできたら、サーバーにログインして、ファイルやディレクトリの操作をしてみましょう。
サーバーでは、マウスではなく、コンソールと呼ばれる黒い画面で操作します。戸惑うかもしれませんが、慣れていきましょう。
この章では、サーバー操作について学びます。

3-1 サーバーの操作を身につけよう

実際にサーバーにログインしてみます。サーバーの起動・終了、基本の操作を学びます。

3-1-1 Ubuntuにログインする

さっそくサーバーにログインしてみましょう。

サーバーにログインするには、登録済みのユーザー名とパスワードが必要です。

作成したばかりの初期状態ですが、既にユーザーが一つ存在します。それが「初期ユーザー」ユーザーです。インストール時にパスワードを決めたことを覚えているでしょうか。このアカウントでログインします。

初期ユーザーは、「管理者」に近いユーザーで、この後から作る「一般ユーザー」に比べて権限が大きいです。この話は、複雑なので、3-4節にて詳しく取り扱います。

ユーザー	ユーザー名	本書でのパスワード
初期	nyagoro	nyapass00

それでは、初期ユーザーでログインしてみましょう。「yellow login:」と書かれた行にユーザー名である「nyagoro」を入力し、Enter キーを押してください(注1)。

Enter キーは、今後、行の内容を確定するのに、毎回使用します。覚えておいてください。下のような文字列が最終行に表示されていない場合は、何度か Enter キーを押して下さい。

```
Ubuntu 22.04 LTS yellow tty1

yellow login: _
```

入力後、Enter キーを押すと、「login:」の下に「password」という文字が表示されます。

TIPS　（注1）「yellow」は2章でつけたサーバー名です。他の名前にしている場合は、その名称が表示されます。「nyagoro」も同じく2章でつけた初期ユーザー名です。

```
Ubuntu 22.04 LTS yellow tty1

yellow login: nyagoro
Password:
```

同じようにコロンの後にパスワードを入力して Enter キーを押します。セキュリティのため、多くのサーバーでは、パスワードを入力しても、画面には表示されないようになっています。不安になるかもしれませんが、慎重に打てば大丈夫です。

パスワードとして、2章で決めた「nyapass00」を入力して Enter キーを押します。

nyagoro@yellow: ~$ と表示されたら成功です。

```
14 updates can be applied immediately.
To see these additional updates run: apt list --upgradable


Last login: Tue May 17 15:12:31 UTC 2022 on tty1
nyagoro@yellow:~$
```

3-1-2 ログアウトする

ログインしたら、ログアウトの方法も一緒に覚えておきましょう。実際のサーバーは、常時稼働させ続けることが多いため、電源を切ることは滅多にありません。その代わり、作業が終わった場合には、ログアウトをします。

ログアウトする場合には、nyagoro@yellow: ~$ に続いて「**exit**」もしくは「**logout**」と入力し Enter を押します。

```
14 updates can be applied immediately.
To see these additional updates run: apt list --upgradable


Last login: Thu May 19 10:55:06 UTC 2022 on tty1
nyagoro@yellow:~$ exit_
```

ただし今回のような学習時には、ずっとサーバーを動かしているのも邪魔なのでサーバーをシャットダウンさせたいこともあるでしょう。その場合、シャットダウンせずにVirtualBoxを終了させてはいけません。WindowsやmacOSでいきなりコンセントを抜くのではなく、シャットダウンさせるのと同じ話です。なお、ログアウトしてしまうと、シャットダウンコマンドが打てなくなってしまうため、学習時はログアウトせずに、シャットダウンします。

「シャットダウン」→「VirtualBoxの終了」という手順で行ってください。
シャットダウンの方法については、3-3で説明します。

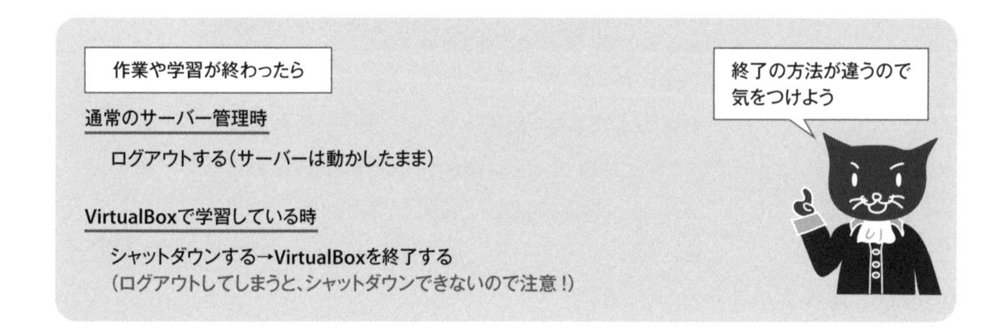

3-1-3 コンソール(ターミナル)での操作とプロンプト

サーバーの操作は、「コンソール(console)」と呼ばれる文字だけ表示される黒い画面で行います[注2][注3]。こうした文字だけの操作画面を**CLI**(Command Line Interface)もしくは、**CUI**(Character User Interface)と言います。

コマンドを打ち込む場所には、あらかじめ「プロンプト(prompt)」と呼ばれる文字列が表示されます。サーバーにログインした時に、画面の最後の行に表示されている**nyagoro@yellow: ~$** のような文字列がプロンプトです。

Ubuntuでは、プロンプトは、**ユーザー名@サーバー名: ディレクトリ名記号**の形で表示されます[注4]。

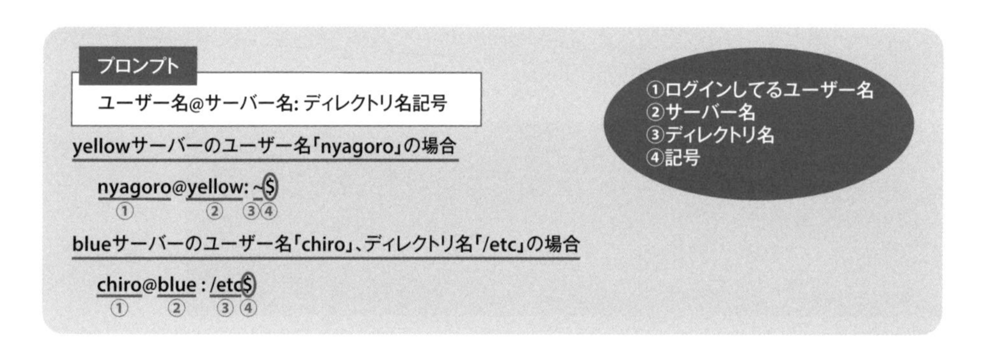

例えば、yellowサーバーにログインしているnyagoroユーザーなら、nyagoro@

TIPS

(注2) コンソールは、「ターミナル(terminal)」と言う場合もありますが、どちらで呼んでも構いません。

(注3) コンソールではなくGUI(グラフィカルにマウス操作ができる画面)で行うケースもありますが、本書では、コンソールで進めていきます。

(注4) ディレクトリとはWindowsで言うところのフォルダのこと。詳しくは3-2節。

yellow:~$、blueサーバーにログインしているユーザー名「chiro」なら、chiro@blue:~$となります。

サーバー名の後ろの「~」は、現在操作しているディレクトリ名（**カレントディレクトリ**）が表示されます。**ホームディレクトリの場合は、「~（チルダ）」**と表示され、それ以外の場合は、そのディレクトリ名となります。

末尾の記号は、rootユーザーの場合と、それ以外のユーザーの場合とで、異なります。rootの場合は「#（井桁＝ナンバーサイン）」、一般ユーザーの場合は「$」と表示されるため、rootでログインしているかどうかが判断しやすいようになっています。

rootユーザーは、特殊なユーザーであり、なんでもできる万能なユーザーです。Red Hatなど、他のディストリビューションでは、初期ユーザーとして、rootユーザーを使うこともありますが、Ubuntuの**初期ユーザーは、権限が強くはあるものの、一般ユーザー**です。

カレントディレクトリ

現在操作しているディレクトリ）

ホームディレクトリ

そのユーザーの拠点となるディレクトリ
~（チルダ）で表される

COLUMN

GUI（Graphical User Interface）での操作

Ubuntuのサーバー版には､GUI（グラフィカルなインターフェイス）がありません。しかし、サーバー版でもapt install ubuntu-desktopコマンドでGUI環境を追加インストールできます。

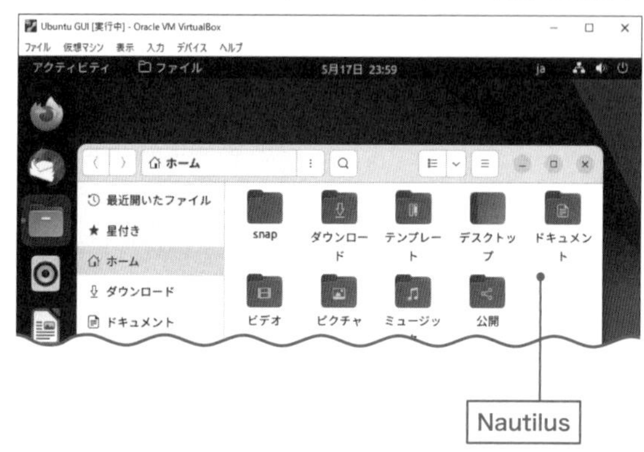

Ubuntuでは｢GNOME（グノーム）」というウィンドウシステムを使います。GNOMEではNautilus（GNOME Files）というエクスプローラーのようなファイル管理ソフトが同梱されており、WindowsやmacOSのようにファイルをドラッグ＆ドロップで操作できます。

GUIは、初期状態では英語表記です。日本語表記にしたい場合は、日本語関連パッケージも必要です。ただし、共同で管理するLinuxサーバーにGUIの環境を導入する場合は、周囲に必ず確認を取ってください。GUI環境は、それなりのスペックが必要で、要らぬ負荷がかかりますし、サーバーは基本的に直接何かを操作する機会は少ないからです。セキュリティ的なリスクにもなりえます。

とは言え、最近の若いサーバー管理者の中にはGUIに慣れ、CUI（コマンドでの操作）での操作は苦手とする方も少なくありません。苦手意識が強いばかりに、操作を失敗したり、億劫になってしまっては元も子もありません。このような場合はGUI環境をインストールしなくてもGUIでサーバーを管理するツールを使うのも良いでしょう。代表的なソフトウェアに「Webmin」があります。Webminは、普段使っているPCからブラウザでサーバーにアクセスすることでグラフィカルに状態を確認したり、各種設定したりできます(注5)。

「Webmin」のインストール方法は割愛しますが、Red HatやUbuntuなどのLinuxのみならず、Unixのツールとして基本無償で公開されていますのでサーバー管理ツールとしてよく利用されています。

ただし、こちらも、使用するにはポートを開ける必要がありますし､顧客によっては、外部からのアクセスを許さないこともあります。何にせよ、社内で確認を取るようにしましょう。

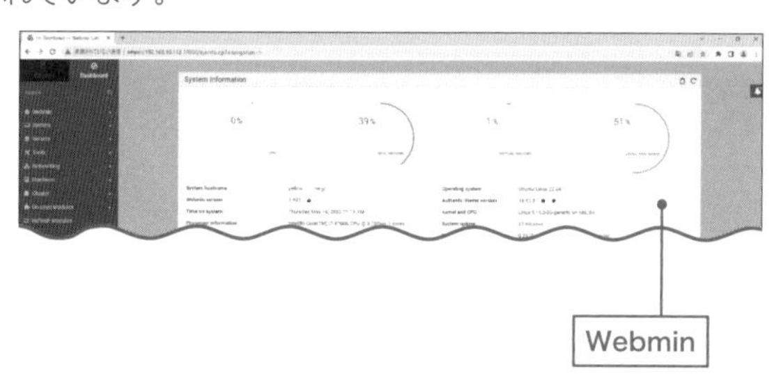

3-1-4 コマンドと引数・オプション

サーバーを操作する場合、「**コマンド（command）**」を打ち込んで操作します。

コマンドとは、サーバーに下す命令のことです。あらかじめサーバーに設定されているプログラムがあり、それを実行する文言を使って命令します。文言を実行するプログラムのことを「**シェル（shell）**」(注6)といいます。プロンプトを表示するのもシェルの機能です。

コマンドは、**プロンプトに続いて入力し、最後に Enter キーで確定**させます。Enter キーを押さないと確定されないので、注意してください。

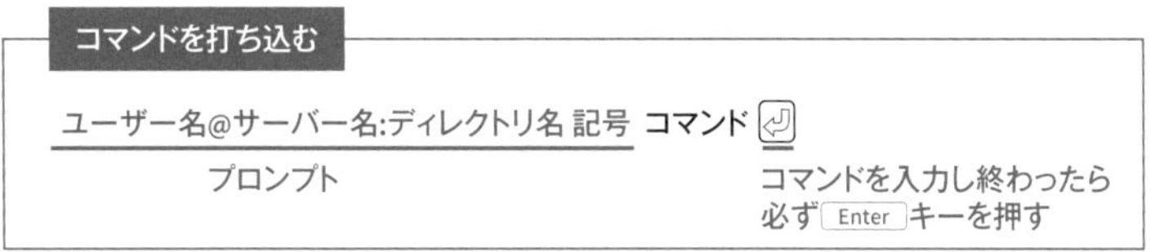

コマンドは、単独で使用する場合と、引数や、オプションという追加の情報をつける場合があります。引数やオプションは、コマンドに続いて、半角スペースで区切って記述します。

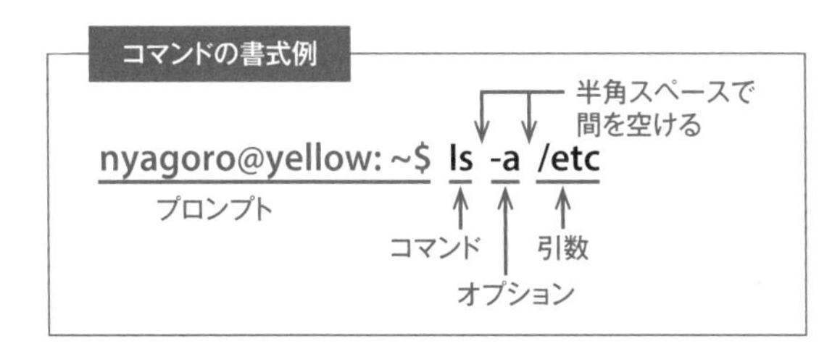

● 引数とオプション

引数とは、コマンドに渡す値（情報）のことを指します。例えば、ファイル操作系のコマンドであれば、引数として、ディレクトリ名やファイル名を渡すことが多いです。

オプションは、引数のようなものですが、「-（ハイフン）」記号ではじまり、あらかじ

TIPS

（注5） Webの特徴として、サーバー側はテキストが送られてくるだけで、GUIとしての負担は、Webminを使っているPCのブラウザが担うため

（注6） シェルには、複数の種類があり、Ubuntuでは、デフォルトとしてbash（バッシュ）が設定されます。少し難しい話ですが、ユーザー単位でシェルの種類を変えることもできます。本書はbashを使用することを前提に説明しています。

めコマンドに対して、特定の動作をするように決められているものです。そのため、コマンドごとに、オプションの種類は異なります。

例えば、ディレクトリ内のファイルを一覧するコマンドは「ls」です。単独で使用する場合は、ディレクトリに保存されているファイル一覧を見ることができますが、隠されているファイルは表示されません。隠しファイルを表示するオプションである「-a」をつければ、隠しファイルも含めたすべての一覧を表示します。また、「/etc」や「/home」など、ディレクトリ名を引数として入力すれば、それぞれ該当のディレクトリの中身を表示します。このコマンドのハンズオンは3-2節にておこないます。

コマンドのみの場合

nyagoro@yellow: ~$ ls →ファイルの一覧が表示される

```
nyagoro@yellow: ~$ ls
```

オプションをつけた場合

nyagoro@yellow: ~$ ls -a →隠しファイルを含めて表示される

```
nyagoro@yellow: ~$ ls -a
.   .bash_history  .bashrc  .profile  .sudo_as_admin_successful
..  .bash_logout   .cache   .ssh
```

引数を渡した場合

nyagoro@yellow: ~$ ls /etc →引数のディレクトリ中身を表示

```
nyagoro@yellow:~$ ls /etc
adduser.conf                landscape          python3.10
alternatives                ldap               rc0.d
apparmor                    ld.so.cache        rc1.d
apparmor.d                  ld.so.conf         rc2.d
apport                      ld.so.conf.d       rc3.d
apt                         legal              rc4.d
bash.bashrc                 libaudit.conf      rc5.d
bash_completion             libblockdev        rc6.d
bash_completion.d           libnl-3            rcS.d
bindresvport.blacklist      locale.alias       resolv.conf
binfmt.d                    locale.gen         rmt
byobu                       localtime          rpc
ca-certificates             logcheck           rsyslog.conf
ca-certificates.conf        login.defs         rsyslog.d
cloud                       logrotate.conf     screenrc
console-setup               logrotate.d        security
cron.d                      lsb-release        selinux
cron.daily                  lvm                services
cron.hourly                 machine-id         shadow
```

```
cron.monthly             magic                  shadow-
crontab                  magic.mime             shells
cron.weekly              manpath.config         skel
cryptsetup-initramfs     mdadm                  sos
crypttab                 mime.types             ssh
dbus-1                   mke2fs.conf            ssl
debconf.conf             ModemManager           subgid
debian_version           modprobe.d             subgid-
default                  modules                subuid
deluser.conf             modules-load.d         subuid-
depmod.d                 mtab                   sudo.conf
dhcp                     multipath              sudoers
dpkg                     multipath.conf         sudoers.d
e2scrub.conf             nanorc                 sudo_logsrvd.conf
environment              needrestart            sysctl.conf
ethertypes               netconfig              sysctl.d
fstab                    netplan                systemd
fuse.conf                network                terminfo
fwupd                    networkd-dispatcher    thermald
gai.conf                 NetworkManager         timezone
groff                    networks               tmpfiles.d
group                    newt                   ubuntu-advantage
group-                   nftables.conf          ucf.conf
grub.d                   nsswitch.conf          udev
gshadow                  opt                    udisks2
gshadow-                 os-release             ufw
gss                      overlayroot.conf       update-manager
hdparm.conf              PackageKit             update-motd.d
host.conf                pam.conf               update-notifier
hostname                 pam.d                  UPower
hosts                    passwd                 usb_modeswitch.conf
略…
```

このように、同じ「ディレクトリの中身を見る」というコマンドでも、オプションや引数の有無で、結果が違います。コマンドを入力する時には、オプションや引数によく注意しましょう。

なお、オプションと引数を記述する順番などの書式も、コマンド単位で決まっています。lsコマンドの場合、オプションと引数の記述順に指定はありませんが、コマンドによっては、決められた書式を守らないと正常に動かないものもあります。

COLUMN

manでマニュアルを見る

　コマンドの使い方がわからないときに便利なのがmanコマンドです。manとはマニュアル（manual）の略です。「man」コマンドに続いて「調べたいコマンド名」を引数として入力すると、その使い方が表示されます。manで表示されるマニュアルは、英語で書かれているため、よくわからない場合は、検索サイトで日本語で解説しているウェブサイトなどを探して調べるのも良いでしょう。

●マニュアルを見るコマンド

```
nyagoro@yellow: ~$ man [コマンド名]
```

例えば、次のように入力すると、lsコマンドのマニュアルが表示されます。

▼コマンドと実行結果

```
nyagoro@yellow: ~$ man ls
LS(1)                                                              User
Commands                                                     LS(1)

NAME
       ls - list directory contents

SYNOPSIS
       ls [OPTION]... [FILE]...

DESCRIPTION
       List  information about the FILEs (the current directory by
default).  Sort entries alphabetically if none of -cftuvSUX nor --sort
       is specified.
      Mandatory arguments to long options are mandatory for short
options too.

       -a, --all
              do not ignore entries starting with .

        -A, --almost-all
              do not list implied . and ..
```

※結果は一部省略しています。

● 主なコマンドの一覧

Ubuntuでよく使われるコマンドをまとめました。

サーバーの性質上、ファイル操作系のコマンドが多いため、まずはそこから覚えていくと良いでしょう。なお、表中のコマンドのうち、特に頻出のものに関しては、具体的な使用方法を本章で解説しています。

【ファイル操作のコマンド】

ファイルを操作するコマンド群です。コマンド操作によって、ディレクトリの中身を表示させたり、ファイルをコピーしたりします。

コマンド	説明
ls	ディレクトリに含まれるファイルやディレクトリの一覧を表示する。 オプションをつけると、隠しファイルを表示したり、表示形式を一行ずつにするなどできる。
cp	ファイルをコピーする。オプションによって上書きする・しないや、パーミッションを保持する・しないを選べる。
mv	ファイルを移動したり、名前を変更する。
rm	ファイルやディレクトリを削除する。
pwd	カレントディレクトリを表示する。
cd	カレントディレクトリを移動する。
df	ディスクの使用量を調べる。
du	ファイルの使用量を調べる。
tar	複数のファイルをひとまとめにする。
zip	ファイルを ZIP 形式で圧縮する。

【ファイル権限のコマンド】

ファイルの権限も、コマンド操作で行います。

コマンド	説明
chmod	パーミッションを設定する。
chown	所有者を変更する。
chgrp	所有グループを変更する。

【ユーザー・グループ】

ユーザーやグループの設定をするコマンド群です。「○○user」「○○group」系コマンドを紹介していますが、Red Hat系のディストリビューションで使用される「useradd」「userdel」「groupadd」「groupdel」のような、「user○○」「group○○」コマンドも、Ubuntuに存在します。しかし、「○○user」「○○group」系コマンドの方が便利ですし、公式でも利用が推奨されています。両者はよく似たコマンドですが、パスワードやホームディレクトリの設定が異なるので、まちがえないようにしましょう。

adduser	ユーザーを追加する。
deluser	ユーザーを削除する。
addgroup	グループを追加する。
delgroup	グループを削除する。
passwd	パスワードを変更する。
sudo	root ユーザーでコマンドを実行する。

【ファイルの表示・編集】

ファイルの中身を表示したり、編集したりするコマンド群です。

cat	ファイルの内容を表示する。
head	先頭から指定した行数だけ表示する。
tail	末尾から指定した行数だけ表示する。
more	画面表示したらキー入力を待つ。
grep	文字を検索する。
vi	編集する vi エディタを起動する。

【プロセス操作】

プロセスに関わるコマンド群です。

ps	実行中のプロセス一覧を表示する。
top	実行中のプロセスの CPU やメモリの利用率を調べる。
kill	プロセスを終了する。

【サーバー操作のコマンド】

ip	ネットワークアドレスを操作する。
systemctl	サーバーソフトを操作する。
shutdown	電源を切る。
reboot	再起動する。
apt	ソフトウェアをインストール・アンインストールする。

【その他】

man	マニュアル。コマンドの使い方を表示する。

3-2 ファイル操作を理解しよう

サーバーとは、その基本的な性質から、ファイル操作を行うことが多いです。そのため、まずは、ディレクトリ構造を理解することが重要になってきます。

3-2-1 ディレクトリは階層になっている

Ubuntuをインストールすると、「etc」「home」「root」など、いくつかのディレクトリが自動的に作成されます。**ディレクトリ**とは、いわゆる「フォルダ」のことです。ファイルや別のディレクトリを格納する役割は、Windowsやmac OSと同じです。

Ubuntuのディレクトリは、**「/（ルート）」ディレクトリを親**とし、その中に複数の子や孫がある形式を取ります。

Windowsやmac OSでは、ログインすると最初にデスクトップの画面が表示されますが、サーバーでは、「どこかのディレクトリ」がグラフィカルに表示されるわけではありません。自分がどこにいるのか、プロンプトなどで確認しながら、操作していきます。

ディレクトリからディレクトリへの移動も、一覧からショートカットをクリックするわけではなく、「/etcディレクトリに移動する」のように、ディレクトリ名を指定して移動していきます。

3-2-2 ディレクトリ操作に関係するコマンド

ディレクトリを操作するコマンドは、基本となるものなので、まずはここを覚えるのがサーバー操作のポイントです。①と②のコマンドは後でハンズオンをおこないます。

①ファイルの表示に関するコマンド

コマンド操作の場合、自動的にファイルやディレクトリのアイコンを表示するようなものはないので、現在操作しているディレクトリ（カレントディレクトリ）を調べたり、操作するディレクトリを移動したり、ファイルやディレクトリの一覧を表示するにも、コマンドを入力して実行します。

・lsコマンド

ls オプション　[ディレクトリ名]

ディレクトリに含まれるファイルやディレクトリの一覧を表示するコマンド。引数にディレクトリ名を渡すと、そのディレクトリ内のファイルやディレクトリを表示する。

【主なオプション】

-a	隠しファイルを含むすべてのファイルを表示する
-l	1行ずつ詳細に表示する
-al	すべてのファイルの詳細を表示する

・pwdコマンド

pwd

カレントディレクトリを表示するコマンド。引数やオプションはあるが、ほとんど使われない。

・cdコマンド

cd [移動先ディレクトリ名]

カレントディレクトリを移動する。引数として、移動先のディレクトリを指定する。

②ファイルの操作に関するコマンド

ファイルのコピーや削除、移動などの操作もコマンドで行います。オプションによって、上書きするかどうか、強制的に削除するかどうかなどの指定ができます。

・cpコマンド

cp オプション　[コピーするファイル名] [コピー先ディレクトリ名]

ファイルをコピーする。

【主なオプション】

-f	強制的に上書きする
-p	ファイルのパーミッションを保持する
-r	ディレクトリも含めて再帰的にコピーする
-v	コピー中のファイル名を表示する

・mvコマンド

mv オプション　[移動するファイル名] [移動先ディレクトリ名]

ファイルを移動または名前を変更する。

【主なオプション】

-f	強制的に上書きする
-v	移動（または名前の変更）中のファイル名を表示する

・rmコマンド

rm オプション　[ファイル名/ディレクトリ名]

ファイルまたはディレクトリを削除する。

【主なオプション】

-f	強制的に削除する
-r	ディレクトリも含めて再帰的に削除する
-v	削除中のファイル名を表示する

③その他

その他、ディスクやファイルの使用量を調べたり、ファイルを圧縮するコマンドがあります。サーバーを構築する段階では、まだ使いませんが、運用時に必須となるコマンドです。

df	**df オプション　[ディレクトリ名]** ディスクの使用量を調べる
du	**du オプション　[ディレクトリ名]** ファイルの使用量を調べる
tar	**tar オプション　[ディレクトリ名]** 複数のファイルをひとまとめにする
zip	**zip オプション　[ディレクトリ名]** ファイルを ZIP 形式で圧縮する

3-2-3 Ubuntuのディレクトリ構造

特定のディレクトリに含まれるディレクトリやファイルの一覧を表示するには、プロンプトに続き「ls」コマンドと、対象ディレクトリ名を打ち込み、Enterキーを押します。

● 特定のディレクトリの中身を見るコマンド

```
nyagoro@yellow: ~$ ls [ディレクトリ名]
```

まずは、サーバーにあるすべてのディレクトリ名を表示してみましょう。

対象となるディレクトリ名は「/（スラッシュ）」とします。

この場合の**「/」は、ルートディレクトリを表す記号**です。サーバー上のすべてのディレクトリは、ルートディレクトリの中に入っているので、このように指定します。

ルートではなく、別のディレクトリを指定する場合は、「ls /boot」や「ls /home」のように「ls」に続いて、そのディレクトリ名を入力します。

やってみよう サーバーにあるすべてのディレクトリ名を表示させよう

サーバーの/（ルート）にあるすべてのディレクトリ名を表示させましょう。

Step1 lsコマンドを入力する

コマンドプロンプトに続き、「ls」コマンドと「/」を入力し、Enterキーで確定させます。

```
nyagoro@yellow: ~$ ls /
```

Step2 実行結果

/（ルート）に入っているディレクトリ名が表示されたら成功です。

▼コマンドの実行結果

```
bin   dev  home  lib64  mnt  proc  run   srv  tmp  var
boot  etc  lib   media  opt  root  sbin  sys  usr
```

「bin dev home lib64 mnt proc run srv tmp var boot etc lib media opt root sbin sys usr」などと表示されたものが、「/」以下のディレクトリ名の一覧です。

● ディレクトリの役割

これらのディレクトリには、それぞれ役割があります。主要なものを説明します。

①/（ルートディレクトリ）

大元になっているディレクトリです。

すべてのディレクトリやファイルは、このディレクトリに入っています。

後述する「/root」ディレクトリと、呼び名が紛らわしいので注意してください。

②/homeディレクトリ

root以外のユーザーの**ホームディレクトリ**が置かれる場所です。

ホームディレクトリとは、そのユーザーが自由に使用できるディレクトリです。ユーザー名が「nyagoro」であれば、「/home/nyagoro」、ユーザー名が「chiro」であれば、「/home/chiro」というように、それぞれのユーザーごとにホームディレクトリが作成されます。ユーザーの設定ファイルなども、それぞれのホームディレクトリに置かれます。プロンプトに表示されている「~（チルダ）」は、このホームディレクトリを指す記号です。「/home/ユーザー名」ディレクトリは、最も重要なディレクトリの一つです。本書でも、nyagoroユーザーの「/home/nyagoro」ディレクトリで主に操作します。

nyagoroユーザーのホームディレクトリ

```
/home/nyagoro
```

③/rootディレクトリ

rootユーザーのホームディレクトリです。rootユーザーだけは特別にここに入れます。「/（ルートディレクトリ）」と紛らわしいので、「ルート用ディレクトリ」「スラルート（スラッシュルートの略）」などと呼んで区別することが多いです。

一般ユーザーは、rootユーザーの領域を見ることはできません。rootユーザーとして実行するコマンドを使えば、見ることが可能ですが、基本的にはできないと思っておきましょう。

④/tmpディレクトリ

「tmp」は「temporary（テンポラリー＝仮の、一時的な）」の略であり、その名の通り一時的なファイルが置かれる場所です。

一時的なファイル置き場であるため、古いファイルは削除されます。Ubuntu Server 22.04 LTSの場合、デフォルトでは、利用していないファイルは約1日で、自動的に削除されます。永続的に保存したいファイルは置かないようにしましょう。

⑤/etcディレクトリ

/etcディレクトリには、OSなどの設定ファイルが置かれます。

⑥/bin、/sbinディレクトリ

「bin」は、「binary（バイナリー）」の略です。

/binディレクトリと、/sbinディレクトリには、主にOSを操作するコマンドなど、必須のコマンド（プログラム）が格納されています。特に、/sbinディレクトリはシステム管理者のみが使用するコマンドが置かれる場所です。

⑦/mntディレクトリ、/media

HDD、外付けディスクやUSBメモリ、DVDドライブなどを使うときのアクセス場所として使います。/mntは一度取り付けたら取り外さないもの、/mediaはリムーバブルメディアに利用するのが慣例です。

⑧/usrディレクトリ

「usr」は「user（ユーザー）」の略であるとも、「User System Resource」の略であるとも言われています。各ユーザーが共通して使用するものが格納されていることが多いディレクトリです。

例えば、OSに追加でインストールされたプログラムやライブラリーなど、/binに比べると、必須ではないプログラムが格納されます。

⑨/varディレクトリ

「var（ヴァー）」は「variable（ヴァリアブル＝変わりやすい）」の略で、サーバーの稼働中に増えるデータが書き込まれる場所です。

サーバーの稼働中のステータスを保存するファイルや、各種ログファイルなどは、ここに格納されます。またWebサーバーを構成する場合のコンテンツもデフォルトでは、この下に置かれます。

⑩/devディレクトリ

「dev」は、「device（デバイス）」の略です。ディスクやキーボード、マウスなど、OSから操作する周辺機器などが、この下の各ファイルを通じてつながっています。

Linuxを含むUNIX系のOSでは、デバイスがファイルであるかのように扱われます。これを「デバイスファイル」と言います。

⑪その他のディレクトリ

その他のディレクトリについても、簡単に表にまとめておきます。

ディレクトリ名	元の単語	概要
proc	process（プロセス）	CPU、メモリ、平均実行時間（ロードアベレージ）などの情報が格納される
run	run（ラン）	実行中のプログラムの一覧が格納される
srv	service（サービス）	FTP や WWW などで利用するユーザー用の領域
boot	boot（ブート）	起動時に必要なファイルが格納される
lib、lib64	library（ライブラリー）	ライブラリーファイルが格納される
opt	option（オプション）	追加のパッケージのインストール先として使われる
sys	system（システム）	実行中の状態を示すファイルが格納されている

3-2-4 現在のディレクトリの中身を見てみよう

現在のディレクトリの中身を見たい時にも、「ls」を使います。この場合、ディレクトリ名は省略することができます。

● ファイル一覧を見るコマンド

```
nyagoro@yellow: ~$ ls
```

「ls」とだけ入力すると、現在のディレクトリに存在するファイル名やディレクトリ名の一覧が表示されます。

やってみよう ➜ 現在のディレクトリの中身を見てみよう

現在のディレクトリ（/home/nyagoro）にあるファイルやディレクトリの一覧を表示させましょう。

Step1 lsコマンドを入力する

コマンドプロンプトに続き、「ls」コマンドを入力し、Enter キーで確定させます。

```
nyagoro@yellow: ~$ ls
```

Step2 実行結果

現在、nyagoroのホームディレクトリには、何もファイルがありません。そのため、何も表示されず、次のプロンプトが表示されるのが正解です。

▼実行結果

```
nyagoro@yellow: ~$
```

ここにファイルやディレクトリがあれば、何か表示されます。

ただ、この場合、隠されているファイルは表示されません。実際には、別のファイルやディレクトリがある場合もあります。

やってみよう ➜ 隠されたファイルも表示させよう

今度は隠されたファイルやファイルの詳細情報も一緒に表示させましょう。

その場合は、オプションとして「-al」をつけます。「a」はすべてを表示するオプション、「l」は詳細情報を表示するオプションです。

● ファイル情報を見るコマンド

```
nyagoro@yellow: ~$ ls -al
```

このオプションは、「ls -la」のように記述しても、「ls -a -l」や「ls -l -a」のように、「-a」と「-l」を分けて記述しても同じです。

Step1 lsコマンドを入力する

コマンドプロンプトに続き、「ls –al」もしくは、「ls -la」と入力します。

コマンドを入力したら、Enter キーを押してみましょう。

```
nyagoro@yellow: ~$ ls -al
```

Step2 実行結果

下記のような情報が表示されたら成功です。

▼実行結果

```
nyagoro@yellow:~$ ls -al

total 32
drwxr-x--- 4 nyagoro nyagoro 4096 Feb 18 03:57 .
drwxr-xr-x 3 root    root    4096 Jan 28 11:37 ..
-rw------- 1 nyagoro nyagoro   55 Feb 18 05:12 .bash_history
-rw-r--r-- 1 nyagoro nyagoro  220 Jan  6  2022 .bash_logout
-rw-r--r-- 1 nyagoro nyagoro 3771 Jan  6  2022 .bashrc
drwx------ 2 nyagoro nyagoro 4096 Jan 28 11:37 .cache
-rw-r--r-- 1 nyagoro nyagoro  807 Jan  6  2022 .profile
drwx------ 2 nyagoro nyagoro 4096 Jan 28 11:37 .ssh
-rw-r--r-- 1 nyagoro nyagoro    0 Feb 18 03:57 .sudo_as_admin_successful
```

今度は、ファイル名だけでなく、何か情報らしきものも出てきました。
「-l」というオプションは、こうしたファイルの情報も表示させるオプションです。
この表示された情報には、以下のような意味があります。
パーミッションとは権限のことで、所有者とはファイルを作ったユーザーです。
これらの情報については、3-4にて扱います。

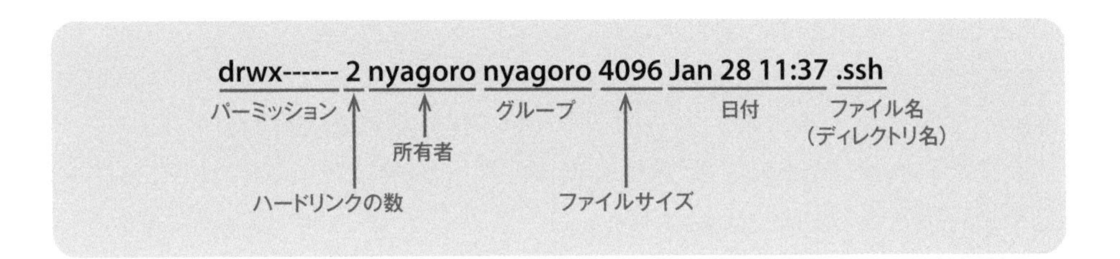

COLUMN

コマンド入力の便利な機能

サーバーを操作していると、過去に実行したコマンドを、もう一度実行したいことがあります。カーソルキーの↑や↓のキーを押してみてください。すると、過去に実行したコマンドが表示されるはずです。そこでEnterキーを押すと、そのコマンドをもう一度実行できます。

また、historyというコマンドを実行すると、先頭に「番号」がついて、これまで実行したコマンドの一覧が表示されます。ここで「!番号」のように先頭に「!」をつけたものを入力すると、そのコマンドを再実行できます。

```
nyagoro@yellow: ~$ history
…略…
  343  ls -a
  344  ls -l
  345  man ls
  346  ls -l
  347  ls -1
  348  clear
  349  history
  350  history ¦ tail
```

3-2-5 自分がいるディレクトリ（カレントディレクトリ）と移動

さて、サーバーにどのようなファイルやディレクトリがあるのか、わかってきたところで、「今、自分がいるディレクトリはどこなのか」調べてみましょう。

●カレントディレクトリとは

普段使っているWindowsやmacOSの場合、ログインすると、最初にデスクトップが表示されます。マウスカーソルはデスクトップ上で動き、クリックすると、デスクトップに動作が反映されます。つまり、デスクトップが操作対象になっているわけです。

また、デスクトップ上では、同時に複数のフォルダを開いたり、ソフトを並べて表示することができます。

これは、GUIのあるLinuxでも同じです。

一方、コンソールで操作する場合は、GUIがないので、少々事情が異なります。

ログインして最初に、特定のディレクトリ（自分のホームディレクトリ）が操作対象となるのは似ていますが、同時に何かを表示したりする機能はありません。

ただ、WindowsやmacOSであっても、実は「生きている」ウィンドウは一つです。複数のフォルダを開いて同時に使用しているように見えますが、操作対象としてあつかっているウィンドウは一つであり、他のフォルダに移動した時は、素早く切り替えられているに過ぎません。

つまり、デスクトップでフォルダを開けば、操作対象はそのフォルダに移動し、デスクトップをクリックすれば、デスクトップに操作対象が戻っています。

同じように、コンソール操作でも、「操作対象」を移動させます。UIがあるわけではないので、コマンドで移動します。

このような、現在自分のいるディレクトリを**「カレントディレクトリ」**と言います。

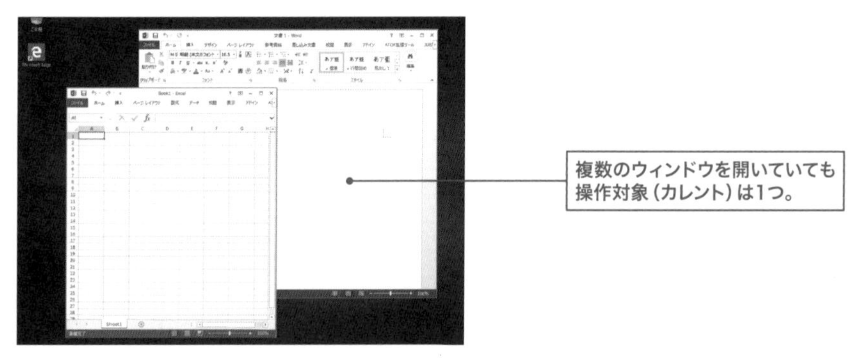

●サーバーOSでも考え方は同じ

やってみよう ➡ カレントディレクトリを調べよう（pwd）

「自分がどこにいるのか（カレントディレクトリ）」を調べてみましょう。「pwd」コマンドを使います。

pwdは、引数や、オプションを付帯せず、単独で使うことがほとんどです。

● カレントディレクトリを調べるコマンド

```
nyagoro@yellow: ~$ pwd
```

Step1 pwdコマンドを入力する

「pwd」コマンドを入力したら、Enter キーを押してみましょう。

```
nyagoro@yellow: ~$ pwd
```

Step2 実行結果

カレントディレクトリとして「/home/nyagoro」が表示されたら成功です。

▼実行結果

```
/home/nyagoro
```

「/home/nyagoro」と表示されました。これは、nyagoroユーザーのホームディレクトリでしたね。現在は、nyagoroユーザーでログインしているため、現在いる場所も「/home/nyagoro」なのです。

やってみよう ➔ カレントディレクトリを移動してみよう（cd）

ここから場所（操作対象）を移動します。
移動するためには、「cd」コマンドを使用します。

● カレントディレクトリを移動するコマンド

```
nyagoro@yellow: ~$ cd [ディレクトリ名]
```

Step1 cdコマンドを入力する

「/etc」に移動してみましょう。
「cd」に続いて、移動先であるディレクトリ「/etc」を記述します。

```
nyagoro@yellow: ~$ cd /etc
```

コマンドを入力したら、Enter キーを押してみましょう。

Step2 実行結果

ディレクトリを移動し、プロンプトが変わったら成功です。後の操作のためにホームディレクトリに戻りましょう。

▼コマンドの実行結果

```
nyagoro@yellow:/etc$ cd ~
```

ディレクトリを移動したので、Step2ではプロンプトが**nyagoro@yellow: ~$** から、**nyagoro@yellow:/etc$** へと変わりました。

このようにディレクトリを移動すると、プロンプトの表示も変わります。

何か操作する時には、必ずこの部分を確認し、どのディレクトリに対して操作しているのか意識するようにしましょう。

3-2-6 ディレクトリやファイルを作成する

ディレクトリやファイルを作成する場合には、「新しいフォルダー」「無題.txt」など自動で名前が付く機能はないため、必ず名称を指定する必要があります(注7)。

①ディレクトリを作成する

ディレクトリを作成するには、「mkdir」コマンドを使います。

特に、作成場所を指定しない場合には、カレントディレクトリ（現在いるディレクトリ）に作成されます。

作成場所を指定したい場合は、後述する「フルパス（絶対パス）」もしくは「相対パス」で記述します。

● ディレクトリを作成するコマンド

```
nyagoro@yellow: ~$ mkdir オプション [ディレクトリ名]
```

【主なオプション】

-m	アクセス権を設定する
-p	親ディレクトリがない場合に作成する

やってみよう 「nuts」ディレクトリを作成してみよう

下のコマンド例を参考にして、カレントディレクトリに「nuts（ナッツ）」というディレクトリを作成してみましょう。

```
nyagoro@yellow: ~$ mkdir nuts
```

(注7) 最近のファイルシステムでは文字コードがUTF-8なので、日本語のファイル名も使用できますが、操作するコンソール（ターミナル）やサーバーにインストールするソフトウェアが対応しているとは限らないため、英数半角で命名する方が無難です。

●コマンド例　「nuts」ディレクトリを作る場合

カレントディレクトリに作成する場合

nyagoro@yellow: ~$ mkdir nuts
作成するディレクトリ名

他のディレクトリ（例「/tmp」）に作成する場合（今回は使わない）

nyagoro@yellow: ~$ mkdir /tmp/nuts
作成先ディレクトリ名　作成するディレクトリ名
（フルパスで指定する）

作成後は、「ls /home/nyagoro」と入力して、「nuts」ディレクトリがあれば成功です。

②ファイルを作成する

ここでは、「touch」コマンドで、内容が空のファイルを作ってみましょう。

「touch」コマンドは、本来は既にあるファイルの編集時間を、現時刻に変更するコマンドです。運用時に使用します。指定したファイルがない場合には、空のファイルを作成する機能があるため、これをファイル作成に利用します。

● 中身が空のファイルを作成するコマンド

```
nyagoro@yellow: ~$ touch [ファイル名]
```

やってみよう ➜ 「peanut.txt」ファイルを作成してみよう

コマンド例を参考に、カレントディレクトリに「peanut.txt（ピーナッツ）」というファイルを作成してみましょう。「/home/nyagoro」で「ls」と入力して、「peanut.txt」ファイルがあれば成功です。

```
nyagoro@yellow: ~$ touch peanut.txt
```

●コマンド例　「peanut.txt」ファイルを作る場合

カレントディレクトリに作成する場合

nyagoro@yellow: ~$ touch peanut. txt
作成するファイル名

他のディレクトリ（例「/tmp」）に作成する場合（今回は実行しない）

nyagoro@yellow: ~$ touch /tmp/peanut. txt
作成先ディレクトリ名　作成するディレクトリ名
（フルパスで指定する）

COLUMN

フルパス（絶対パス）と相対パスでの表記

カレントディレクトリ以外のディレクトリに、ファイルを作ったりコピーする場合には、どこのディレクトリであるか、明示する必要があります。この時、ディレクトリ名だけでなく、「どの親にぶら下がっているのか」も表記します。名前だけでは、カレントディレクトリを探して終わってしまうからです。表記は、「/親ディレクトリ/子ディレクトリ/孫ディレクトリ」のように、「/（スラッシュ）」で区切って親から順番に並べます。「/oya01」の中にある「/ko02」を指定する場合は、「/oya01/ko02」と記述します。一番上のディレクトリから記述する方法を「フルパス」もしくは「絶対パス」と言います。

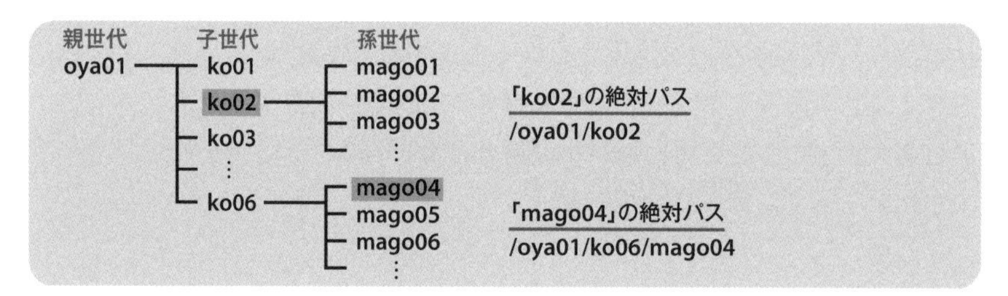

フルパス（絶対パス）での表記は確実ですが、階層が深くなると、「/oya01/ko02/mago01/himago01...」と長くなっていってしまうので、親子関係をある程度省略して書く「相対パス」という方法もあります。名前の通りカレントディレクトリから見て相対的にどこにあるかを探します。自分より親の世代は、「../」で表します。子（現在の自分）から見た親であれば、「../」、孫から見た親の親であれば、「../../」と表記します。自分より子の世代は、一世代下（子世代）から表記します。親（oya01）にいるとき子は、「ko02」、孫は「ko02/mago01」となります。難しいのは兄弟です。いったん親に戻ってからカウントするので、「ko02」から「ko03」という兄弟を指定したい場合は、「../ko03」となります。「mago01」から「mago04」であれば、「../../ko06/mago04」です。

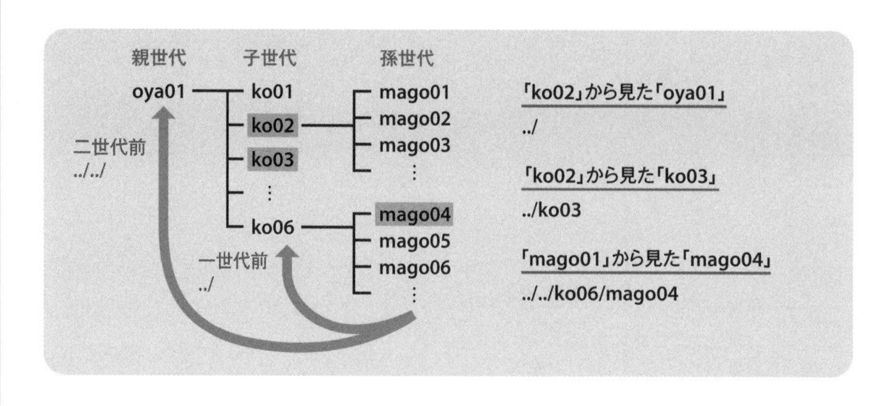

COLUMN

ワイルドカード

ファイル名を指定するときには、全部を書くのではなくて、「特定の条件に合致するものだけ」という書き方もあります。これをワイルドカードと言います。ワイルドカードの代表は、「* (アスタリスク)」です。例えば、「p*」と表記すれば、「people」や「peach」など、「pから始まる文字列」という意味になります。コマンドの中のファイル名やディレクトリ名の指定として、「ls /root/p*」のように使用できます。他に以下のようなワイルドカードがあります。

ワイルドカード	意味
*	すべての文字列と一致
?	1 文字と一致
[パターン]	指定したパターンと一致。たとえば [abc] と書くと、「a または b または c」の意味。「0-9] と記述すると「0 ～ 9 のいずれかの数値」という意味。

3-2-7 ファイル/ディレクトリのコピー・移動・削除(cp・mv・rm)

ファイルのコピーや移動、削除は、対象のファイルと、コピー先(移動先)ディレクトリ名などを指定して行います。

①ファイル/ディレクトリのコピーと名称の変更

ファイルやディレクトリをコピーするには、「cp」コマンドを使用します。

「cp」コマンドに続いて、引数として「コピーするファイル」「コピー先ディレクトリ」を記述します。あいだに半角スペースが必要です。注意して下さい。

この時、コピー先にファイル名を含めるとファイル名を変更します。

● ファイル/ディレクトリをコピーするコマンド

```
nyagoro@yellow: ~$ cp オプション [コピーするファイル名] [コピー先ディレクトリ名]
```

【主なオプション】

-f	強制的に上書きする
-p	ファイルのパーミッションを保持する
-r	ディレクトリも含めて再帰的にコピーする
-v	コピー中のファイル名を表示する

例えば、「/home/nyagoro」ディレクトリにある「peanut.txt」というファイルを、「/tmp」ディレクトリにコピーしたい場合は、「cp /home/nyagoro/peanut.txt /tmp」と入力します。見なれない書き方かもしれませんが、連続でファイル名とディレクトリ名を記述しています。

なお、カレントディレクトリは「/home/nyagoro」なので、カレントディレクトリ内でコピーする場合は、ディレクトリ名を省略して「cp peanut.txt /tmp」と記述することもできます。

また、コピー先ディレクトリにファイル名を含めると、コピーしつつ、そのファイル名に名前を変更します。例としては、「cp /home/nyagoro/peanut.txt /tmp/peanut2.txt」とすれば、「tmp」ディレクトリに「peanut2.txt」というファイル名としてコピーされます。

これは、同一ディレクトリ内でも可能で、「peanut2.txt」としてコピーすると記述すれば、同じ内容で違う名前（peanut2.txt）のファイルが作成されます。

やってみよう ➜ 「/home/nyagoro」ディレクトリにある「peanut.txt」ファイルをコピーしてみよう

下のコマンド例を参考にして、「/tmp」ディレクトリに「peanut.txt」というファイルをコピーしてみましょう。

また、同じファイルを「peanut2.txt」と名前を変えて、同じく「/tmp」ディレクトリにコピーしてみましょう。

```
nyagoro@yellow: ~$ cp /home/nyagoro/peanut.txt /tmp
nyagoro@yellow: ~$ cp /home/nyagoro/peanut.txt /tmp/peanut2.txt
```

●コマンド例　「/home/nyagoro」ディレクトリにある「peanut.txt」ファイルをコピーする場合

コピーする場合

nyagoro@yellow: ~$ cp /home/nyagoro/peanut.txt /tmp

コピーするファイル　コピー先ディレクトリ名

ファイル名を変更する場合

nyagoro@yellow: ~$ cp /home/nyagoro/peanut.txt /tmp/peanut2.txt

コピーするファイル　コピー先ディレクトリ名と変更後のファイル名

「/tmp」ディレクトリに「peanut.txt」及び、「peanut2.txt」が確認できれば、成功です。

確認のためには、「ls」コマンドで、「/tmp」ディレクトリを指定して確認します。

▼確認するコマンド

```
nyagoro@yellow: ~$ ls /tmp
```

やってみよう ➜ 「/home/nyagoro」ディレクトリにある「/nuts」ディレクトリをコピーしてみよう

ディレクトリ自体をコピーしたい時は、「cp -r /home/nyagoro/nuts /tmp」のように「cp」コマンドに「-r」オプション（再帰的にコピーする）が必須です。ファイルと同じように、名前の変更もできます。「再帰的に」とは、「丸ごと」ということです。

下のコマンド例を参考にして、「/tmp」ディレクトリに「nuts」というディレクトリをコピーしてみましょう。

また、同じディレクトリを「nuts2」と名前を変えてコピーしてみましょう。

```
nyagoro@yellow: ~$ cp -r /home/nyagoro/nuts /tmp
nyagoro@yellow: ~$ cp -r /home/nyagoro/nuts /tmp/nuts2
```

●コマンド例 「/home/nyagoro」ディレクトリにある「nuts2」ディレクトリをコピーする場合

ディレクトリをコピーする場合

nyagoro@yellow: ~$ cp -r /home/nyagoro/nuts /tmp

- /home/nyagoro/nuts：コピーするディレクトリ名
- /tmp：コピー先のディレクトリ名

ファイル名を変更する場合

nyagoro@yellow: ~$ cp -r /home/nyagoro/nuts /tmp/nuts2

- /home/nyagoro/nuts：コピーするディレクトリ名
- /tmp/nuts2：コピー先のディレクトリ名と変更後のディレクトリ名
- -r：再帰的にコピーするというオプション ディレクトリコピー時には必須

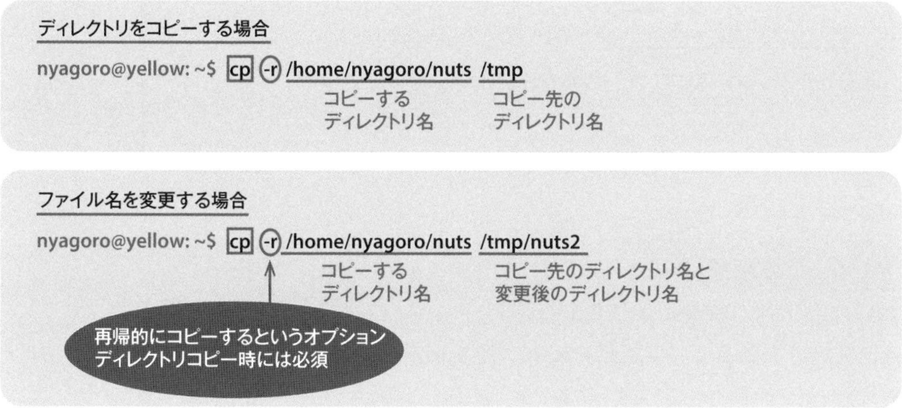

この時、「強制的に上書きしたい」などの条件をつける場合は、オプションを含めましょう。実際に実行できたかどうかは、「ls」コマンドで確認します。「ls /tmp」で「nuts」及び「nuts2」ディレクトリが確認できれば、成功です。

COLUMN

ディレクトリのコピーと名前変更

ディレクトリのコピーと、ディレクトリの名前変更は、どちらもディレクトリ名を指定します。では、これが「コピーなのか、名前変更なのか」どうやって判断しているのか、疑問に思うかもしれません。

コピーしたディレクトリは、コピー先として指定したディレクトリが存在する場合は、コピー先の子ディレクトリとして作成されます。存在しない場合は、その名前に変更されます。

つまり、コピー先のディレクトリが、「/tmp」の場合、これは存在するので、その子ディレクトリになりますが、「/tmp/nuts2」のように、コピー前に存在しない場合は、リネームと見なされて、「nuts2」となるわけです。

うっかり間違ってしまうと、実際にサーバーを運用する場合には、事故につながる可能性もあるので気をつけましょう。

コピー先ディレクトリが「/tmp」→存在しているディレクトリ

「/tmp」の子ディレクトリとして、コピーされる

コピー先ディレクトリが「/tmp/nuts2」→存在していないディレクトリ

「/tmp」の子ディレクトリとして、コピーされ、「nuts2」という名前に変更される

②ファイル / ディレクトリの移動

ファイルの移動には、「mv」コマンドを使用します。

「mv」コマンドに続いて引数として「移動するファイル名」と「移動先ディレクトリ名」を記述します。あいだに半角スペースが必要です。注意して下さい。

● ファイルを移動するコマンドの例

```
nyagoro@yellow: ~$ mv [移動するファイル名] [移動先ディレクトリ名]
```

「/tmp」ディレクトリにコピーした「peanut2.txt」ファイルを「/home/nyagoro」ディレクトリに移動させる場合は、「mv /tmp/peanut2.txt /home/nyagoro」と記述します。

また、mvコマンドでも、cpコマンドと同様にファイル名を変更して移動できます。「mv /tmp/peanut.txt /home/nyagoro/peanut3.txt」なら「peanut.txt」が、「peanut3.txt」というファイル名として移動します。

やってみよう ➜ 「/tmp」ディレクトリにある「peanut2.txt」ファイルを移動してみよう

下のコマンド例を参考にして、「/home/nyagoro」ディレクトリに「peanut2.txt」というファイルを移動してみましょう。

また、「peanut.txt」ファイルを「peanut3.txt」と名前を変えて、同じく「/home/nyagoro」ディレクトリに移動してみましょう(注8)。

```
nyagoro@yellow: ~$ mv /tmp/peanut2.txt /home/nyagoro
nyagoro@yellow: ~$ mv /tmp/peanut.txt /home/nyagoro/peanut3.txt
```

「ls /home/nyagoro」で「peanut2.txt」及び「peanut3.txt」が確認できれば、成功です。

●コマンド例　「/tmp」ディレクトリにある「peanut2.txt」ファイルを移動する場合

移動する場合

```
nyagoro@yellow: ~$ mv /tmp/peanut2.txt /home/nyagoro
```

/tmp/peanut2.txt：移動するファイル　/home/nyagoro：移動先ディレクトリ名

ファイル名を変更する場合

```
nyagoro@yellow: ~$ mv /tmp/peanut.txt /home/nyagoro/peanut3.txt
```

/tmp/peanut.txt：移動するファイル　/home/nyagoro/peanut3.txt：移動先ディレクトリ名と変更後のファイル名

やってみよう ➜ 「/tmp」ディレクトリにある「nuts2」ディレクトリを移動してみよう

「mv」コマンドも、ディレクトリに対して同じ操作ができます。移動、名称を変更ともに、ファイルと同じです。

ただ、「cp」と異なり、「-r」などのオプションは不要です。ややこしいですが、「cp」との大きな違いなので、よく覚えておきましょう。

「/tmp」から「/home/nyagoro」へ「nuts2」を移動し、「nuts」を「nuts3」という名称に変えて移動します(注9)。

```
nyagoro@yellow: ~$ mv /tmp/nuts2 /home/nyagoro
nyagoro@yellow: ~$ mv /tmp/nuts /home/nyagoro/nuts3
```

「/home/nyagoro」で「ls」コマンドを使い「nuts2」及び「nuts3」があれば、成功です。

TIPS　(注8,9)　tmpディレクトリ内のファイルは1日経つと消えてしまいます。前回の学習から日が経っている場合はtouchコマンドでファイルを作成してから練習問題をやって下さい。

●コマンド例 「/tmp」ディレクトリにある「nuts2」ディレクトリを移動する場合

移動する場合

nyagoro@yellow: ~$ mv /tmp/nuts2 /home/nyagoro

移動する ディレクトリ / 移動先 ディレクトリ名

ディレクトリ名を変更する場合

nyagoro@yellow: ~$ mv /tmp/nuts /home/nyagoro/nuts3

移動する ディレクトリ / 移動先ディレクトリ名と 名称変更後のディレクトリ名

③ファイル / ディレクトリの削除

ファイルの削除には、「rm」コマンドを使います。引数は削除対象のファイルですが、ディレクトリの場合は、「-r」オプションをつけます。

ただ、「-r」オプションだけの場合、都度、このファイルを消してよいか尋ねられます。これは煩雑なので、多くの場合は、問い合わせを出さずに強制的に削除する「-f」オプションも一緒に指定して、「rm -r -f ディレクトリ名」や「rm -rf ディレクトリ名」とします。

● ファイル / ディレクトリを削除するコマンド

```
nyagoro@yellow: ~$ rm [削除するファイル名]
```

やってみよう 「/home/nyagoro」ディレクトリにある「peanut3.txt」「nuts3」を削除してみよう

「/home/nyagoro」に作った「peanut3.txt」と、「nuts3」ディレクトリを削除する場合は、「rm /home/nyagoro/peanut3.txt」及び、「rm –rf /home/nyagoro/nuts3」と記述します。

確認は、「/home/nyagoro」にて「ls」コマンドで行います。「peanut3.txt」と「nuts3」が消え、「peanut2.txt」と「nuts2」が残っていれば、成功です。

●コマンド例 「/home/nyagoro」にある「peanut3.txt」と、「nuts3」を削除するコマンド

ファイルを削除する場合

nyagoro@yellow: ~$ rm /home/nyagoro/peanut3.txt

削除するファイル

ディレクトリを削除する場合

nyagoro@yellow: ~$ rm -rf /home/nyagoro/nuts3

削除するディレクトリ

COLUMN

コマンドやファイル名の補完

操作するコマンドやファイル名は長いものもあり、正確に入力するのが大変です。そのようなときは、補完機能を使いましょう。コマンドラインでは、先頭から何文字か入力し、Tabキーを押すと、補完されます。

例えば、「cp /ro」とまで入力してTabキーを押すと、「cp /root」のように補完されます。ファイル名なども同様に補完されますが、「host」と「hosts」など、複数の選択肢があるときは、1度Tabキーを押しただけでは表示されません。その時はTabキーを2回押すと候補が表示されます。

例としては、「cp /etc/ho」と入力した状態でTabキーを2回押すと、hostsファイルをはじめとして、「/etcディレクトリにあるhoから始まるファイル一覧」が表示されます。

```
nyagoro@yellow: ~$ cp /ro ——————— Tabキーを押す
nyagoro@yellow: ~$ cp /root/
--------------------------------------------------------
cp /etc/ho ——————————— Tabキーを押す
nyagoro@yellow: ~$ cp /etc/host ——— さらにTabキーを押す
nyagoro@yellow: ~$ cp /etc/host
host.conf    hostname     hosts        hosts.allow  hosts.deny
```

この機能はUbuntuのみならずRed Hatなど他のディストリビューションでも標準で備わっていることも多いですが、OSインストール時に最小構成でインストールした場合には入っていないことがあります。この機能は「bash-completion」というソフトウェアで提供されているので、OSに後からインストールしたい場合には「apt install bash-completion」でインストールできます。

3-3 終了の方法を理解しよう

Windowsやmac OSでもそうですが、いきなり電源を切ると、異常を来す恐れがあります。そこでサーバーを終了するときは、決められた手順をとるようにします。

3-3-1 終了はシャットダウンコマンドを実行する

サーバーは基本的に常時稼働させ続けるものではありますが、今回のように学習する場合は、VirtualBoxを終了させるためにも、サーバーのシャットダウンが必要です。

サーバーをシャットダウンしないままに、VirtualBoxを終了させてしまうと、サーバーが壊れる原因になります。必ずシャットダウンしてから、VirtualBoxを終了させましょう。

サーバーをシャットダウンさせるには、「shutdown -h now」と打ち込みます。オプションの「-h」は「halt（ホルト）」の略で、「停止」という意味です。これを「-r」にすれば、再起動できます。

「now」は「今すぐ」という意味です。他に「+10（10分後）」や「19:00（19時に）(注10)」などの時間を指定することもできます。

● サーバーをシャットダウンするコマンド

```
nyagoro@yellow: ~$ sudo shutdown -h now
```

sudoコマンドは、rootユーザー（管理者）に成り代わってコマンドを実行するためのものです（次節で説明）。パスワードが聞かれたら、自分のパスワード（ログインしたときのパスワード）を入力し、Enterキーを押してください。

このコマンドを実行すると、ウィンドウが閉じ停止します。再度起動する場合は3-1を参考にしてください。

(注10)「19:00」などの時間の指定は、UTC表記であるため、注意が必要です。UTCとは、Universal Time Coordinatedの略で、日本語で「協定世界時」と言います。UTCは、グリニッジ標準時（GMT）と同じようなもので、日本時間（JST＝Japan Standard Time）より9時間遅いです。そのため、JSTで「19:00」に設定したければ、9時間を引いて「10:00」とUTCで表記します。
なお、10分後を指定する「＋10」や、「今すぐ」を指定する「now」などは、相対的な指定なので、考えなくても大丈夫です。

3-3-2 仮想マシンの停止・開始・再起動を理解する

サーバーOSの外、つまり皆さんのパソコンのVirtualBoxからサーバーOSを停止するにはVirtualBoxのコンソールメニューにある「ファイル」の「閉じる」から操作します。次の3つの選択肢があります。shutdownコマンドと同等のことを実行したい場合には、②のACPIシャットダウンを選んでください。

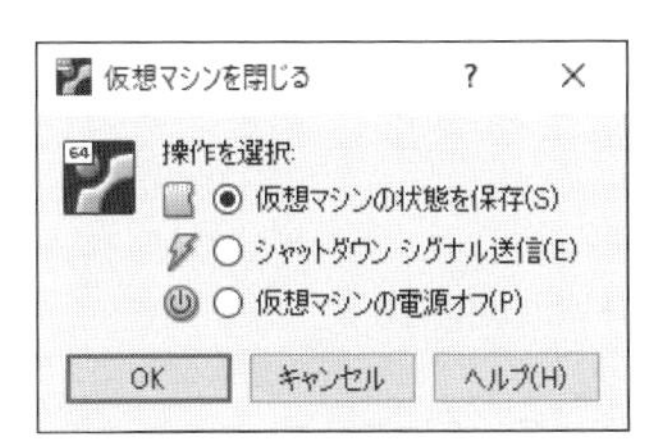

●仮想マシンを閉じる

①保存状態

現在の状態を保存して、次回起動したときは、その時点から再開するようにします。[仮想マシンの状態を保存]を選択します。

②ACPIシャットダウン

ノートパソコンなどで電源ボタンを押すと、Windowsからシャットダウンの操作をしなくても電源を切る前に、自動的にシャットダウンが行われます。それと同じ状態を実現します。[シャットダウンシグナル送信]を選択します。

③電源オフ

電源ボタンをオフにするのと同じで、完全に電源を切ります。もう一度起動したいときは「起動」の操作をします。[仮想マシンの電源オフ]を選択します。

3-4 ユーザーとグループを理解しよう

「ユーザー」と言えば、なんとなく、実際にサーバーを使う「人間」のことを指しているような気がするかもしれませんが、そうではないユーザーも存在します。

3-4-1 ユーザーとは

Linux系のOSでは、「なんらかの操作をしている主体」のことを「**ユーザー**」と呼びます。そのため、ユーザーは、今使っている「nyagoro」ユーザーのように、実際の人間の場合もあれば、パッケージをインストールする時に、ソフトウェアによって自動生成されたものの場合もあります。そうしたソフトウェアのユーザーは、ソフトウェアが実行される時に使用されます。

「ユーザー」という考え方は、個々のユーザーによって、できることの権限を変えて、余計なことをできないように管理する仕組みです。これは、人間のユーザーだけでなく、ソフトウェアのユーザーも同じです。権限がなければ、悪意のある行動は取れませんし、ウッカリミスをした時にも、被害は権限のある範囲にとどめられます。

「人間以外のユーザーが存在している」という感覚は、やや取っつきにくいかもしれません。

なぜ人にも、ソフトウェアにも、「ユーザー」という仕組みを使っているかというと、その方が、一元管理できて便利だからです。ユーザーを適切に管理することで、サーバーを安全に運営できます。

ですから、「どのユーザーに、どのような権限を与える／与えない」という制限は、サーバー管理において、大変重要なことなのです。

● ユーザーの種類

ユーザーには、大きく分けると**①root ユーザー**と、**②一般ユーザー**、**③システムユーザー**の3種類があります。また、ユーザーは、それぞれ重複しない番号が割り振られ、管理されます。その番号のことをユーザーID（uid）と言います。

ホームディレクトリも作られ、ログインするとホームディレクトリが現在地（カレントディレクトリ）となります。

①root ユーザー（スーパーユーザー）

rootユーザーは、すべての権限（操作の許可）を持つユーザーです。「**スーパーユーザー**」という言い方をする場合もあります。ホームディレクトリは、「/root（スラルート）」

です。rootユーザーのユーザーIDは「0番」であると決まっています。

rootユーザーは、サーバー上で何でもできるスーパーマンのような存在です。万が一乗っ取られたら大変なので、できるだけこのユーザーで活動しないことが望ましいです。そのため、Ubuntuサーバーは、初期状態では、rootアカウントでのログインが無効となっています。パスワードを設定すると、有効化されます。

しかし、サーバーを操作する時に、どうしてもrootユーザーの権限が必要なこともあるでしょう。その時は、一般ユーザーが、一時的にrootユーザーに成り代わって操作することが推奨されています。少しわかりづらいですが、ユーザーは、本人のまま、身分証明書だけをrootユーザーのものを使うようなイメージです。

rootユーザーに成り代わる時に使われるコマンドが**「sudo」コマンド**です。

sudoコマンドは、「sudo -u ユーザー名 コマンド」の形で、一時的にそのユーザーでコマンドを実行できます。例えば、「chiro」というユーザーでコマンドを実行したいなら、「sudo -u chiro コマンド」と記述します。

後でハンズオンを行うので、このページではコマンドは実行しないでください。

● **他のユーザーに成り代わるコマンド**

```
sudo -u ユーザー名 コマンド
```

rootユーザーに成り代わる時は、rootとユーザー名を指定しても良いのですが、rootの場合のみ、「-u ユーザー名」を省略することができます。ですから、「sudo コマンド」の形で実行すると、rootユーザーでの実行となるのです(注11)。

● **rootユーザーに成り代わるコマンド（-u ユーザー名は省略できる）**

```
sudo コマンド
```

ただし、sudoコマンドは、一回限り有効です。「sudo -u chiro コマンド」であれば、そのコマンドしかchiroユーザーとして実行できません。

安全ではあるのですが、サーバーを立ち上げる時など、連続で操作したい場合に、毎回sudoをつけるのは大変です。このような時には、**「sudo -i」**のように、「-i」オプションを使います。「-i」は、そのユーザーでログインするオプションです。

● **他のユーザーに完全に成り代わるコマンド**

```
sudo -u ユーザー名 -i
```

（注11）sudoコマンドを使用する時は、そのコマンドを使おうとしているユーザーのパスワードを聞かれることがあります。例えば、nyagoroユーザーがsudoを使う時は、nyagoroのパスワードが聞かれます。

「sudo -i」を実行すると、現在のユーザーにログインしたまま、更に変身先のユーザーとしてログインします。例えば、「nyagoro」ユーザーが「chiro」に変身したら、プロンプトも「naygoro@yellow:~$」から「chiro@yellow:~$」に変更されます。ホームディレクトリも変身先に代わり、カレントディレクトリ（現在居る場所）も変身先のホームディレクトリに変わります。成り代わりを終了したくなったら、「exit」で変身先ユーザー(chiro)からログアウトすると、勝手に自分のユーザー（nyagoro）に戻ります。

rootユーザーに成り代わる場合も同じです。プロンプトが「root@yellow:~#」に変わり、完全にrootユーザーに成り代わります。プロンプトの最後が「$（ドルマーク）」ではなく、「#（井桁マーク）」になっているのは、「rootユーザーで実行している」ことを表しています。

● rootユーザーに完全に成り代わるコマンド

```
sudo -u ユーザー名 -i
```

「sudo -i」を使うと、「sudo」を毎回入力しなくて良いので、便利ではあるのですが、大きな権限を持つユーザーです。何かあったら大事故を引き起こしますから、安易に使わないようにしましょう。

なお、次の項目で紹介しますが、sudoコマンドは、使用できるユーザーが限られています。「sudoを実行できる権限」を持ったユーザーでなければ、実行できません。誰でも実行できてしまったら、ユーザーを分けて管理する意味が無くなってしまうからです。

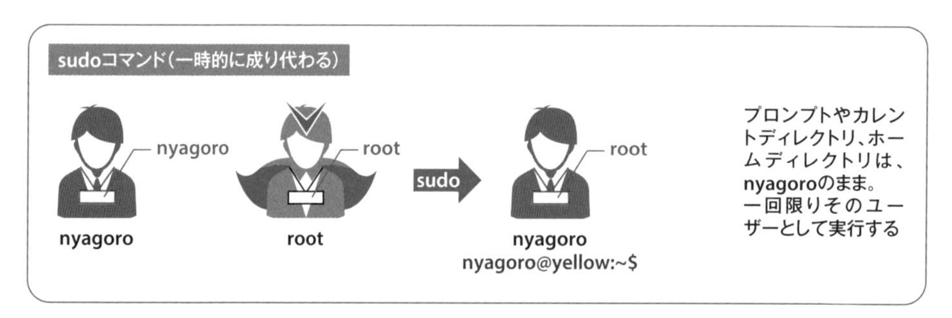

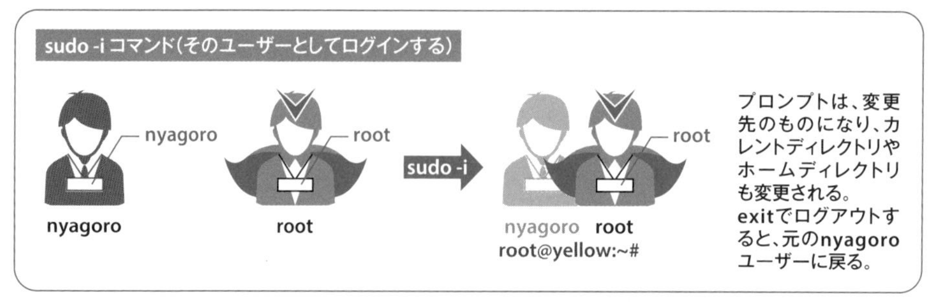

②一般ユーザー／初期ユーザー

一般ユーザーは、人間が、IDとパスワードでログインして使用するユーザーです。

ホームディレクトリは、「/home/ユーザー名」です。

一般ユーザーのユーザーIDは特に規定はありませんが、次に説明するシステムユーザーと区別するため、1000番以上の番号が使われることが多いです。

一般ユーザーは、rootユーザーとは異なり、できることが制限されています。わざわざ付与しない限り、「sudo」コマンドも実行できません。前述のとおり、誰でもrootユーザーになれたら意味がないからです。

本書で最初に作った「初期ユーザー」も、一般ユーザーの一種ですが、あまりに制限ばかりだと、不便なので、「初期ユーザー」のみ、最初から「sudo」コマンドを扱えるようになっています。

Linuxのディストリビューションによっては、初期ユーザーがrootユーザーであるものもありますが、Ubuntuでは、「sudo」コマンドを使える「初期ユーザー」を最初のユーザーとすることで、rootユーザーとしての活動をできるだけ避けるようになっています。

③システムユーザー

OS上で動いているソフトウェアが、何かを実行するために使用するユーザーです。

そのため、IDはありますが、パスワードはありません。

ホームディレクトリは、ソフトウェア単位で決まっており、そのソフトがインストールされているディレクトリに置かれることも多いです。システムユーザーのユーザー番号は任意ですが、②と重複するのを避けるため、1000番未満の番号を使うことが多いです。

●ユーザーの種類とその実行者

ユーザーの種類	実行者	ホームディレクトリ	uid
rootユーザー	人 / プログラム	/root	0番
初期ユーザー	人	/home/ユーザー名	1000番（ubuntuの場合）
一般ユーザー	人	/home/ユーザー名	1000番以上が多い
システムユーザー	プログラム	様々	1000番未満が多い

実は皆さんがいつも使っているWindowsやmacOSにも、ソフトウェアユーザーは存在します。

サーバーではないパソコンの場合、利用者がそうしたソフトウェアユーザーのことを知る必要がないため、混乱を招かないように、隠されているのです。

3-4-2 ユーザーを束ねるグループ

ユーザーが増えてくると管理が煩雑になります。それを解決するのがグループです。

どのようなコマンドを実行できるのか、どのようなファイルを読み書きできるのかは、ユーザーごとに決められます。

ただし、すなおに毎回ユーザーごとに設定すると大変なので、ユーザーをグループに束ねて、そのグループごとにどのような操作ができるのかを設定するのです。そうすれば、設定がわかりやすく単純になるからです。

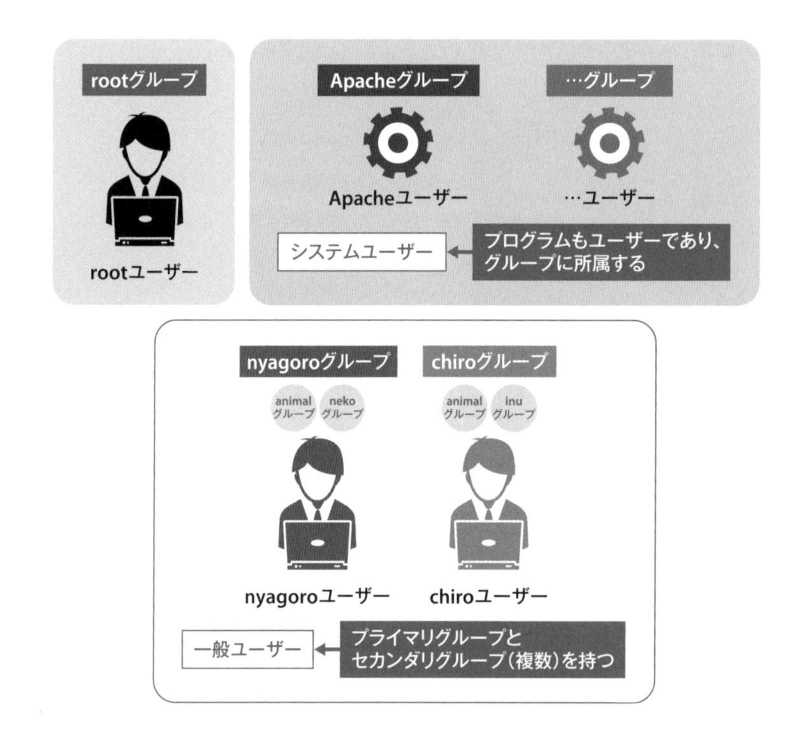

ユーザーは1つ以上のグループに属します。メインとなるグループのことをプライマリグループと言い、それ以外のグループにも追加で参加できます。追加で参加するグループのことをセカンダリグループと言います。セカンダリという名前ですが、もしユーザーが3つのグループに参加するのであれば、「1つのプライマリグループ」+「2つのセカンダリグループ」という呼び方をし、「サードグループ」などとは言いません。

グループにもユーザーと同様に、グループIDが付与されて管理されます。rootユーザーが属するグループは「0番のグループIDを持つrootグループ」という特別なグループで、そのグループだけ、管理者機能が使える特権があります。それ以外に、「一般グループ」と「システムグループ」があります。

Ubuntu Server 22.04 LTSのデフォルトでは、ユーザーを作成したときには、そのユーザー名と同名のグループができ、そのグループに属します。たとえば、chiroというユーザーを追加すると、自動的にchiroというグループが作られ、それに属するという具合です。

3-4-3 ユーザー操作に関係するコマンド群

ユーザーやグループ操作に関わるコマンド群は、次の通りです。

コマンド	書式・説明
adduser	adduser オプション [ユーザー名] ユーザーを追加する。
deluser	deluser オプション [ユーザー名] ユーザーを削除する。
addgroup	addgroup オプション [グループ名] グループを追加する。
delgroup	delgroup オプション [グループ名] グループを削除する。
passwd	passwd オプション [ユーザー名 / グループ名] パスワードを変更する。
sudo	sudo [コマンド] root ユーザーで操作する

ユーザーや、グループに関するコマンドは、「○○user」「○○group」以外に、「user○○」「group○○」のような形式のコマンドも存在します。Red Hatなど、別のディストリビューションでは使われることもある形式です。

これらは、よく似たコマンドですが、「○○user」系が、ユーザー作成時に、パスワードやホームディレクトリも設定するのに対し、「user○○」系では、別々に設定しなければなりません。パスワードを設定しない限り、ユーザーもロックされたままです。また、Ubuntu公式でも、こちらを推奨としているので、本書では「○○user」系で統一しています。

ですから、「adduser」などのコマンドでユーザーを作成すると、続いて「New password」を聞かれます。設定したいパスワードを入力してください。

なお、パスワードの設定しまちがいがないように、パスワード入力後に「Retype password」としてもう一度入力することが求められます。間違えないように二度目も入れましょう。

同時に「Full Name」や「Room Number」などの項目も設定できますが、これらは無設定で構いません。必須なのは、ユーザー名とパスワードのみです。

これらのユーザーやグループの操作には、root権限が必要です。「sudo」をコマンドの前に付けて、実行します。

3-4-4 ユーザーを作成してみよう

実際にユーザーを作成してみましょう。ユーザーを作成するには、「adduser」コマンドを使用します。

やってみよう 「chiro」という一般ユーザーを作成してみよう

一般ユーザーとして、「chiro」という名前のユーザーを作成してみましょう。「adduser」コマンドに続いて「chiro」とユーザー名を記述します。

ユーザーを作成したら、パスワードも設定します。

sudoコマンドを使用するので、「[sudo] password for nyagoro:」のように、初期ユーザー（nyagoro）のパスワードを問われることがあります。その時には、「nyapass00」と初期ユーザーに設定したパスワードを入力してください。

ユーザー	ユーザー名	本書でのパスワード	ユーザーの種類
chiro	chiro	chpass01	一般ユーザー

● ユーザーを作成するコマンドの例

```
nyagoro@yellow: ~$ sudo adduser [ユーザー名]
```

▼ユーザーを作成する

```
nyagoro@yellow: ~$ sudo adduser chiro
```

Enter キーを押すと、このユーザーに設定するパスワードがきかれます。

「New password」と、パスワードを尋ねられるので、設定します。

ここでは仮に、「chpass01」というパスワードを設定しましょう。入力したあともう一度きかれるので、同じパスワードを入れて下さい。

パスワードは、ここでも打ち込んだ文字が表示されないようになっています。ショルダーハッキング（ディスプレイを他人が盗み見する）などの防止になります。

パスワード入力後に、「Full Name」「Room Number」なども設定できますが、今回は学習目的なので、空欄のまま Enter キーを押します。

最後に、「Is the information correct? [Y/n]」と、「この情報は合っているか？」聞かれるので、「y」を入力して Enter キーを押してください。

```
New password: ———— パスワードを入力する
Retype new password: ———— パスワードを再度入力する
passwd: password updated successfully
```

```
Changing the user information for chiro
Enter the new value, or press ENTER for the default
        Full Name []: ―――― 空欄のまま Enter キー
        Room Number []: ―――― 空欄のまま Enter キー
        Work Phone []: ―――― 空欄のまま Enter キー
        Home Phone []: ―――― 空欄のまま Enter キー
        Other []: ―――― 空欄のまま Enter キー
Is the information correct? [Y/n] y ―――― y を押して Enter キー
```

パスワードは、ユーザー自身も変更できます。この例なら、「chiro」ユーザー自身ということです。その場合、5文字以下など短すぎるパスワードの場合は、以下のようなエラーが出ます。

```
You must choose a longer password.
```

これは、一般ユーザーのケースのみで、今回のように、sudoを付けてroot権限で設定する場合は、特にエラーは出ません。root権限があれば、短いパスワードもエラーなく設定できてしまいます。

ただ、やはり短いパスワードは、セキュリティ的に問題があるため、実際の運用時には、8文字以上、できれば16文字以上のパスワードとしてください。

また、ユーザー名と同じ文字列や、「123456」「qwerty」など、単純なパスワードや、ユーザIDと同じ文字列を含むはやめましょう。

COLUMN

パスワードの変更と、rootのパスワード

一度設定したパスワードは、「passwd」コマンドで変更できます。ユーザー名を指定しない場合は、自分のパスワードが変更されますし、指定した場合は、そのユーザーのパスワードが変更されます。ただし、他人のパスワードは、root権限がなければ指定できません。

パスワードの設定や変更が成功すると「passwd: password updated successfully 」と表示されます。

▼自分のパスワードを変更する（root権限は不要。ユーザー名を指定しない）

```
nyagoro@yellow:~$ passwd
```

▼他人のパスワードを変更する（rootユーザーで操作。ユーザー名を指定する）

```
root@yellow:~# passwd chiro
```

注意して欲しいのは、rootユーザーの状態で、ユーザー名を指定せずにパスワード変更を行ったケースです。この場合、ユーザー名を指定しないと、rootのパスワードが変わってしまうのです。

▼rootのパスワードを変更する（rootユーザーで操作。ユーザー名を指定していない）

```
root@yellow:~# passwd
```

Ubuntuでは「root」ユーザーは標準で無効となっていますが、パスワードを設定することで有効化されます。つまり、それまでrootユーザーとしてログインできなかったのに、ログインできるようになってしまったということです。これは良くないですね。

誤って有効化してしまった場合は次のコマンドで無効化します。

```
nyagoro@yellow:~$ sudo passwd -l root
```

これによりアカウントをロックできます。

なお、ロックを解除するには

```
nyagoro@yellow:~$ sudo passwd -u root
```

もしくはもう一度パスワードを設定しなおします。

rootのアカウントの状態を確認するには-S で確認できます（Sは大文字）。

```
nyagoro@yellow:~$ sudo passwd -S root
root L 05/21/2022 0 99999 7 -1
```

rootの後ろに「L」がありますが、Lはロック状態を示します。「P」はアカウントが有効状態、「NP」はパスワードが設定されていないアカウントです(注12)

TIPS

(注12) こうした事故を防ぐために、「New password」と聞かれた時に「chpass01 chiro」のように、「パスワード ユーザ名」の形式で書くとどうなるでしょうか。答えは、「入力したものが全てパスワードとして認識される」です。chiro（ユーザー名）まで含んでパスワードと見なされます。

3-4-5 作成したユーザーでログインし直そう

一般ユーザーが無事にできたところで、初期ユーザー（nyagoro）からは一旦ログアウトして、先ほど作成した一般ユーザー（chiro）でログインしてみましょう。

nyagoro@yellow: ~$ に続いて「exit」もしくは、「logout」と入力します。

やってみよう ログアウトして、ログインしなおそう

初期ユーザーをログアウトし、一般ユーザーでログインしなおしてみましょう。

● ログアウトするコマンドの例

```
nyagoro@yellow: ~$ exit
```

ログアウトが成功すると、以下のような画面が表示されます。

```
yellow login:
```

そこで、ユーザー名「chiro」を入力して Enter キーを押します。

```
yellow login:chiro
```

ユーザー名を入力すると、パスワードを聞かれるので、「chiro」のパスワードである「chpass01」を入力して Enter キーを押します。パスワードは表示されないので、入力は慎重に行ってください。

```
password:
```

ログインに成功すると、「yellow」サーバーの「chiro」ユーザーでログインしていることを示す以下の画面が出てきます。

プロンプトの記号も一般ユーザーを表す「$」が表示されていることを確かめてください。

```
chiro@yellow: ~$
```

これでchiroユーザーでログインできました。カレントディレクトリは「/home/chiro」となっているはずです。カレントディレクトリを調べる「pwd」コマンドで確認してみましょう。

以降、「chiro」ユーザーは、この「/home/chiro」ディレクトリにファイルを作成したり、何か作業したりするなどの作業ができます。

一般ユーザーは、sudoコマンドなどで、root権限を持たない限り、システムに関するファイルの操作や閲覧ができません。そして、その一般ユーザーがsudoコマンドを使

えるかどうかは、設定で決められます。使えないと不便に感じるかもしれませんが、間違った操作をしても、自分のディレクトリ以外に影響を与えないため、大きな事故につながりづらいです。

あなたが、将来、サーバーの管理者になった時に、こうしたユーザーを作ることもあるでしょう。その時には、そのユーザーにroot権限を許すのかどうか、慎重に検討してください。「権限渡すから、良きようにやっておいてね！」ではいけません。責任を取るのはあなたです。

一般ユーザーをログアウトするには、同じように「exit」コマンドを使い、初期ユーザー（nyagoro）のIDとパスワードでログインし直します。

COLUMN

ユーザーを簡単に切り替える「su」コマンド

追加した一般ユーザーは先ほどはnyagoroユーザーからログアウトしてchiroユーザーとしてログインしましたが、nyagoroユーザーからログアウトしなくてもchiroユーザーに切り替えることができます。それが「su」コマンドです。「su [ユーザー名]」の形で使用します。

nyagoroでログインしている最中に「su chiro」と入力するとパスワード入力画面が表示され、入力後「chiro@yellow:~$」にプロンプトが変わります。この状態で「exit」を入力してchiroユーザーからログアウトするとnyagoroユーザーに戻ります。

この追加したchiroユーザーですが、初期ユーザー（nyagoro）とは異なり、そのままではsudoコマンドでrootユーザーにすることができません。rootユーザーはサーバーの設定などができてしまうので誰でも切り替えができるわけではなく、sudoグループに登録されたユーザーのみが可能です。

グループにユーザーを登録するには「gpasswd」コマンドを使用します。chiroユーザーをsudoグループに追加する場合は「gpasswd -a chiro sudo」と入力します。なお、このコマンドはrootユーザーで動かす必要があるので、nyagoroユーザーでログインし、sudoで実行する必要があります。

なおグループにユーザーを登録するコマンドは「usermod」というコマンドもあり「usermod -aG sudo chiro」でも可能です。こちらは多くのLinuxで共通しているコマンドですが、オプションの-a（追記）を付け忘れた場合は新規作成となってしまい、chiro以外のsudoユーザーが消えてしまうことになるリスクがありますのでUbuntuでは「gpasswd」コマンドを使用する方がよいでしょう。

3-4-6 パーミッションを理解しよう

Linuxなど、UNIX系のシステムでは、ファイルやディレクトリごとに、どのユーザー（グループ）が、どのような操作ができるのか、決まっています。これを**パーミッション（Permission）**と言います。

パーミッションは、権限という意味です。これは「制限することを基本方針としつつ、特定のユーザーだけに許可する」ものです。システムを安全に使うために役立ちます。

例えば、システムの重要なファイルは、一般ユーザーが書き込みできないようになっていますし、「/home/chiro（chiroユーザーのホームディレクトリ）」であれば、chiroユーザーに書き込みが許可されていますが、他の一般ユーザーには変更できません。

複数人で共有するサーバーの例で考えてみましょう。例えば、サーバーの一部をレンタルした一般ユーザーが、他の人がレンタルした領域を自由に変更できたり、サーバーの管理者が操作するような領域で好き勝手やれたりするようでは、困ってしまいます。そこで、「このファイル/ディレクトリは誰が何をできるのか」設定するわけです。

パーミッションは、そのファイルの①所有者（owner）、②所有グループ（group）、③その他のユーザーやグループ（other）が、何ができるのかという構成で設定されます。

ファイルの所有者とは、そのファイルを作ったユーザーのことですが、あとから変更することもできます。

ファイルやディレクトリに対してできることは、読み込み（r）、書き込み（w）、実行（x[注13]）です。これらは、lsコマンドの実行結果で確認できます。権限がない時は「-（ハイフン）」で表されます[注14]。

所有者がrwx、その他がxというパーミッションであれば、「所有者は何でもできるが、その他のユーザーは実行のみできる」ということになります。

パーミッションは、連続して先頭から順番に、所有者、所有グループ、その他の権限の順番で表記します。「ls -l」などで表示できます。

3文字（rからxまでや、rからsまでなど）で一区切りです。「ls -l」で表示される左のハイフンは、区切り文字ではないので注意してください。また、ファイルなのかディレクトリなのか、リンクなのかによって、先頭に付く文字が変わります。

●パーミッション表記の例

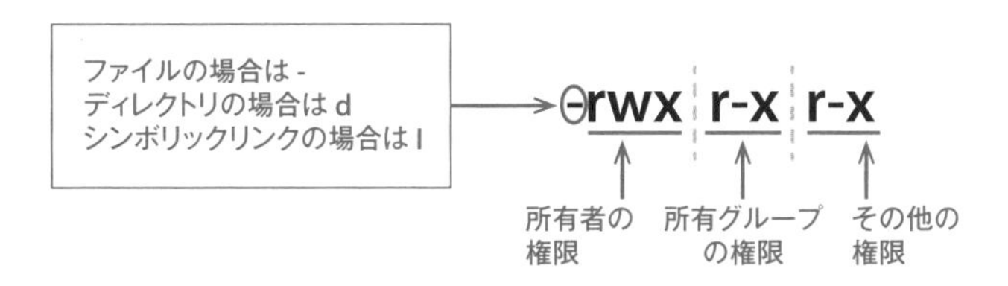

TIPS

（注13）sなど例外あり。

（注14）ディレクトリの場合、xは書き込みできるかどうかを表します。

COLUMN

シンボリックリンクとハードリンク

パーミッションの一番先頭が「l」のものは**シンボリックリンク**と呼ばれ、別の場所に別名で実体が存在することを示します。例えば、「bin」「lib」などのディレクトリが相当します。

これらは「->」で、その指している実体が示されます。下記の例では、「/bin」は、「/usr/bin」というディレクトリを指しているということがわかります(注15)。

```
nyagoro@yellow:~$ ls -l /
total 64
lrwxrwxrwx   1 root root     7 Apr 21  2022 bin -> usr/bin (後略)
```

シンボリックリンクと似たものに**ハードリンク**という概念があります。ハードリンクとは、元のファイルと同期するコピーのことです。設定されている場合、設定されている数が、数字で表示されます。ハードリンクが存在しないときは「1」です。

シンボリックリンクとハードリンクの違いは、削除した場合の挙動です。シンボリックリンクは、リンク先のパスを見ているので、リンク先が削除されてしまうと、リンク元からアクセスできなくなります。

それに対してハードリンクは、同じファイルに対して、別々の参照なので、片方が削除されても、もう片方は残ったままアクセスできます。ファイルをコピーしつつ同期できるような仕組みを持つのがハードリンクです。

COLUMN

スティッキービット

ディレクトリには特殊な**スティッキービット**という設定があります。設定すると、そのディレクトリの中身は「所有者または所有グループだけが変更できるようになる」というものです。この設定が使われているのが/tmpディレクトリです(注16)。

```
nyagoro@yellow:~$ ls -l /
drwxrwxrwt  15 root root  4096 Feb 21 19:11 tmp
```

tmpディレクトリは、パーミッションが「drwxrwxrwt」となっていることがわかります。この「t」がステッキービットです。tmpディレクトリには誰もが読み書きできますが、スティッキービットが設定されていることによって、他人が書いたファイルを消すことはできないという設定になっています。

COLUMN

ユーザー実行とグループ実行

ユーザー実行、グループ実行とは、一般ユーザーが、操作にroot権限を必要とするコマンドに対して設定されます。パスワードを変更するのに使う「passwd」コマンドがまさに、そのようなコマンドです。

lsコマンドで調べてみると、「passwd」を実行するファイル（/usr/bin/passwd）に対して、次のように設定されています。

```
nyagoro@yellow:~$ ls -al /usr/bin/passwd
-rwsr-xr-x 1 root root 59976 Nov 24 12:05 /usr/bin/passwd
```

所有者の実行パーミッションに「s」が設定されています。

これは、「セットユーザーIDが設定されている」という意味で、実行すると所有者の権限（この場合は、rootユーザーの権限）で実行されます。

これは一般ユーザーが、自分のパスワードを変更する時に、rootユーザーしか読み書きできないパスワードの設定ファイルを変更する必要があるため、この権限が与えられています。ただ、これは制限された権限なので、他のユーザーのパスワードを変更するなど、rootユーザーと全く同じことができるわけではありません。

3-4-7 パーミッションや所有を変更する

所有者、所有グループ、パーミッションなどは後から変更できます。

これにはroot権限が必要です。初期ユーザー（nyagoro）でログインして操作しましょう。sudoコマンドなので、パスワードを聞かれたら入力してください。

①所有者や所有グループを変更する

所有者を変更するには、「chown」コマンドを使います。

「chown」コマンドに続き、ファイル/ディレクトリの所有者名と、ファイル名やディレクトリ名を記述します。

● 所有者を変更するコマンド

```
nyagoro@yellow: ~$ sudo chown 所有者名 [ファイル名/ディレクトリ名]
```

TIPS （注15）一部のディレクトリは省略して表示。

（注16）一部のディレクトリは省略。

所有グループを変更するには、「chgrp」コマンドを使います。

「chgrp」コマンドに続き、ファイル/ディレクトリの所有者名と、ファイル名やディレクトリ名を記述します。

● 所有グループを変更するコマンド

```
nyagoro@yellow: ~$ sudo chgrp 所有者名 [ファイル名/ディレクトリ名]
```

所有者と所有グループの両方を変更したいときは、次のように「.」で区切れば、chownコマンドだけで設定できます。

● 所有者と所有グループ名を両方変更するコマンド

```
nyagoro@yellow: ~$ sudo chown 所有者名.所有グループ名 [ファイル名/ディレクトリ名]
```

②パーミッションを変更する

パーミッションを変更するには、「chmod」コマンドを使います。

● パーミッションを変更するコマンド

```
nyagoro@yellow: ~$ sudo chmod パーミッション [ファイル名/ディレクトリ名]
```

パーミッションは、数字に置き換えて指定します。

数値で指定する方法

「rwx」を「r=1」「w=2」「x=4」とし、それぞれ足した値を、3桁で指定します。

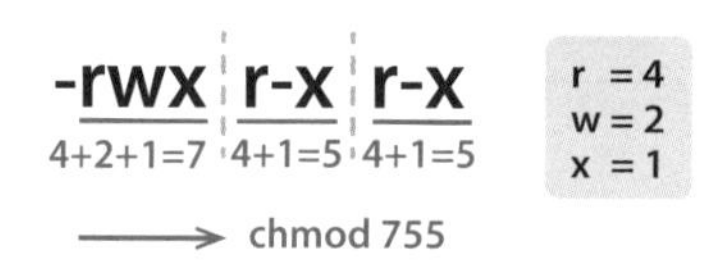

なお、「u」や「u+w」、「u-x」などのオプションで設定する方法もあるので、間違いのしづらい方を使うと良いでしょう。

3-5 ソフトウェアのインストールと更新

サーバーにソフトウェアをインストールする場合、Ubuntuにあらかじめ用意されているソフトであれば、「apt」コマンドを使うのが一般的です。

3-5-1 サーバーでソフトウェアを更新する仕組み

ソフトウェア（パッケージ）は日々アップデートされています。そこで、いつでも最新版をダウンロードできるようインストール可能なソフトウェア一式がまとめられた倉庫のような場所があります。それが「**リポジトリ**（注17）」です。Ubuntuサーバーに新しくソフトウェアをインストールしたり、更新したりする時は、「**apt**」コマンドを使って、このリポジトリからダウンロードして、インストールするのです。まさにソフトウェアの倉庫のようなものです。

「apt」コマンドはDebian系のコマンドです。Ubuntuは、Debian系なので、このコマンドを使います。Red Hatなど、系統の違うOSでは、「yum」や「dnf」ほか別コマンドが使われることもあります。

ソフトウェアを専用のサーバーから取得して更新する役割などを担います。コマンド一行でソフトウェアインストールできる手軽さなどから広く用いられます。

ソフトウェアというものは、「依存関係」があります。そのソフトウェアを動かすのに、別のソフトウェアやライブラリーが必要になることもあり、あらかじめインストールしなければなりません。こうした依存関係のあるソフトウェアも、aptコマンドを使用すれば、まとめてインストールされます。

3-5-2 aptコマンドの使い方

aptコマンドで行えることは主に3つです。

特によく使うのはソフトウェアのインストール・アップデートと検索です。

● コマンドのサブコマンド

aptコマンドは、したいことに合わせてサブコマンド（コマンドに続けて打つコマンド）を使用します。

TIPS　（注17）リポジトリ（repository）は保管庫の意味

インストールやアンインストールなど、個別のソフトウェア名を指定する場合は、サブコマンドに続いて記述します。

● aptコマンド記述例

```
nyagoro@yellow:~$ sudo apt [サブコマンド] [ソフト名]
```

aptコマンドを使用すると、Ubuntuが提供している「リポジトリ」（ソフトウェア保管庫）にアクセスし、そこから該当のソフトウェアをダウンロード、インストールします。

インストールの場合は、「apt」に続いて「install」というサブコマンドと、インストールしたいソフト名を記述します。aptコマンドはrootユーザーでなければ使えません。

項目	サブコマンドと引数
インストール	install [ソフト名]
アンインストール	remove [ソフト名]
アップデート（更新情報を取得）	update
アップグレード（実際に一括で更新）	upgrade
登録されているソフトを一覧表示	list
リポジトリ内を検索	search [検索ワード]

COLUMN

パッケージがファイルとして提供されているときに使うdpkgコマンド

ときにはリポジトリに登録されておらず、自分でダウンロードしてインストールするソフトもあります。そのようなとき、Ubuntuで使える「*.deb」という拡張子のファイルが配布されていることがあります。そうしたソフトをインストールしたいときは、ダウンロードしてサーバーに配置し、その配置したディレクトリをカレントディレクトリにして、次のようにdpkgコマンドを入力してインストールします。

```
nyagoro@yellow: ~$ sudo dpkg ダウンロードしたファイル名
```

3-5-3 ソフトウェアをアップデートしよう

ソフトウェアはしばしば安全性向上やセキュリティ対策でアップデートされます。安全に使うために常にアップデートを意識します。

やってみよう ソフトウェアをアップグレードしてみよう

①リポジトリのアップデートをする

ソフトウェアをアップデートする前に、まずはリポジトリのアップデートを行う必要があります。リポジトリがソフトウェアの倉庫だとすると、まずは倉庫のリストを新しくするということです。これを行わないと最新版のソフトウェアが入手できないことがあるので必ずしてください。

そのアップデートを行うコマンドが、「apt update」です。「sudo」をつけて実行します。sudoコマンドなので、パスワードを聞かれたら入力してください。

●リポジトリをアップデートするコマンド

```
nyagoro@yellow:~$ sudo apt update
```

apt updateすると、登録されているソフトウェアの一覧が、サーバー側にダウンロードされます。そのあと、必要なソフトウェアをダウンロードします。

apt updateは、インストール済みのソフトウェアの更新を行う場合のほか、新規にソフトウェアをインストールする場合にもやっておいた方がよいでしょう。

```
nyagoro@yellow:~$ sudo apt update
Hit:1 http://jp.archive.ubuntu.com/ubuntu jammy InRelease
Get:2 http://jp.archive.ubuntu.com/ubuntu jammy-updates InRelease [109 kB]
Get:3 http://jp.archive.ubuntu.com/ubuntu jammy-backports InRelease [99.8 kB]
Get:4 http://jp.archive.ubuntu.com/ubuntu jammy-security InRelease [110 kB]
Fetched 320 kB in 1s (581 kB/s)
Reading package lists... Done
Building dependency tree... Done
Reading state information... Done
16 packages can be upgraded. Run 'apt list --upgradable' to see them.
```

②ソフトウェアをアップグレードする

「sudo apt upgrade」を実行すると、一括でアップグレードできます。

updateで情報を更新し、upgradeで実際のソフトを更新すると考えてください。

●ソフトウェアをすべてアップグレードするコマンド

```
nyagoro@yellow:~$ sudo apt upgrade
```

アップグレード前に「Do you want to continue? [Y/n]」と確認が表示されるので「y」を入力して、Enterで実行します。

なお、aptコマンドを実行すると、時々「Pending kernel upgrade」の画面が出ることがあります。その場合は2画面とも Enter キーで進んでください[注18]。

```
nyagoro@yellow:~$ sudo apt upgrade
Reading package lists... Done
Building dependency tree... Done
Reading state information... Done
Calculating upgrade... Done
The following packages were automatically installed and are no longer
required:

（中略）

Do you want to continue? [Y/n] ―――――― yを入力
Get:1 http://jp.archive.ubuntu.com/ubuntu jammy-updates/main amd64 motd-
news-config all 12ubuntu4.3 [4,484 B]
Get:2 http://jp.archive.ubuntu.com/ubuntu jammy-updates/main amd64 libc6
amd64 2.35-0ubuntu3.1 [3,235 kB]

（中略）

No user sessions are running outdated binaries.
No VM guests are running outdated hypervisor (qemu) binaries on this
host.
nyagoro@yellow:~$
```

Linuxサーバーを業務などで実際に活用する上ではアップグレードの内容やタイミングが重要です。

本書のような検証環境では、問題にならないので、自由に「apt upgrade」を実行してください。

アップデートしたものを適用するには、基本的に再起動が必要です。rebootコマンドを入力してサーバーを再起動しましょう。

● **再起動するコマンド**

```
nyagoro@yellow: ~$ sudo reboot
```

書籍ではapt upgradeを用いて一括でアップグレードし、すぐに再起動しましたが、実際のシステムでは多少勝手が違います。

システムを停止（再起動）できるタイミングが決まっている、変更内容を調査して一

（注18）カーネルアップデートについて詳しくはサポートページ

部のソフトだけ更新しなくてはいけないというケースもありえます。

COLUMN

アップグレードしないほうがいいものがあるときどうするか

ソフトのアップグレードを個別に確認するには、listサブコマンドを--upgradableオプションを付けて実行します。「apt」コマンドに続いて、「list --upgradable」と記述します。

▼ソフトウェアのアップグレードを確認するコマンド

```
nyagoro@yellow:~$ sudo apt list --upgradable
```

「list」のあとには半角スペースとハイフン２つが入っているので、間違えないようにしてください。確認後に個別に「apt install」でインストールすると、アップグレードできます。

```
nyagoro@yellow:~$ sudo apt list --upgradable
Listing... Done
base-files/jammy-updates 12ubuntu4.1 amd64 [upgradable from: 12ubuntu4]
...
udev/jammy-updates 249.11-0ubuntu3.1 amd64 [upgradable from:
249.11-0ubuntu3]
nyagoro@yellow:~$ sudo apt install udev # ソフト名udevだけ更新
```

アップグレードを確認して、適用するものを選択する行為は、サーバー管理の中級者になってからです。アップグレードによって、システムが動かなくなることもありえます。そのため、アップグレードしても問題ないか検証が必要になります。実際の現場ではアップグレードの内容や時期については開発部隊とよく調整して行うべきです(注19)。

バグ修正やセキュリティ対応がされていることを考えると、ソフトウェアは基本的にはアップグレードすべきです。

ただ、費用やリソースの問題で、どうしても思ったとおりにアップグレードできないこともあります。その場合は別途セキュリティ対策の導入などが必須でしょう。

TIPS　(注19) 自分勝手にやってはいけませんが、プログラマが反対するようであれば、よく話し合って、必要性をわかってもらったうえで推し進めていくこともサーバー管理者には重要です。

COLUMN

snapパッケージ

なお、debパッケージ以外にも「snap」というパッケージもあります。これはディストリビューションに依らず共通して同じコマンドでインストールすることができるように目指したパッケージです。

Ubuntuではfirefoxなどで採用され始めていますが、まだ歴史も浅く今後の動向が注目されます。

要点整理

- ✔ Ubuntu（サーバーOS）はコマンドで操作する
- ✔ サーバーの起動と終了を理解する
- ✔ aptでパッケージを更新し、セキュリティを高めて運用する

CHAPTER

4

Webサーバーを利用しよう

いよいよ、Webサーバーを構築します。
Webサーバーは、「Apache」というソフトウェアを使用します。
Apacheのインストールから、ファイアウォール、IPアドレスなど、
Webサーバーに必要な知識を覚えましょう。
この章では、Webサーバーについて総合的に学びます。

4-1 サーバーとソフトウェア

Ubuntuを操作するコマンドに慣れてきたところで、実際にサーバーを立ててみましょう。一口にサーバーと言っても、色々な種類があります。

4-1-1 サーバーの管理

サーバーについて改めておさらいしておきましょう。サーバーとは、「サービス(service)するもの」という意味であり、「メールサーバー」「Webサーバー」「DNSサーバー」「DHCPサーバー」「FTPサーバー」など、役割によって色々な種類があります。ひとくちに「サーバーを立てる」と言っても、その種類ごとにインストールするものや細かな設定は違います。ただ、どのサーバーも、「そのサービスを提供するソフトをインストールして設定する」という流れは同じです。

●サーバー稼動時に行う作業(注1)

Webサーバー
- ・Apacheをインストール
- ・ファイアウォールのポート80と443を開ける(セキュアな設定にする)
- ・ドキュメントルートにコンテンツを置く

FTPサーバー
- ・ProFTPDをインストール
- ・ファイアウォールのポート20と21を開ける(セキュアな設定にする)
- ・公開するディレクトリやユーザーを設定する

メールサーバー
- ・PostfixとDovecotをインストール
- ・ファイアウォールのポート25と110または143を開ける(セキュアな設定にする)
- ・DNSドメインの設定
- ・ユーザーの作成

いわゆる「サーバー管理者」という立場の人は、これらのサーバーを構築し、管理します。OSであるUbuntu自体の管理なども行います。サーバーに入れるソフトウェアも含め、物理的な機器まで丸ごと面倒をみます。

最近では、クラウド(外部で管理されたサーバー群)にサーバーを構築することも多く、そうした場合は、クラウドサービスの画面から、CPU、メモリ、ディスクなどを選択できます。サーバーが起動した後の操作は、クラウドでも普通のサーバーと変わりません。root権限をもつユーザーでログインして操作します。

(注1) ファイアウォールとは、その名のとおり通信の防火壁です。通信するデバイス間に噛ませるように配置し、通信の可否を制御します。サーバーを他からアクセス可能にするためには、対応するポートを開ける必要があります。詳しくは5章を参照。

4-1-2 サーバーの種類とソフトウェア

サーバーの種類によって、インストールするソフトウェアは違います。

また、「○○サーバー」を立てるとした場合にも、それを実現できるソフトウェアが複数ありえます。

サーバー用OSにも、Red HatやUbuntuなどの種類があるように、メールサーバーやWebサーバーにもいくつかのソフトウェアがあるのです。

どのソフトウェアをえらぶかは、有償無償、機能の有無などの事情や、他のシステムやサーバーとの兼ね合い、ノウハウの有無、作業者の好みなどで決められます。

迷う場合は、詳しいウェブサイトがある、知人が使っている、社内に詳しい先輩がいるなど、「困った時に情報を得やすいもの」を選択すると良いでしょう。

●主なサーバーの種類と、使用するソフトウェア

サーバー	使用するソフト	特徴
メールサーバー	Sendmail、Postfix、Dovecot	SMTP サーバー、POP サーバー、IMAP4 サーバーなど、メール関連のサーバー
Web サーバー	Apache、nginx、IIS	Web サイトの機能を提供するサーバー
DNS サーバー	BIND	DNS 機能を持つサーバー
DHCP サーバー	dhcpd	IP アドレスを自動的に振る機能を持つサーバー
FTP サーバー	ProFTPD、IIS、vsftpd	FTP プロトコルを使って、ファイルの送受信を行うサーバー
プロキシサーバー	Squid、nginx	通信を中継する役割をもつサーバー
データベースサーバー	MySQL、MariaDB、PostgreSQL、SQL Server、Oracle Database	データを保存したり、検索したりするためのサーバー
ファイルサーバー	Samba	ファイルを保存して、皆で共有するためのサーバー
認証サーバー	OpenLDAP、Active Directory	ユーザー認証するためのサーバー
監視サーバー	Zabbix	サーバーの死活監視やデーモンの動作状態など、管理下のサーバーをモニタリングするサーバー

4-1-3 デーモンとサービス

クライアントパソコンや、サーバー用のマシンの中で動くソフトウェア（プログラム）の中には、パソコンの電源が入っている時に常に動き続けているものもあります。

このように常駐するソフトウェアのことをUNIX系のOSでは、「デーモン（daemon）」と呼びます(注2)。

毎回立ち上げて終了させるWordやExcelのようなソフトウェアはデーモンとは呼

TIPS　（注2）ちなみに、Windowsでは、「サービス（service）」と呼び名が違いますが同じものです。

びません。

これらの常駐プログラムは、何か要求が来た時に、すぐに答えられるように、ずっと待ち構えています。Webサーバーでも、メールサーバーでも、基本的にサーバー機能を提供するプログラムはデーモンやサービスです。常に待機し、動き続けることで、ウェブサイトがいつでも見られたり、メールが毎回きちんと届くわけです。

宛先のないメールを送ってしまった時に、「mailer-daemon」なるものからメッセージが届きますが、あれはまさにメールの機能を提供しているデーモンからのメッセージです。メールを管理しているので、「宛先不明で届きませんでした」とお知らせしてくれています。

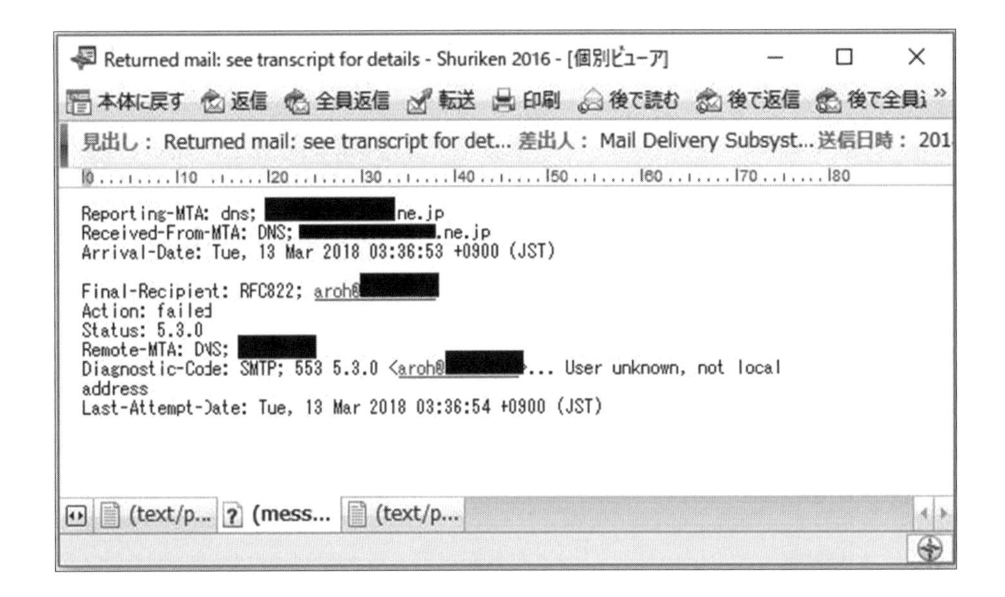

他に、コンテンツのないURLを開いた場合に「404エラー」を出しているのもデーモンです。こちらは、ウェブ関連ですから、ウェブ機能を担当するデーモンが出しています。

このように、一度インストールしたサーバー用ソフトウェアは、常に動かし続ける設定にしなければなりません。また、それらのソフトウェアを載せているサーバー本体も、常に稼働しつづけることが求められます。

4-2 Webサーバーを立てる

それでは、実際にサーバーを立てて（構築して）みましょう。サーバー管理者が最も構築・運用する可能性の高いものの、Webサーバーを立てます。

4-2-1 Webサーバーとは

これから3章で学んだaptコマンドなどを使いながら、サーバーを立てます。

サーバーには様々な種類がありますが、サーバーによっては深い知識が必要であったり、自前で構築することが少なく、代替サービスを使うのが一般的だったりするものもあります。そこで、今回は、前提知識が少なくて済み、自分で立てる機会の多いものとして、Webサーバーを構築します。Webサーバーは、サーバー構築・管理の基本が詰まっており、最初に学ぶものとして最適なのです。

また、扱うコンテンツに気をつければ、もし失敗したとしても、セキュリティ的な大事故につながりづらいのも安心です。

● Webサーバーを作る

Webサーバーは、閲覧者にWebコンテンツ（Webページなど）を提供するためのサーバーです。サイト管理者は、コンテンツをサーバーに置いておき、閲覧者はブラウザを使って、そのコンテンツの内容を見ます。コンテンツは、Webページであれば、「HTML」形式のテキストファイルや画像・動画を使って作成します。

Webサーバーを作るには、どうすればよいのでしょうか？　Webサーバーは、Webサーバー用のソフトウェアをインストールしたサーバーのことですから、3章で作ったサーバーに対して、該当ソフトウェアを入れればWebサーバーになります。簡単です！

Webサーバーは、ファイルを失うといったトラブルは発生しづらいですが、「インターネットに公開するサーバー」という性質上、多くの人がアクセスすることが前提であり、クラッカー（攻撃者）にも狙われやすいです。

「こんな個人のものは狙われないだろう」「小さい会社だから大丈夫だろう」と高をくくらず、セキュリティ意識をしっかりと持ってください。クラッカーは情報を狙うとは限りません。他の大物を攻撃するための踏み台や隠れ蓑にする可能性もあるのです。

練習時は、まだVirtualBoxの中なので安全ですが、実際に構築する時にミスをしないように、しっかり学んでいきましょう。

4-2-2 Webサーバーの仕組み

Webサイトを閲覧する時、見たいWebサイトのURLにアクセスすると、Webサイトからコンテンツが提供され、それをブラウザがページの形で表示するというのがWebページの仕組みです。

具体的には、コンテンツは、**HTML形式**で記述したファイルが基本であり、画像や動画ファイルは、文章のファイルとは別に存在します。Word（docx）のように1つのファイルにはなっていません。画像や動画を表示する時は、それらのファイルを、HTMLファイルから参照するように記述しておきます。そうすると、**クライアントのブラウザが、HTMLと画像、動画を組み合わせ、1つのページとして表示**します。バラバラのものをブラウザが一つのページとして組んでいるのです。コンテンツには他に、見た目をつかさどるCSS、Webブラウザでプログラムを実行するJavaScriptなどもあります。

また、アクセスするたびに内容を変更したり、入力フォームに入力された内容を処理したりしたい場合は、PerlやPHPなどのプログラミング言語で書いたプログラムをWebサーバーに置き、ユーザーがアクセスしてきた時には、その都度、それらのプログラムを実行し、結果を戻します。

これらのファイルを置いて表示するためにファイルを実行したり、渡したりしているのがWebサーバーです。Webサーバーでは、ブラウザからの問い合わせを待っているデーモン（**httpデーモン**）があり、問い合わせに対して、コンテンツを提供しているのです。

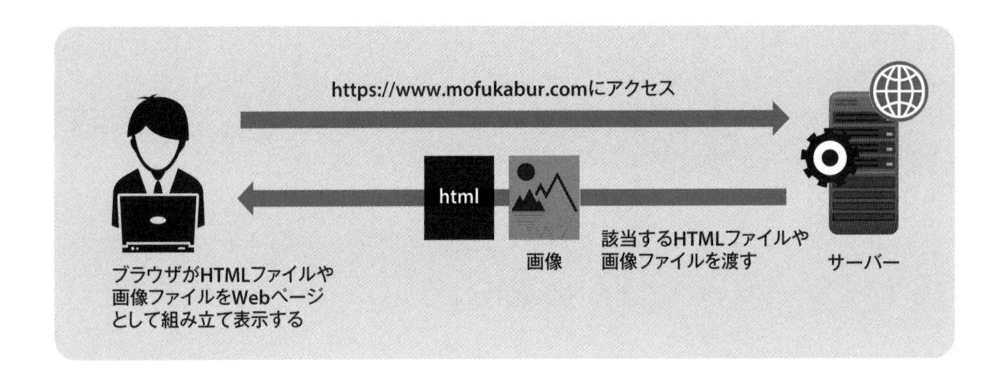

4-2-3 Webサーバー機能を提供するソフト

ブラウザからの応答を待って、コンテンツを提供するソフトウェアこそ、「Apache（アパッチ）」や「nginx（エンジンエックス）」などの、Webサーバー用ソフトウェアです。

これらは、「httpデーモン」として、サーバー上で待ち受け、コンテンツを提供するだけでなく、データベースサーバーを使ったシステムの場合は、データベースに命令を出すプログラムを実行したり、Webサーバー内のデータを保護して、アクセス制限を行うこともします。

また、エラー処理をしているのもhttpデーモンです。この章の始めのところで書いた「404エラー」など、ウェブサイトの閲覧者から間違ったリクエストが来た場合に、メッセージを送っています。

● Apacheとnginx

Apacheとnginxとを比べた場合、ソフトウェアに大きな機能面での差異はありません。プログラムの実行環境やBASIC認証などを考えるとApacheの方が便利、ユーザーが同時アクセスする場合の処理はnginxの方が得意…など、多少の得手不得手はあります。ただ、大規模システムならともかく、ちょっとサーバーをたてる程度なら大した違いはありません。使いやすいと感じた方を選択しましょう。

Apache	nginx
同時アクセスユーザー数が多くなりすぎるとメモリ消費に課題	同時アクセスするユーザー数が多くても平気
プログラム実行環境がある	プログラム実行環境はない
BASIC認証（.htaccess）が簡単	BASIC認証は少し手間
動的コンテンツに強い	静的コンテンツに強い

※動的コンテンツ、静的コンテンツについては7-1-1で説明

本書では、国内での利用実績、参考文献・Webサイトが多いこと、そして機能が豊富であり、PerlやPHPなどのプログラムを実行するための設定も容易であることから、Apacheを使用してWebサーバーを作っていきます。

● 多機能でシェアの大きいApache

Apacheは、正式には、「Apache HTTP Server（アパッチ エイチティーティーピーサーバー）」と言います。Apacheソフトウェア財団（Apache Software Foundation）のプロジェクトの一つとして開発されています。

Apacheと言えば、Webサーバーを指すと言っても過言ではないほど、古くから幅広

く使われているオープンソースのWebサーバーソフトウェアです。

Linuxでも Windowsでも動作しますが、一般にLinuxで使われます。大きなシェアを持っています。

かつてはプロセス駆動アーキテクチャというものを採用していて、同時に接続しているユーザーの数だけ、プロセスが起動しました。そのため異なるアーキテクチャの「nginx（エンジンエックス）」に比べ、メモリ消費量などの効率面で劣っていました。一方で、プログラムの実行機能が一体化して動く機構が備わっているため、PHPやPerlが連携して簡単に動きます。

コミュニティの歴史も長く、多くの人に運用ノウハウがあるのも魅力でしょう。

ユーザー認証として有名な、.htaccessも設定しやすくなっており、nginxよりも手軽に、BASIC認証を行えます。

近年はApacheも性能面での強化が進んでいます。

COLUMN

軽快に動くnginxとパワフルなApache

nginxは、処理の速さが特徴のソフトウェアです。

機能を小さくして高速化を目指しており、Apacheほど多機能ではないですが、同時にたくさんのユーザーのアクセスを裁けるため、高負荷のWebサーバー構築で人気が高い傾向にあります。

イベント駆動アーキテクチャというものを採用していて、同時にユーザーがアクセスしても、起動するプロセスは1つだけで、順に処理していきます。

そのため、一つの処理が長くかかるものは、苦手ですが、大量のリクエストを短時間でさばくのは得意です。

軽量化のために、Apacheに比べて機能が少なく、Apacheと同じことを実現しようとするとパフォーマンスが低下したり、設定が複雑である場合もあります。

最近はnginxとApacheを組み合わせてサイトを構築するケースもあります。

nginxは軽量なサイトでの大多数アクセスに強い他、リバースプロキシの機能もあります。リバースプロキシはアクセスのリクエストを他のサーバーに送る中継機能です。nginxをリバースプロキシとして配置して、その奥にApacheを配置という構築が可能です。

静的なファイルの配信などはnginx、動的な処理はApacheに任せるケースもあるでしょう。例えばECサイトなら商品画像や静的なHTMLの配信はnginx、購入処理などプログラムが動作する部分はApacheという使い分けが考えられます。

4-3 Apacheをインストールする

Apacheを使ってWebサーバーを構築します。Apacheは、aptコマンドでインストールできます。

4-3-1 Apacheのインストールと始動までの流れ

Apacheをインストールし、Webサーバーとして使用できるまでの流れを簡単に説明します。ハンズオンは、以後のページでおこないます。

まず最初に、3章でも扱った「apt」コマンドを使って、Apacheやそれに付随するプログラムのファイルをダウンロード・インストールします。

インストール後には、「systemctl」コマンド（システムの管理に関わるコマンド）でApacheを始動させます。

これで、Apacheのインストールと始動は終わりです。

本来は、外部からWebサーバーとしてアクセスできるように、ファイアーウォール（Firewall）の設定が必要ですが、今回は初期状態のまま使うので、特に操作はいりません(注3)。なお、操作する場合は、Apacheが通信するポートである80番と443番で通信が可能なように設定をし、他の使わないポートは閉じます(注4)。

また、実際に、Apacheが正常に動いていることを確認するために、HTMLのファイルを置いてブラウザからアクセスしてみます。

Webサーバーを使うまでの流れ	必要な知識
①Apacheのダウンロードとインストール	←aptコマンドの使い方
②Apacheの始動	←systemctlコマンドの使い方
（③Firewallの設定）	←ufwコマンドの使い方
その他　HTMLファイルの保存	←HTMLファイルの作り方 FTPサーバーもしくはviエディタ

（注3）本番では初期状態のまま使用してはいけません。詳しくは5章で扱います。また、これはUbuntuでのファイアーウォールの設定です。Red Hat系など、他のOSでは、ポートの設定が必要なものもあります。

（注4）ポートで通信可能な状態にすることをスラングで「ポートをあける」と言います。

4-3-2 Apacheをインストールしよう

Apacheをインストールしてみましょう。

ソフトのインストールはroot権限で作業します。sudoコマンドを使える初期ユーザー（本書ではnyagoro）でログインしてください。ホームディレクトリは、そのままで大丈夫です。

やってみよう aptコマンドでApacheをインストールしよう

ログインしたら、aptコマンドでインストールします。

今回は、インストールなので、「install」サブコマンドを使用します。

● ソフトをインストールするコマンド

```
nyagoro@yellow: ~$ sudo apt install [ソフト名]
```

Apacheのパッケージ（Apacheを動かすのに必要な他のプログラムもまとまっているもの）をインストールします。

ソフト名は「Apache」ではなく、「apache2 (注5)」なので注意してください。

```
nyagoro@yellow:~$ sudo apt install apache2
Reading package lists... Done
Building dependency tree... Done
Reading state information... Done
（中略）
0 upgraded, 13 newly installed, 0 to remove and 0 not upgraded.
Need to get 2,135 kB of archives.
After this operation, 8,486 kB of additional disk space will be used.
Do you want to continue? [Y/n] y ―――― yを入力
Get:1 http://jp.archive.ubuntu.com/ubuntu jammy/main amd64 libapr1 amd64
1.7.0-8build1 [107 kB]
（中略）
No VM guests are running outdated hypervisor (qemu) binaries on this
host.
```

インストールコマンドを実行すると、ダウンロードやインストールするファイルのサイズなどの調査が始まります。調査が終わると、「Do you want to continue? [Y/n]」と聞かれるので、「y (yesの意味)」と入力して Enter キーを押します。

TIPS　（注5）Red Hat系ではソフト名が「httpd」となる

今回は、そのまま実行して良いのですが、実際のサーバーの場合は、容量の関係で入れられないこともあります。その時には、調整が必要になります。

インストールがはじまり、プロンプトが表示されれば、終了です。

もし、アンインストールする場合には、installの代わりに「remove」コマンドを使用します。今回は使いません。コマンドの存在だけ覚えておいてください。

途中、「Pending kernel upgrade」の画面が出ることがあります。その場合は、2画面とも Enter キーでOKして進めて下さい(サポートページ参照)。

● ソフトをアンインストールするコマンド

```
nyagoro@yellow: ~$ sudo apt remove [ソフト名]
```

COLUMN

他のサーバー用プログラムをインストールするには?

今回は、Apacheをインストールしましたが、他のサーバーを構築する時には、当然該当するそのソフトウェアをインストールしなければなりません。

ソフトウェアによっては名称に「-server」が付くものや「d」が付くものなど少し変わったものもあります。インストール時には正しいソフトウェア名をインターネット等で確認してから入れましょう

ソフト名	インストール時	種類
Postfix	postfix	メールサーバー
Dovecot	dovecot-common、dovecot-imapd	メールサーバー
ProFTPD	proftpd	FTP サーバー
MariaDB	mariadb-server	データベースサーバー
PostgreSQL	postgresql	データベースサーバー
dhcp	isc-dhcp-server	DHCP サーバー

なお、すべてのソフトウェアがそのままaptでインストールできるわけではありません。

4-3-3 インストールが成功したかどうか確認しよう

Apacheが無事にインストールされたか確かめましょう。

aptでインストールしたことで使えるようになったApacheのapache2コマンドで確認しましょう。Apacheをインストールすると、「apache2」というプログラムがインス

トールされます。このプログラムを「-v」（注6）というオプションをつけて実行すると、そのバージョン番号が表示されます。

確認するには、「apache2 -v」と入力します。次のようにバージョン番号（注7）と作成時の情報が表示されれば、Apacheはインストールできています。

```
nyagoro@yellow:~$ sudo apache2 -v
Server version: Apache/2.4.52 (Ubuntu)
Server built:   2022-03-25T00:35:40
```

COLUMN

HTTPSの利用

HTTPとほぼ同等の用途、Webサーバーとの通信のやりとりで使われるものにHTTPSがあります。HTTPSはHTTPとほぼ同等の通信を暗号化した状態で行います。そのためHTTPよりセキュアとされています。HTTPSの利用にはソフトウェアの設定だけでなく、証明書と呼ばれる情報の取得と管理が必要です。本書では解説していませんが8章で紹介するサービスにはHTTPSを取得できるものもあります。こちらを参考にするといいでしょう。近年はLet's Encryptという証明書取得サービスが人気です。

（注6）「-v」の「v」は「version」の略です。必ずそうであるという決まりはありませんが、ほとんどのプログラムは、「-v」というオプションを指定すると、バージョン番号を表示して終了するのが慣例です。

（注7）バージョン番号は時期によって異なります。

4-4 Apacheを起動しよう

Apacheをインストールできたら、起動させます。ソフトウェア（デーモン）を起動させるsystemctlはLinuxの重要コマンドです。

4-4-1 systemctlコマンド

サーバー上で常時動くソフトウェア（デーモン）を始動させるには、「systemctl」コマンドを使用します(注8)。このコマンドは、Linuxのシステムの操作全体に関わる「systemd」というプログラムを操作するコマンドです。起動以外にも、マシンの電源を切ったり、再起動したりする時にも使えます。systemctlコマンドもオプションやサブコマンドがあります。

● systemctl コマンドの基本形

```
nyagoro@yellow: ~$ sudo systemctl [オプション] [サブコマンド] [ソフト名]
```

●主なオプション

--state	指定したステータスのものだけ表示する
-a、--all	すべて表示する
--no-reload	enable や disable が指定されてもリロードしない
--runtime	enable や disable の設定を一時的なものとする

●主なサブコマンド

概要	サブコマンド
サービスの起動／停止	start/stop
サービスの再起動／再読み込み	restart/reload
サービス自動起動のオン／オフ	enable/disable
サービス自動起動の確認	is-enabled
サービスの状態取得	status
サービスの一覧を表示	list-units
サービスとポートの対応を表示	list-sockets

TIPS （注8）Ubuntu15.04より前のバージョンでは、サービスを始動させる場合には「service」、自動起動の設定には「chkconfig」など、別のコマンドが設定されており、Ubuntu Server 22.04 LTSでも使えますが、いつまで使えるのかはわかりません。これからは、「systemctl」に切り替えていった方が良いでしょう。

実行中かどうか調べる	is-active
設定値（属性）を表示する	show
マシンを再起動	reboot
マシンを停止	halt
マシンの電源を切る	poweroff
実行レベル（ランレベル）の取得	get-default
実行レベル（ランレベル）を切り替える	isolate

COLUMN

systemctlコマンドとserviceコマンド

パソコンやサーバーのマシンが起動する時は、起動と同時に常駐ソフトウェア（デーモン）も立ち上がります。

特に、サーバーのマシンでは、WebサーバーソフトやDBサーバーソフトなどのサーバーソフトのほか、キーボード入力やモニターへ画面出力をするプログラムなど、様々なデーモンが起動します。

Ubuntu14.04 LTSまでは、その機能を「init」というプログラムが担当していました。

initでは起動する時に「ランレベル（実行レベル）」という数値で、どの状態まで起動したのかを判断し、そのランレベルごとに、サービスと呼ばれるプログラムを実行します。

しかし、Ubuntu Server 15.04からは、「systemd」というプログラムで、起動するプログラムを管理するようになり、「ユニット（unit）」と呼ばれる単位で、依存関係も含めてプログラムの起動を管理します。

また他に、ディスクを特定のディレクトリに関連付けるマウントや、特定のディレクトリにファイルが置かれた時にプログラムを実行する、タイマーでプログラムを起動するなど、便利な機能が加わりました。

これだけであれば、内部的な話なので、我々にあまり関係がないように思えるかもしれませんが、これらの管理プログラムが変わったのに伴い、コマンド類も変更になりました。特に、「service」「chkconfig」など、今までバラバラだったコマンド類が、「systemctl」としてまとまったのは大きいでしょう。

互換性のため、Ubuntu Server 22.04 LTSでも古いコマンドは使用できますが、これは古いコマンドが残っているのではなく、「systemctl」コマンドの別名として設定されているため、古いコマンドを実行しても、実際には「systemctl」コマンドが実行されています。

会社の資料や、先輩から教えてもらったコマンドがinit系の場合でも、将来、こうした設定はなくなるかもしれないので、新しいコマンドで覚えた方が良いでしょう。

このsystemdとinitですが、Red Hat系OSでも同じコマンドがあり、Ubuntuと同じように動作します。パッケージのインストールはaptとyumといったように通常はディストリビューションが異なるとそのコマンドも異なるのですがこれはなぜでしょう。実はこの「systemd」や「init」はLinuxの中心プログラムである「カーネル」に非常に近い位置にあるプログラムであり、「カーネル」が「systemd」や「init」を起動し「systemd」や「init」が各ディストリビューションであるUbuntuやRed Hatのコマンドを起動するという流れになっています。そのため、「systemd」や「init」のコマンドが共通であっても不思議ではないのです。

「systemd」はレナート・ポッターリング氏とケイ・シェバース氏によって開発されましたが、「systemd」の開発によりこれまではOS起動時にすべてのサービスを起動させていたのを、必要なものだけを起動させるようにしてOSの起動時間の短縮を図るなどOSの効率化が推進されました。

4-4-2 ソフトウェア（サービス）を始動させるsystemctlコマンド

それではApacheを起動させましょう。

やってみよう Apacheを始動させよう

systemctl start [ソフト名]でサービスを起動できます。ソフト名は、インストールの時と同じく「apache2」です。sudoで実行します。

● ソフトウェアを始動させるコマンド

```
nyagoro@yellow: ~$ sudo systemctl start [ソフト名]
```

```
nyagoro@yellow: ~$ sudo systemctl start apache2
```

コマンドを実行しても、見た目上特に何か起こるわけではありません。失敗した場合には、「Failed to start ●●●.service: Unit not found.」のように通知されます。無事に始動させたかどうかは、ステータスを確認する必要があります。

停止させる時のコマンドも一緒に覚えてきましょう。「stop」を使います。

● ソフトウェアを停止させるコマンド

```
nyagoro@yellow: ~$ sudo systemctl stop [ソフト名]
```

4-4-3 起動しているかどうか確認しよう

Apacheが無事に起動しているかどうか調べてみましょう。

やってみよう Apacheが起動しているかどうか調べてみよう

サービスの状態を確認するには、やはり「systemctl」コマンドを使います。サブコマンドは「status」です。sudoで実行します。

● ソフトウェアを始動させるコマンド

```
nyagoro@yellow: ~$ sudo systemctl status [ソフト名]
```

```
nyagoro@yellow:~$ sudo systemctl status apache2
● apache2.service - The Apache HTTP Server
     Loaded: loaded (/lib/systemd/system/apache2.service; enabled; vendor
prese>
     Active: active (running) since Sun 2022-05-22 01:40:55 UTC; 13min
ago
       Docs: https://httpd.apache.org/docs/2.4/
    Process: 625 ExecStart=/usr/sbin/apachectl start (code=exited,
status=0/SUC>
   Main PID: 750 (apache2)
      Tasks: 55 (limit: 1034)
     Memory: 8.0M
        CPU: 65ms
     CGroup: /system.slice/apache2.service
             tq750 /usr/sbin/apache2 -k start
             tq757 /usr/sbin/apache2 -k start
             mq758 /usr/sbin/apache2 -k start

May 22 01:40:51 yellow systemd[1]: Starting The Apache HTTP Server...
May 22 01:40:55 yellow apachectl[666]: AH00558: apache2: Could not
reliably det>
May 22 01:40:55 yellow systemd[1]: Started The Apache HTTP Server.
```

コマンドを実行すると、ステータスが表示され、「Active: active (running)」と記載された行が出てきます。動いている場合は、このように「active (running)」と表示され、動いていない場合は、「inactive (dead)」となります。動いていることはひとまず確認できました。

プロンプトに戻るには Ctrl + C もしくは q キーを入力します。

4-4-4 自動起動するように設定しよう

Apacheの起動は無事できました。今回インストールしたApacheは通常はインストールと同時に自動起動する設定になっていますが、こうしたサービス（＝デーモン）をインストールした場合には設定を必ず確認しましょう。

自動起動しないと、何らかの理由で、サーバー自体が停止したり、電源が落ちたりした場合に、サーバーを再起動させても、そのサービスは自動的に起動しません。自動起動する設定を確認してみましょう。

やってみよう Apacheが自動起動するように設定しよう

自動起動になっているか調べるには、「is-enabled」サブコマンドを用います。ソフト名を指定して、「enabled」と表示されれば有効です。sudoで実行します。

```
nyagoro@yellow:~$ sudo systemctl is-enabled apache2
enabled
```

自動起動の設定に「disabled」が表示されたら、自動起動の設定が必要になります。自動起動設定を有効にしましょう。この操作はサーバー操作でも重要な部分です。すでに有効になっていても無効化、有効化の操作を練習しましょう。

● ソフトウェアを非自動起動に設定するコマンド

```
nyagoro@yellow:~$ sudo systemctl disable [ソフト名]
```

```
nyagoro@yellow:~$ sudo systemctl disable apache2
Synchronizing state of apache2.service with SysV service script with /
lib/systemd/systemd-sysv-install.
Executing: /lib/systemd/systemd-sysv-install disable apache2
Removed /etc/systemd/system/multi-user.target.wants/apache2.service.
nyagoro@yellow:~$
```

● ソフトウェアを自動起動に設定するコマンド

```
nyagoro@yellow:~$ sudo systemctl enable [ソフト名]
```

```
nyagoro@yellow:~$ sudo systemctl enable apache2
Synchronizing state of apache2.service with SysV service script with /
lib/systemd/systemd-sysv-install.
Executing: /lib/systemd/systemd-sysv-install enable apache2
Created symlink /etc/systemd/system/multi-user.target.wants/apache2.
service → /lib/systemd/system/apache2.service.
```

4-5 IPアドレスを確認しよう

ブラウザでWebサイトを閲覧する場合、URLを打ち込んでそのサーバーにアクセスしますが、その設定ができていないので、IPアドレスでアクセスします。

4-5-1 IPアドレスとドメイン

普段、Webサイトを閲覧する時には、検索などもありますが、URLを入力してアクセスできます。これはDNSという仕組みを使っています。

本来、サーバーがネットワーク上のどこに存在するかという情報を表すのは、IPアドレスです。118.11.XX.XXXのような数字の組みあわせであらわされます。すべてのIPアドレスは、他と被ることなく、一意の組み合わせを持ちます(**グローバルIPアドレス**)。

会社などで、一つのIPアドレスを複数のクライアントやサーバーで共有していることもありますが、共有しているもの同士で、更にIPアドレスが振られている(**プライベートIPアドレス**)ため、どのマシンであるか特定できるわけです。

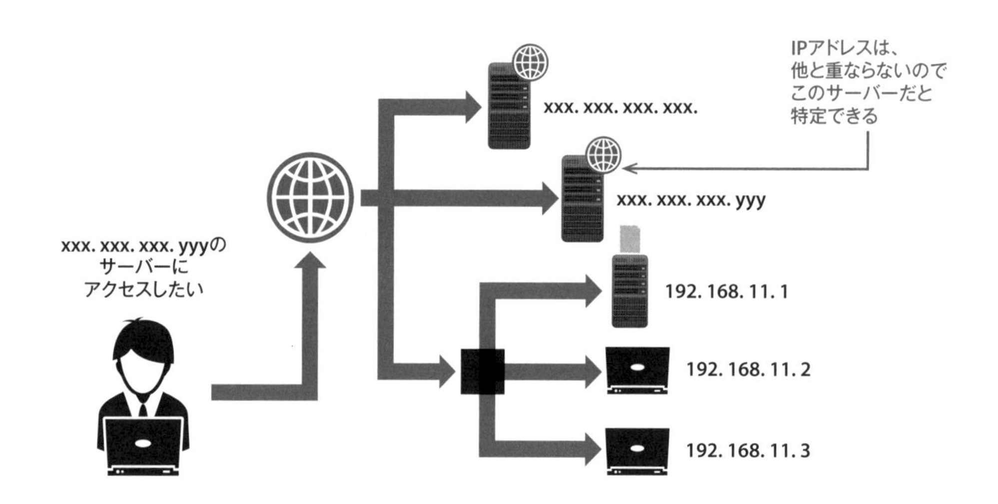

ただ、このようなIPアドレスは、アクセスするのに不便です。そのため人間が認識しやすい文字列でのアクセスを実現するのが、DNSであり、特定の文字列(ドメイン)と、IPアドレスを紐付けています。ドメインは、サーバーの名前です。

一般的に、「https://gihyo.jp/book/」というURLであれば、「gihyo.jp」の部分がドメインです。

DNSの仕組みについて、書籍のサポートサイトで取り上げます。

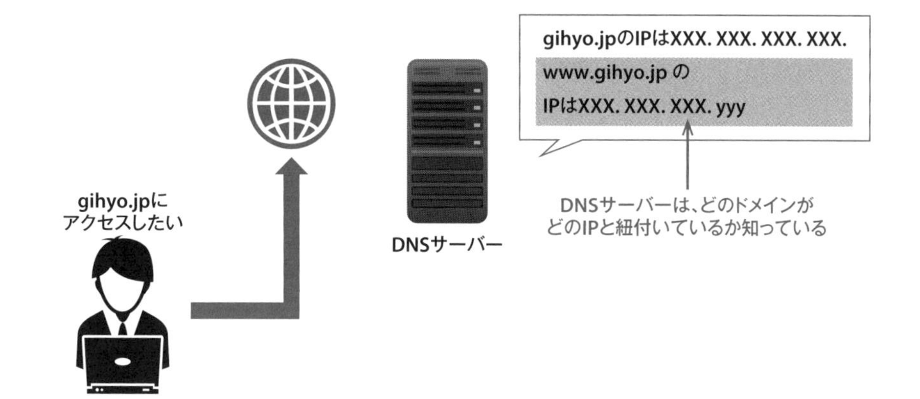

4-5-2 IPアドレスを調べよう

本書ではDNSの設定は行わないため、IPアドレスでアクセスします(注9)。そのためには、IPアドレスが必要ですからここでIPアドレスの確認方法を覚えておきましょう。

なお、VirtualBox上のIPアドレスなので、このアドレスはプライベートIPアドレス(自分のパソコンやネットワーク内からだけアクセスできるアドレス)です。

やってみよう IPアドレスを確認してみよう

IPアドレスを確認する「ip」(注10)コマンドは、「対象(オブジェクト)」として、「address」を指定します。「address」は、「a」や「addr」と省略形で記述することもできます。

オプションや、サブコマンドもありますが、指定しなくても実行できます。

● IP アドレスを確認するコマンド

```
nyagoro@yellow: ~$ ip [オプション] [対象（オブジェクト）] [サブコマンド]
```

```
nyagoro@yellow:~$ ip a
1: lo: <LOOPBACK,UP,LOWER_UP> mtu 65536 qdisc noqueue state UNKNOWN group
default qlen 1000
    link/loopback 00:00:00:00:00:00 brd 00:00:00:00:00:00
    inet 127.0.0.1/8 scope host lo
       valid_lft forever preferred_lft forever
    inet6 ::1/128 scope host
```

(注9) 「~.jp」などのドメインの取得・利用に興味のある人は8章で紹介するサービスを調べてください。

(注10) 従来、IPアドレスの確認と言えば、「ifconfig」という有名なコマンドだったのですが、こちらもUbuntu15.04から「ip」コマンドに変わりました。「ifconfig」などの「net-tools」系コマンドは、init系コマンドとは違って、別名としても登録されていないので、Ubuntuのパッケージによっては使用できません。

```
       valid_lft forever preferred_lft forever
2: enp0s3: <BROADCAST,MULTICAST,UP,LOWER_UP> mtu 1500 qdisc fq_codel
state UP group default qlen 1000
    link/ether 08:00:27:cf:18:bb brd ff:ff:ff:ff:ff:ff
    inet 192.168.10.112/24 metric 100 brd 192.168.10.255 scope global
dynamic enp0s3
       valid_lft 86274sec preferred_lft 86274sec
    inet6 fe80::a00:27ff:fecf:18bb/64 scope link
       valid_lft forever preferred_lft forever
```

IPアドレスは、ネットワークの通信口ごとに設定されます。上の例だと、「1: lo:」「2: enp0s3:」と表示されています。「lo」は自分自身と通信するための通信口で、ループバックと呼ばれる特殊なものです。このIPアドレスはいつでも127.0.0.1固定で、他のコンピュータから接続するときには使えません。

「enp0s3」が他のコンピュータとの通信口です。ただし「p0」と「s3」の部分は環境によって変わる番号なので、「enp1s1」など別名になることもあります。

割り当てられているIPアドレスはinetという部分にIPアドレスが表示されます。上記の表示であれば「192.168.10.112」です。これも環境によって違う値です。忘れないようにメモしておきましょう(注11)。

COLUMN

WindowsでIPアドレスを確認する

皆さんがクライアントとして使用しているWindowsパソコンも、ネットワークにつながっているのであれば、IPアドレスが割り当てられています。

こちらは、スタートメニューの[Windows システムツール]から[コマンドプロンプト]を起動し、「ipconfig」と打ち込むことで確認できます。

手軽にできるので、コマンド操作に緊張してしまうなどの場合は、練習してみると良いでしょう。確認後は、「×」ボタンでウィンドウを閉じてしまって構いません。

TIPS （注11）本書の説明通りに進めていれば、このIPアドレスの前半は、VirtualBoxを動かしているWindowsのIPアドレスの前半と合致します。もし、UbuntuのIPアドレスが「10.x.x.x」で、WindowsのIPアドレスが「192.168.x.x」など、大きく異なる場合は、2章の仮想マシンの設定でネットワークアダプターが「ブリッジアダプター」以外の可能性があります。その場合は、設定を確認してください。

4-6 ブラウザから接続してみよう

これでようやくブラウザから見ることができます。デフォルトの「index.html」ファイルが、サーバー上に公開されているか確認してみましょう。

4-6-1 IPアドレスでアクセスする

URLは、サーバーを指定している「ホスト部」と、そのサーバー内にあるディレクトリ名やファイル名を指定している「パス」とに分かれます。

「https://www.mofukabur.com/index.html」というURLであれば、「mofukabur.com」サーバーにある「index.html」ファイルを指定しているという意味です。

IPアドレスでアクセスする場合、URLのドメイン部分（ホスト部分）を、サーバー名ではなく、IPアドレスで指定します。

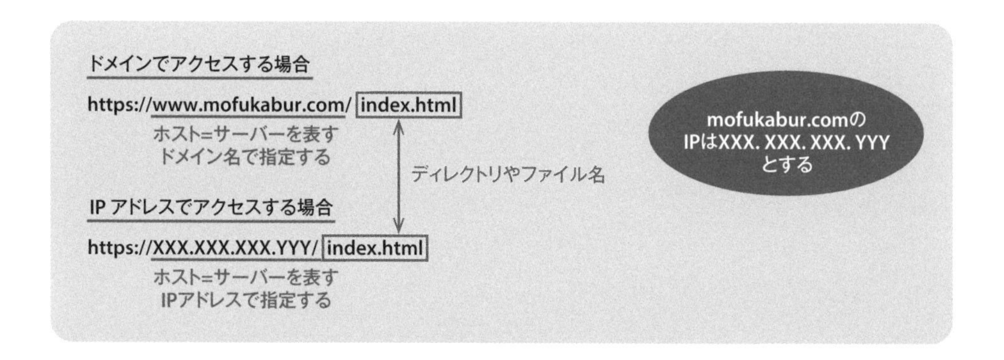

やってみよう IPアドレスでindex.htmlにアクセスしてみよう

まずは、ブラウザを起動します。

起動したら、URL入力欄に、「http://IPアドレス/index.html」と入力して Enter キーで実行します。例えば、調べたIPが、「192.168.10.112」であれば、「http:// 192.168.10.112/index.html」ということです。なお、mofukaburの例は「https」となっていますが、皆さんがアクセスするのは「http」です。httpsでアクセスするにはSSLの設定が必要なので、まずは素のhttpで練習します。

本来なら、Webページをつくってアップロードしないと、コンテンツのない状態になります。ただ、Apacheにはテスト用としてindex.htmlファイルが用意されています。今回はこれにアクセスします。

「index.html」は、「/var/www/html」ディレクトリ（ドキュメントルート）に存在しますが、以下のURLでアクセス可能です(注12)。

調べたIPアドレスが、「192.168.10.112」だった場合

http://192.168.10.112/index.html

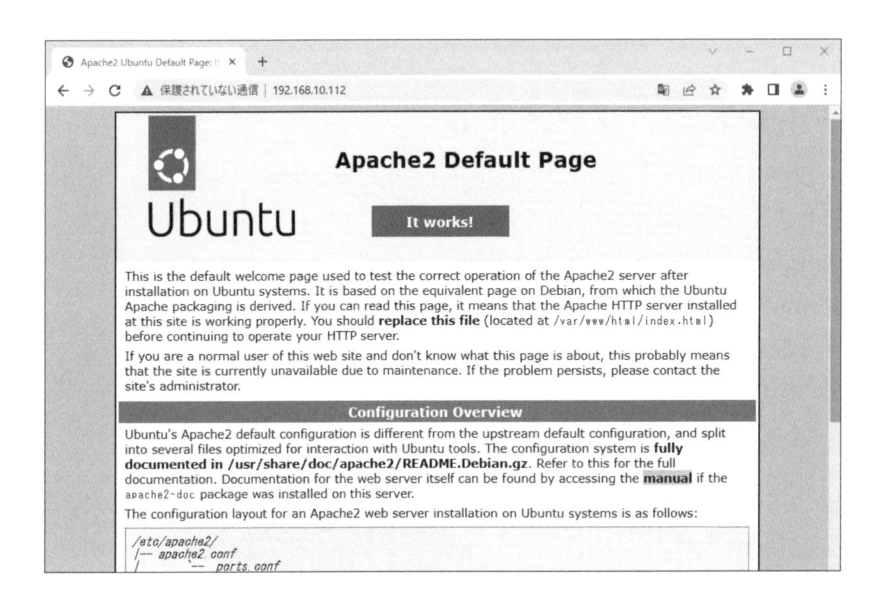

もし、表示されない場合は、仮想マシンのネットワーク設定ファイアウォールの設定(注13)、Apacheが起動しているかどうかなどを確認してください。

要点整理

- ✔ Apache HTTP Serverはaptでインストールする
- ✔ systemdで登録してWebサーバーが自動起動するようにする
- ✔ WebサーバーにはIPアドレスでアクセスしよう

TIPS

（注12）「http://192.168.10.112/var/www/html/index.html」にアクセスしなければならないような気がしますが、ドキュメントルートという「そのディレクトリをルートとして外部に公開するディレクトリ」が、/var/www/htmlとして設定されています（5-5）。そのため、それよりも上位のディレクトリが存在していても、まるでルートのように「http://192.168.10.112/index.html」と記述してアクセスします。

（注13）ファイアウォールの設定はUbuntuの場合、最初から80番と443番があいているはずなので、本書のとおりに進めている場合は原因になりづらいです。ただ「お古」の環境を使っていたり、別のOSを使っている場合は、うたがいましょう。

CHAPTER

5

リモートから操作できるようにしよう

サーバーは、 サーバー機器に直接キーボードやモニタをつなぐのではなく、リモートでの操作を行うことも多いです。
リモートでの操作で代表的なのが、 SSHでの接続です。
この章では、 SSHで接続するために、 サーバー側とクライアント側双方での準備を進めていきます。

5-1 SSHでリモートから操作する

これまでは、サーバーを直接操作してきましたが、この方法では作業がしづらいこともあります。リモートからアクセスしてみましょう。

5-1-1 リモートでの操作

サーバーを作成したら、この後は、サーバーの管理をしたり、設定を変更したりする必要があります。そもそも、現時点ではコンテンツも置いていませんが、本番ではこうしたものもアップロードしなければなりません。

現在は、VirtualBoxで操作しているため、手軽にサーバーにアクセスできますが、サーバーが、顧客の建物やデータセンターなどの、自分の居場所とは別の場所に置かれている場合は、毎回直接操作するのも難しいでしょう。そこでリモート操作（遠隔操作）を使ってみましょう。

リモートで操作するには、**「telnet（テルネット）」プロトコル**を使う方法と、**「SSH（エスエスエイチ）」プロトコル**を使う方法がありますが、telnetは通信が暗号化されていないため、近年は利用されません。基本的にはSSHを使用します。通信が暗号化されていないということは、盗聴された場合に、簡単に情報が漏れてしまうからです。

SSHを使用するためには、サーバー側とクライアント側の両方に、SSHで通信するソフトウェアを入れます。

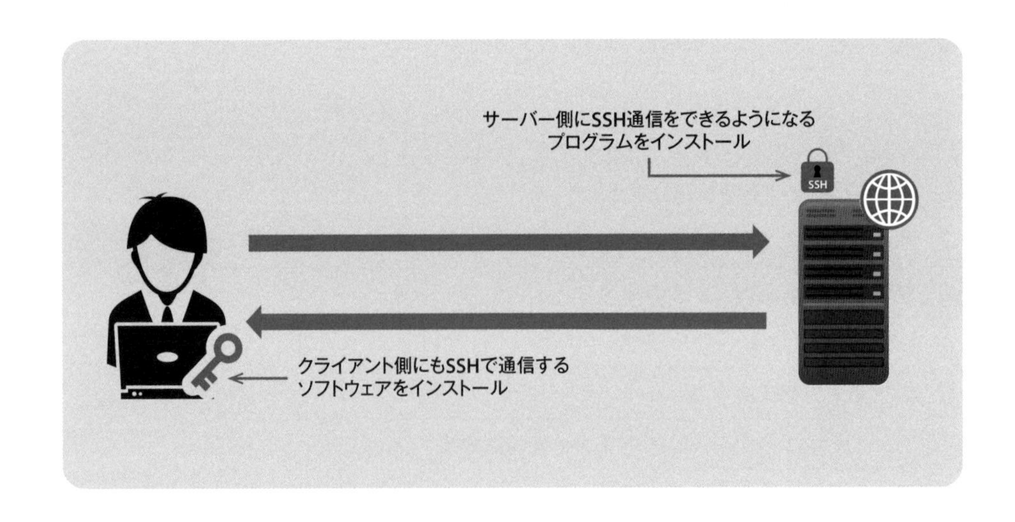

リモート操作には、メリットが多いです。ファイル転送ができるようになりますし、手元のWindowsなどのパソコンで簡単にコピー＆ペーストなどの操作ができます。

例えばエラーが出たときにサーバー側のエラーの内容をコピーしてWebブラウザで検索したり、コマンドをメモしておいてペーストして実行したりということができるようになるのです。

また、複数台のサーバーを操作するときにも便利です。一台のパソコンから複数の通信を行えるので、同時に複数のサーバーの状態をチェックするといった使い方ができます。

本番のサーバー以外に、テストサーバーがある場合は、先にテストサーバーで試して、成功することを確認してから、同じコマンドをペーストして実行できるのは、初心者には心強い味方でしょう。

こうした通信には暗号化が欠かせません。サーバーにSSHでの通信機能を持たせることを「SSHサーバーを立てる」などといいます。あまりピンと来ないかもしれませんが、「サーバーに何かの機能を追加すること」は、「○○サーバーとなること」と同じです。FTPの機能を持たせた場合は「FTPサーバー」として、telnetの機能を持たせた場合は、「telnetサーバー」としても働くようになるのです。一台のサーバー機器に複数のサーバー機能を持たせています。

COLUMN

SSHとは

SSHとは、「Secure Shell（セキュアシェル）」の略です。

「Shell（シェル）」とは、3章で簡単に説明しましたが、サーバー上で動き、コマンドを受け取って実行するプログラムのことです。

「#」や「$」などのプロンプトを表示しているのもシェルの働きです。

つまり、通信を暗号化して、こうしたプロンプトを通じたやりとりをセキュアにするのが、SSHの役割なのです。

5-2 サーバー側のSSHの準備

SSHを使えるようになるためには、サーバー側にソフトウェアをインストールする必要があります。最近では既に用意されていることも多くなっています。

5-2-1 サーバー側のSSHの準備をしよう

SSHの準備をしましょう。

サーバーには、「openssh-server（オープンエスエスエイチサーバー）」というソフトウェアを入れ、クライアントには「Tera Term（テラターム）」や「PuTTY（パティ）」などのソフトウェアをインストールします。

Apacheをインストールした流れは覚えているでしょうか。

SSHサーバーを立ち上げる場合も、基本的には同じです。インストール後に、スタートさせ、自動起動の設定をします。SSHのポート（ポート22）も開ける必要があります。

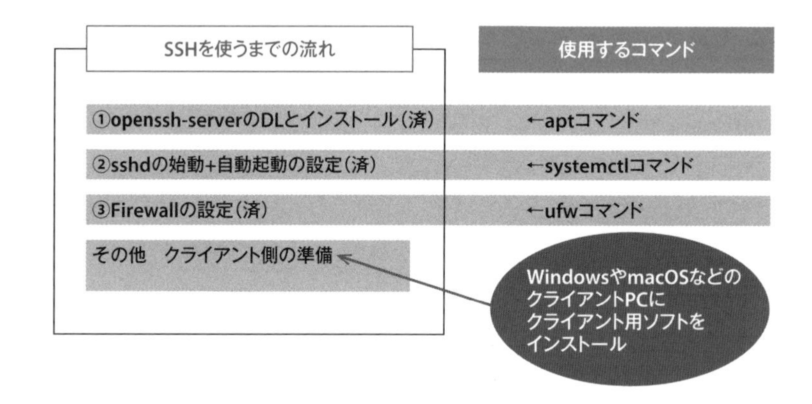

ただし、今回のようにubuntuインストール時にopenssh-severにチェックをしていれば、デフォルトでSSHは用意されているので、上記の①～③までの設定は済んでいます。ですから、クライアント側の準備だけすればすぐにSSHを使い始めることができます。

5-2-2 SSHのインストール

今回必要なのは、クライアント側からの準備のみであり、**サーバー側の準備は必要ありません**が、状況によっては、インストールしなければならないこともあります。

その場合は、次のような手順で行います。なお実際は安易にSSHをアンインストールしたり、停止させたりすると、接続自体が切れてしまうので、注意してください。

①SSHをインストールするコマンド(今回は設定済なので操作不要)

```
nyagoro@yellow: ~$ sudo apt install openssh-server
```

インストールは、「apt install」コマンド、パッケージ名は「openssh-server」です。opensshにはクライアントもあるのでそちらをまちがえて入れないようにして下さい。

コマンドが実行されると、Apacheの時と同じように、「Is this ok [y/d/N]:」と聞かれるので、「y」と答えて Enter キーを押します。

インストールがはじまり、プロンプトが戻ってくれば、終了です(注1)。

②SSHを始動させるコマンド(今回は設定済)

```
nyagoro@yellow: ~$ sudo systemctl start ssh
```

インストールしただけでは、ソフトウェアは動いていません。スタートするには、「systemctl start」コマンドを使います(注2)。コマンドを実行しても、特に何か起こるわけではありません。ただ、失敗した場合には、エラーが表示されます。何も表示されなければ、成功しています。

停止させる場合は、「systemctl stop」です。安易に停止するとSSHが利用できなくなってしまうので実際のサーバー利用時は注意してください。

ソフトウェアが無事に起動しているかどうかは、「systemctl status ssh」で確認します。「Active: active (running) since」と表示されていれば、稼働しています。

コマンドプロンプトに戻るには Ctrl + C もしくは q (小文字のQ)を入力します。

● sshdの稼働状況を調べるコマンド

```
nyagoro@yellow:~$ systemctl status ssh
● ssh.service - OpenBSD Secure Shell server
     Loaded: loaded (/lib/systemd/system/ssh.service; enabled; vendor
preset: enabled)
     Active: active (running) since Sun 2022-05-22 10:53:28 UTC; 24min ago
       Docs: man:sshd(8)
             man:sshd_config(5)
    Process: 706 ExecStartPre=/usr/sbin/sshd -t (code=exited, status=0/
```

(注1) すでにSSHがインストールされている場合、aptコマンドで、apt install openssh-serverと入力すると、更新プログラムが見つかることがあります。その場合は、更新します。
更新するものが何もない場合は、openssh-server is already the newest versionと表示されます。

```
SUCCESS)
   Main PID: 759 (sshd)
      Tasks: 1 (limit: 1034)
     Memory: 7.8M
        CPU: 57ms
     CGroup: /system.slice/ssh.service
             mq759 "sshd: /usr/sbin/sshd -D [listener] 0 of 10-100
startups"
（中略）
lines 1-19/19 (END)
```

なお、「systemctl status ssh」ではなく、「systemctl status」と入力した場合、他のものも含めて大量の結果が出てしまう場合があります。

その場合には、Ctrl ＋ C もしくは q で元のプロンプト画面に戻りましょう(注3)。

③ SSHを自動起動に設定するコマンド（今回は設定済）

```
nyagoro@yellow: ~$ sudo systemctl enable ssh
```

このままでは、サーバーが再起動するたびに、sshが停止してしまうので、自動で起動するように設定します。「systemctl enable」コマンドを使用します。

自動起動しているソフトウェアは、「systemctl is-enabled」で確認できます。

自動起動を止める場合は「systemctl disable」です。

④ SSHの通信を許可するコマンド（今回は不要）

```
nyagoro@yellow: ~$ sudo ufw allow 22/tcp
```

さらにファイアウォールを構成して、SSHの通信を許可します。

ufwコマンドを使って、SSHのポート番号（ポート22）を開けます。デフォルトではファイアウォール自体が動作していないので、ここでは設定不要です。

TIPS

（注2）UbuntuでのSSHのサービス名はsshです。sshdもAliasとして残っているので使用できますが、一部コマンドはsshでなければ通らないため、sshで覚えるようにしましょう。

（注3）間違えて Ctrl ＋ Z キーを押すと、コマンドがバックグラウンドに切り替わり、「[1]+ stopped system statius」と表示されます。この場合、「fg 1」と入力すると、元に戻るので、そこで改めて、Ctrl ＋ C キーを押してください。

5-3 クライアント側のSSHの準備

SSHを使用するには、クライアント側にもソフトウェアをインストールします。導入すれば、パソコンからも、スマートフォンからも、操作できるようになります。

5-3-1 クライアント側のSSHの準備をしよう

クライアント側[注4]のSSHの準備をしましょう。
パソコンではなく、スマホやタブレットなどで接続することも可能です。

●代表的なソフトと特徴

OS	ソフトウェア	特徴
Windows	Tera Term (テラターム)	日本人作者によるターミナルソフト。日本で愛好者が多い
	PuTTY (パティ)	代表的なWindowsのSSHクライアント。利用者がとても多く、このソフトウェアを前提に解説しているドキュメントも多い
	Rlogin (アールログイン)	日本人作者によるターミナルソフト。マルチウィンドウ操作しやすいのが特徴。複数のサーバにアクセスする必要がある管理者に人気が高い
macOS/Linux	標準	macOSやLinuxの場合、標準でsshコマンドが用意されているので、それを利用することが多い
iOS	Termius (テルミヌス)	iPhoneやiPadでSSHするときの定番。App Storeで購入できる。 昔はServerauditorと呼ばれていた。
Android	ConnectBot (コネクトボット)	昔からあるSSHソフト。オープンソースであるのが特徴。Google Playで入手できる
	JuiceSSH (ジュースSSH)	端末間で設定情報を共有できるなど。多機能なSSHソフト。Google Playで入手できる

今回は、Windowsパソコンから「Tera Term (テラターム)」を使用してアクセスします。どのソフトウェアを使うのかは、個人の好みですが、機能に大きな差はないので、情報を得やすいものを選ぶと良いでしょう。

5-3-2 Tera Termのインストール

それでは、Tera Termをインストールしましょう。

TIPS (注4) クライアントの端末として使うパソコンは、WindowsでもMacでもLinuxでも構いません。どのOSにもソフトウェアがあります。

VirtualBoxはそのままにして、Windowsのパソコン（ホスト）に戻ります。

Windowsの操作に戻るには、右側の Ctrl キー（以下、右 Ctrl キーと記す）を押します。右側に Ctrl がない場合は、「Fn キー」を押しながら左 Ctrl を押すなどすると、右側の Ctrl と見なされる機種もあります。機種毎に異なるので、調べておきましょう。

やってみよう → TeraTermのインストール

Windowsパソコンでの操作です。VirtualBox内ではないので注意してください。

Step1 ファイルをダウンロードする

配布サイトの「Tera Term」ページ内にある「ダウンロードファイル一覧」から最新版をダウンロードします。本書執筆時では、「teraterm-4.106.exe」です。

```
オープンソース・ソフトウェアの開発とダウンロード - OSDN
https://ja.osdn.net/projects/ttssh2/
```

Step2 ファイルのインストールする

ダウンロードしたファイルをクリックして実行します。警告が表示されたら［はい］をクリックしてください。

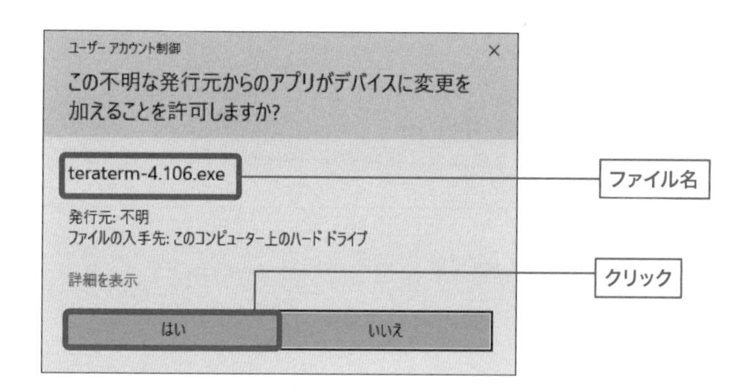

Step3 日本語を選ぶ

セットアップ時の言語の選択です。「日本語」を選び、「OK」をクリックします。

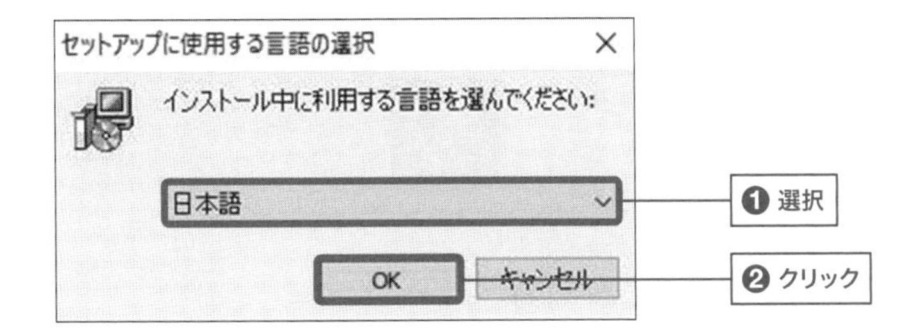

Step4 使用許諾契約書に同意する

「同意する」を選び、「次へ」をクリックします。

Step5 インストール先の指定

インストール先フォルダを指定します。デフォルトのままで良いでしょう。「次へ」をクリックします。

Step6 コンポーネントの選択

何をインストールするのかを決めます。標準インストールで進めましょう。
SSH機能は「TTSSH」です。チェックを確認し、「次へ」をクリックします。

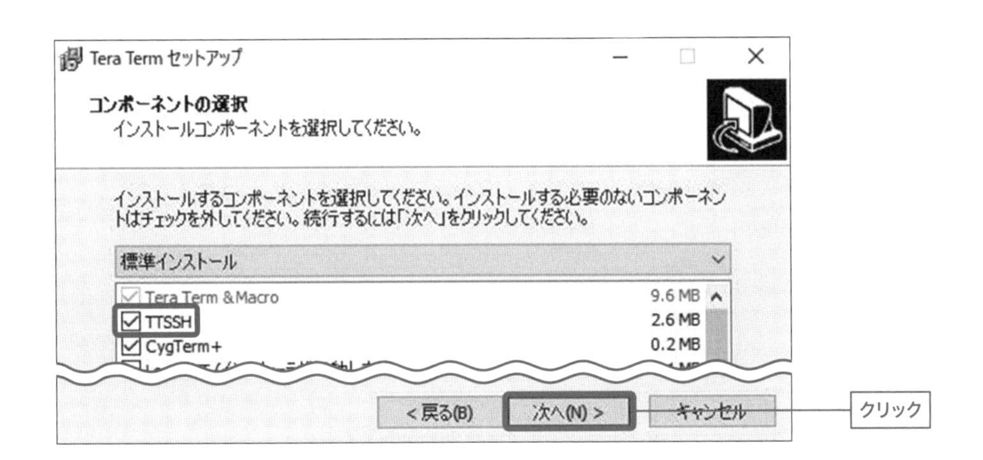

Step7 言語の選択

ソフトウェアの言語を選択します。日本語を選択し、「次へ」をクリックします。

Step8 プログラムグループの指定

デフォルトのまま進めます。「次へ」をクリックします。

Step9 追加タスクの選択

ショートカットを作るなど追加タスクを選びます。そのまま進めます。

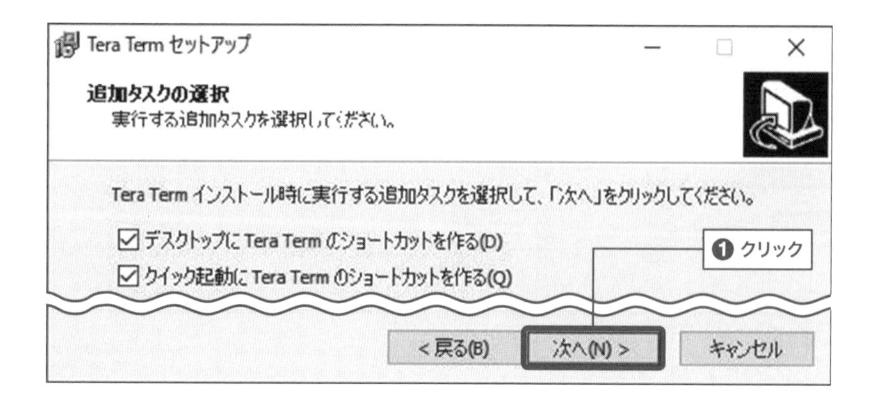

Step10 インストール準備の完了

「インストール」をクリックします。

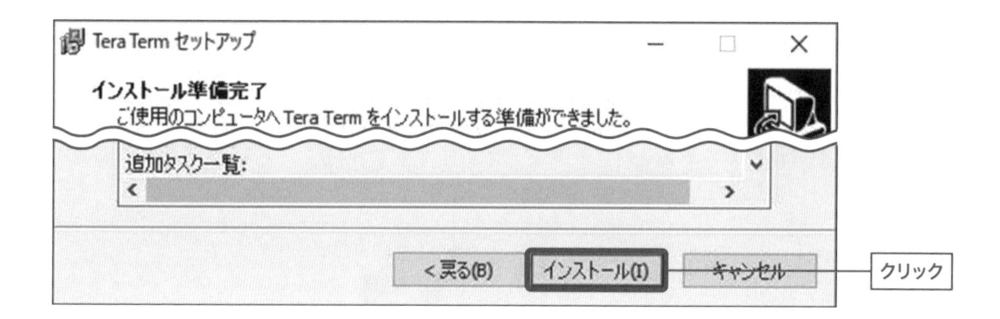

Step11 インストールの完了

インストールが完了したら、「完了」をクリックして、終了させます。

5-4 SSHで接続する

双方の準備ができたところで、接続してみます。接続には、IPアドレスと、ログイン情報が必要です。

5-4-1 Tera Termで実際に接続してみよう

実際に接続してみましょう。接続には、IPアドレスが必要です。もしIPアドレスを忘れてしまっている場合は、4章で説明したように「ip a」コマンドで確認しましょう。このときWindowsパソコン（ホスト側）で操作している場合は、VirtualBoxのウィンドウをクリックしコントロールを戻します。

● IP アドレスを確認するコマンド

```
nyagoro@yellow: ~$ ip a
```

本書では、IPアドレスは「192.168.10.112」としています。

① Tera Termの設定をする

TeraTermの設定をします。Windowsパソコン（ホスト側）で操作するので、IPを確認した場合は、右 Ctrl キーで再びホスト側に戻ってください。

①スタートメニューからTeraTermを立ち上げたら、接続の設定画面が表示されます。
②「ホスト」の部分にIPアドレスを入力し、TCPポートは「22」とします。
③サービスは「SSH」を選んでください。
④選択し終わったら、「OK」をクリックします。

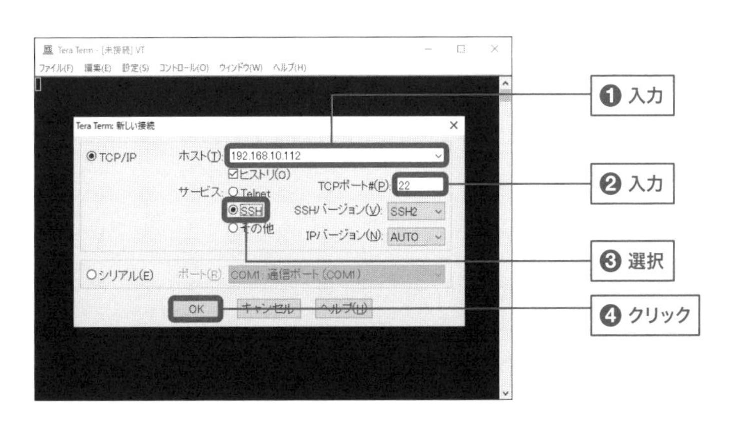

known_hostsに追加するかどうか聞かれた場合は、追加を選んでください。

これは、サーバーの特徴を示すデータで、前回の接続先と変わってしまったかどうかに気づくための仕組みとして使われているものです。

既知のホストとして登録することで、次回以降のチェックに役立てます。

②ログインする

SSH認証の画面が出てきたら、初期ユーザー（nyagoro）のユーザー名とパスワードを入力して[OK]をクリックします。これでログインします。

●rootのユーザー名とパスワード

ユーザー	ユーザー名	本書でのパスワード
一般	nyagoro	nyapass00

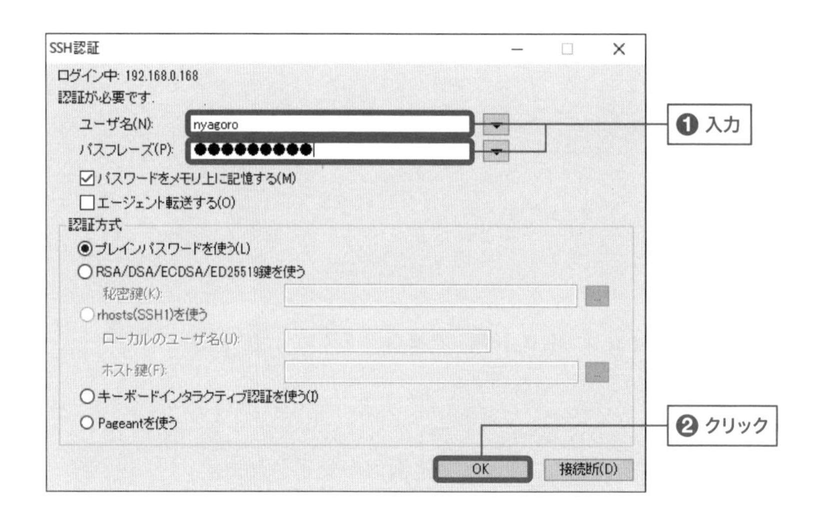

5-4-2 Tera Termで操作してみよう

Tera Termでログインすると、VirtralBoxと同じコマンドを入力する画面が出てきます。コマンドプロンプトも同じで、いつもどおり操作できます。

lsコマンドなど、大きな影響のないコマンドで操作を試してみましょう。動作すれば接続は成功です。

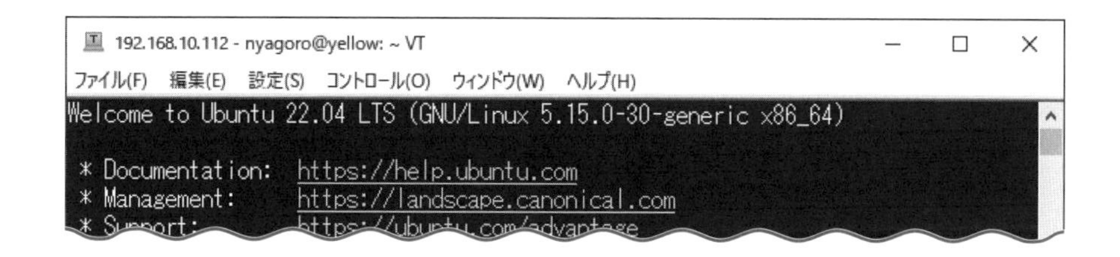

なお、Tera Termなどのリモート接続できるソフトウェアでは、コピー&ペースト機能が実装されていることが多いです。便利なので使っていきましょう。以下はTera Termの例です。Windowsでのショートカットと違うので、注意しましょう。

機能	ショートカット
コピー	Alt+C
貼り付け	Alt+V

COLUMN

公開鍵認証

SSHでログインする場合、ユーザー名とパスワードでログインするのではなくて、鍵となるファイルを作っておき、そのファイルが正しいかどうかを確認することでログインする方法があります。その方法を公開鍵認証と言います。

公開鍵認証では、クライアント側でツールを使って、「秘密鍵（プライベートキー）」と「公開鍵（パブリックキー）」を作ります。これは、それぞれ1つのファイル（文字データ）です。このうち、公開鍵をあらかじめサーバーに登録しておくと、その秘密鍵を使ってログインできる仕組みです。

Tera TermやPuTTYなどのSSHクライアントソフトに、そのツールは含まれています。秘密鍵や公開鍵はファイルに記録するものであり、パスワードに比べて長く、破られにくいのが特徴です。インターネットに公開するサーバーなど、安全を高めたい場合には、使用するとよいでしょう。

公開鍵認証を使ってログインするときは、パスワードを入力する代わりに［RSA/DSA/ECDSA/ED25519認証を使う］を選択して、秘密鍵のファイルを選択します。そしてパスフレーズの部分に、秘密鍵を読み取るために設定したパスワード（これは鍵を作成するときに決めます）を入力します。

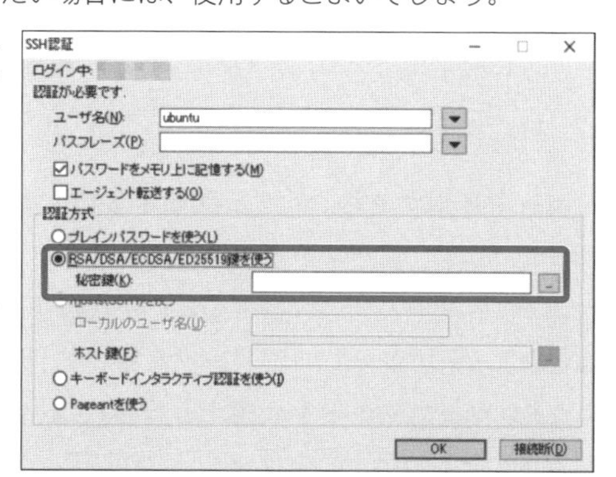

AWS（Amazon Web Services）などクラウドでサーバーを利用するとき、サーバーへのアクセスに公開鍵認証を使用するケースも多く見られます。

5-5 コンテンツを配置する

サーバーに表示用のコンテンツを配置します。コンテンツを置くにはクライアントパソコンで作成したデータを転送する方法と、直接作ってしまう方法があります。

5-5-1 コンテンツの配置とドキュメントルート

Apacheサーバーを立て、SSHを使ってリモートからアクセスできるようになりましたが、まだ大きな作業が残っています。それはコンテンツの配置です。皆さんが普段見ているWebサイトは、HTMLファイルや画像ファイルで構成されています。Webサイトとして公開するには、これらのファイルをWebサーバーに保存しなければなりません。コンテンツを保存するディレクトリは、**ドキュメントルート**以下です。

ドキュメントルートとは、ウェブサイトのファイルやディレクトリを置く最も上位のディレクトリのことです。

具体的には、「/var/www」ディレクトリの中にある「/html」ディレクトリです。

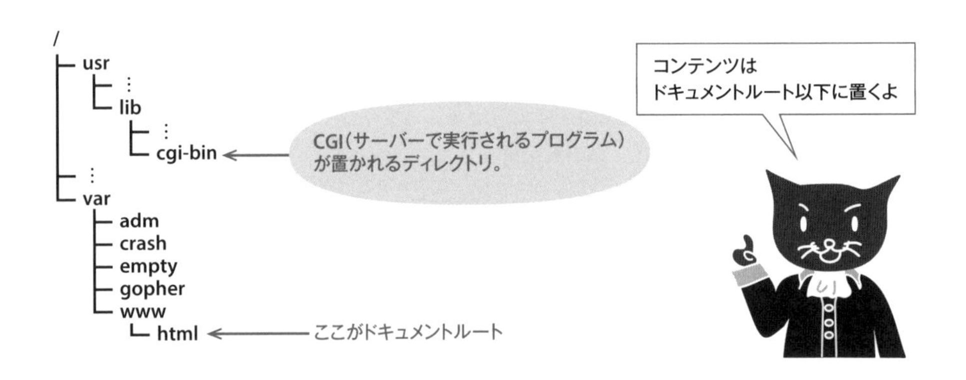

サーバーを運用する場合、ウェブサイトにアクセスしてくるユーザーに触らせたくないプログラムや、設定ファイルが存在します。

また、一つのサーバー（マシン）に、複数のサーバー（ウェブとメールなど）を同居させる場合に、同居させているデータを勝手に見たり弄られたりしては困ります。

そのため、ウェブサイトを公開する場合には、公開する内容をすべてドキュメントルートに置き、そこ以外は、デフォルトの設定ではアクセスできないようになっています。

外部からアクセスする時も、本来は、「/var/www/html/」ディレクトリですが、ここをルートとみなして、「/」とURLを表記してアクセスします(注5)。

通常、Apacheをインストールした段階で、ドキュメントルート(/html)も作成されます。「/etc/apache2/sites-available/000-default.conf」の設定ファイルに、次のように、どこのディレクトリがドキュメントルートであるかが記載されています。

```
DocumentRoot /var/www/html
```

もし、何らかの事情でドキュメントルートを変更する場合には、設定ファイルを変更します。特別の事情がなければそのままにします。設定ファイルを変更した場合は、apache2の再読み込みが必要です(sudo systemctl reload apache2)。

COLUMN

reloadとrestartの違い

設定変更を行いその設定を反映させる場合には、設定ファイルを読み込ませるための処理が必要です。systemctlには「reload」と「restart」がありますが、「reload」はサービスを停止させることなく設定ファイルを読み込み、設定を反映させることができます。これはWebサービスのように極力停止させたくないサービスには大変便利な機能ですが、すべての変更が「reload」で対応できるわけではありません。その場合は「restart」を使用し、一度サービスを停止後、再起動させて設定を反映させる必要があります。

この「reload」で対応できるもの、「restart」でないと対応できないものの違いについてはソフトウェア次第であり、またソフトウェアによっては「reload」そのものに対応していないものもあります。

そのため、サーバーを運用する際には「reload」と「restart」の違いを意識し、状況に応じて使い分けるようにします。

TIPS (注5) 例:「/var/www/html/index.html」ファイルは、「/index.html」としてアクセスされます。

COLUMN

Apacheのバーチャルホスト機能

Apacheは1台のサーバーでドメインの異なる複数のサイトを構築できるバーチャルホスト機能があります。この機能を使う時には、サイトごとにドキュメントルートを作成し、そこにコンテンツを入れるようにします。サーバ構築に慣れてきたら、次のステップとしてチャレンジするのも良いでしょう。

5-5-2 コンテンツをサーバーに置く

サーバーにコンテンツを置く（アップロードする）には、クライアント（パソコン）上で作成し、転送する方法と、サーバー上でファイルを作成する方法があります。

サーバー上でファイルを作成する方法では、イラストや写真などの画像ファイルや動画を作成できません。テキストもすべて手打ちで入力していくことになるので、あまり現実的ではないでしょう。「多少の修正はサーバー上でもできる」程度に捉えておきましょう。

①転送方法　FTPを使う

FTPという仕組みを使って、クライアントパソコン上にあるデータをサーバーに転送します。手軽にできるので、よく使用されています。

サーバーにFTPサーバのソフトをインストールし、FTPサーバーとしての機能を備える必要があります。また、クライアントパソコン側に、FTPソフトをインストールし、そのソフトを使って転送します。本書では使いません。

ソフトの機能によっては、パーミッションなどの操作もできます。

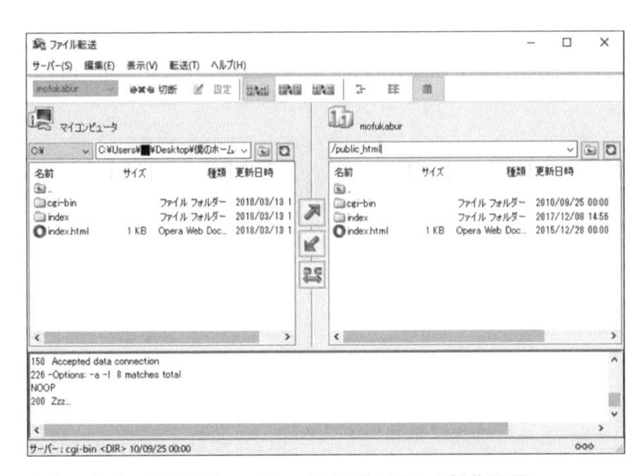

●ホームページビルダー　ファイル転送ソフトの操作画面

②転送方法　SCPやSFTPという機能を使う

FTPと似た仕組みですが、よりセキュリティが高いため、サーバー管理時にはこちらを選択した方が良いでしょう。

転送するという点では同じですが、通信が暗号化されるので、盗聴されにくい仕組みです。SSHを使えるようにしてあれば、使えます。WinSCPやFileZillaなどのFTPソフトに似たソフトをクライアントパソコン側に入れて使用します。Webサーバーでは利用されることの多い手法です。

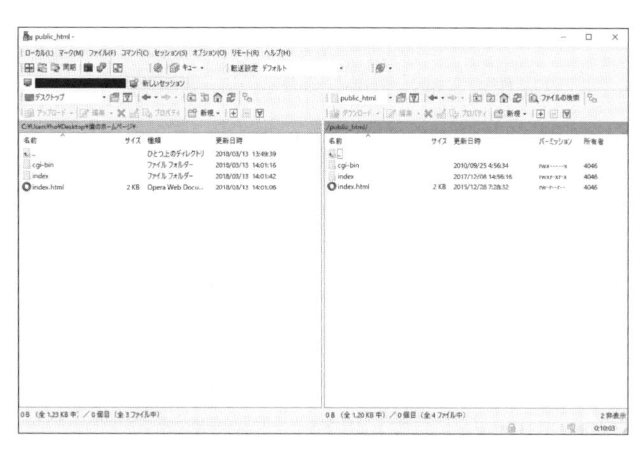

●WinSCPの操作画面

③サーバー上でファイルを編集する

サーバー上でテキストエディタを使う方法です。サーバー上での編集はほとんどテキストしか扱えないため、1からコンテンツを作成するには不向きです。ただ、サーバー上で操作できるので、ちょっとした修正には便利です。日常的に使うことはありませんが、緊急事態の時に知っていると助かります。

サーバで使う代表的なエディタのひとつにvi（ブイアイ、もしくはヴィ）エディタがあります。ほかにも、nano（ナノ）やEmacs（イーマックス）などがあります。

●viエディタ

5-5-3 viエディタでindex0.htmlを編集する

前のページにも書いたとおり、コンテンツをサイトに置くには、FTPや、SCP、SFTPが一般的です。ただ、本書はサーバーの本なので、先にエディタを使う方法を伝授しておきましょう。SCPはこの後に扱います。エディタを使う方法は、コンテンツ配置にはあまり使いませんが、設定ファイルの書きかえなど、他の用途では使われます。知っておくと大きな強みになるでしょう。

それでは、サーバー上でのファイル編集に挑戦しましょう。viエディタを使います。viエディタは、サーバー上でテキストを編集できるテキストエディタです。コンテンツのちょっとした修正だけでなく、設定ファイルの書き換えなどに使用します。

今回は、テストでコンテンツとして置く「index0.html」ファイルを作成します。Apacheインストール時にはデモ用にindex.htmlがすでに用意されています。実際に運用する場合には自分たちで作成したindex.htmlに差し替えますが、本書では確認用としてそのまま残して説明していきます。

viでindex0.htmlではなくindex.htmlを開いた場合にはこのデモ用のファイルが開かれてしまいますから、その際は「:q」で戻りましょう。

viエディタでできることは多岐にわたるため、今回はそのうちの、viエディタの起動から、モードの切り替え、ファイルの保存、テキストの入力を説明します。

● ファイルを指定して vi エディタを起動するコマンド

```
nyagoro@yellow: ~$ vi [ファイル名]
```

viコマンドに続いてファイル名を指定することで、該当ファイルを開きながら、viエディタが立ち上がります。

ファイルが既に存在する場合は、そのファイルの編集ができます。ファイルがない場合は、新規作成されます。

やってみよう viエディタで新しいファイルを作ってみよう

viコマンドに続き、ファイル名を「index0.html」として新規ファイルを編集します。このファイルが、後にサーバーに置くファイルとなります。

ウェブページは、HTMLで記述し、HTML形式で保存するため、ファイル名も「.html」という拡張子をつけています。sudoで実行します。

```
nyagoro@yellow: ~$ sudo vi /var/www/html/index0.html
```

sudoを付けているのは、/var/www/htmlディレクトリに書き込めるのは、rootユーザーだけであるように設定されているためです。

コマンドを入力すると、viエディタの画面になります。「"index0.html" [New File]」のようにファイル名を示す文字列が左下に表示されますが、まだこの時点では入力できませんから、注意してください。

▼左下に表示される文字

```
"/var/www/html/index0.html" [New File]
```

viエディタには「編集モード(インサートモード)」と「コマンドモード」があります。「"/var/www/html/index0.html" [New]」が表示されている状態は、コマンドモードです。コマンド(vi内での命令、今までのコマンドとは別物)は実行できるものの、ファイルの編集はできません。

コマンドモードから編集モードに切り替えて編集を始めます。コマンドモードから編集モードに移行するには、アルファベットの「i」、コマンドモードに戻るには Esc キーを押します。

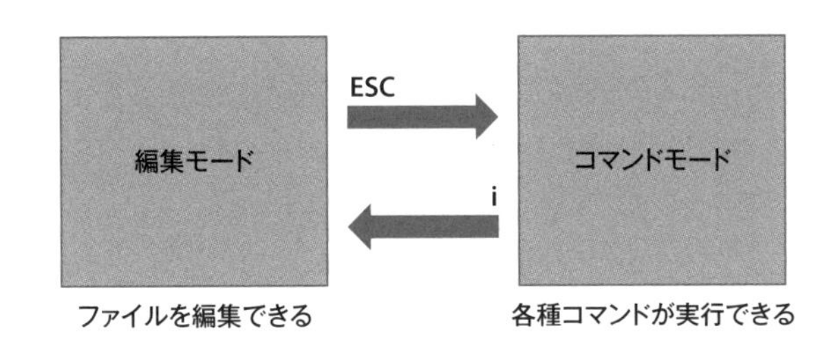

「i」を押して編集モードに移動してください。すると「-- INSERT --」の文字が左下に表示されます。

▼左下に表示される文字

```
-- INSERT --
```

入力ができるようになったので、htmlファイルを作ります。

htmlは、<html>から</html>で囲んだ内容が表示されます。本来は、他にも様々なタグが存在しますが、今回はテストページなので簡単に<html>タグだけを使います。表示させる本文の内容は「testpage welcomc!」とします(注6)。

TIPS　(注6) 本来はDOCTYPE宣言が必須ですが割愛します。

```
<html>testpage welcome!</html>
```

タグを入力したら、[Esc]キーでコマンドモードに戻り保存します。

編集モードでは、あくまで編集しかできません。保存はコマンドモードで行います。

保存は、「:w」と入力します。保存できると、左下にファイル名と行数などの情報と「written」の文字が表示されます(注7)。

▼左下に表示される文字

```
"/var/www/html/index0.html" 1L, 31B written
```

これでindex0.htmlに「testpage welcome!」と書かれ、保存されました。保存したら「:q」でエディタを終了します。

作成したファイルがあるかどうかは、lsコマンドで確認できます。以下の場所にファイルがあるかどうか確認してみましょう。

```
ls -al /var/www/html/
```

また、作成されているのならば、4-6節で学習したとおり、「http://IPアドレス/index0.html」のURLでもアクセスできるはずです。確認してみましょう。IPアドレスは自身の環境にあわせて下さい。

▼192.168.10.112の場合

```
http://192.168.10.112/index0.html
```

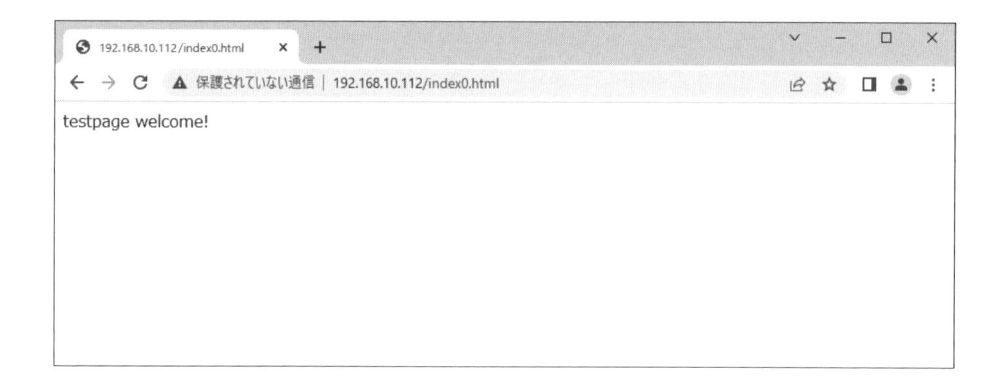

TIPS （注7）「1L」は行数、「31B」はバイト数（長さ）です。編集内容によって、これらの値は異なります。

ヒント

✔ viエディタの使い方まとめ

index0.htmlファイルを作成しましたが、モードを行ったり来たりするので、わかりにくかったかもしれません。コマンドを簡単にまとめておいたので、今度は図を見ながらindex00.htmlファイルを作ってみると良いでしょう。

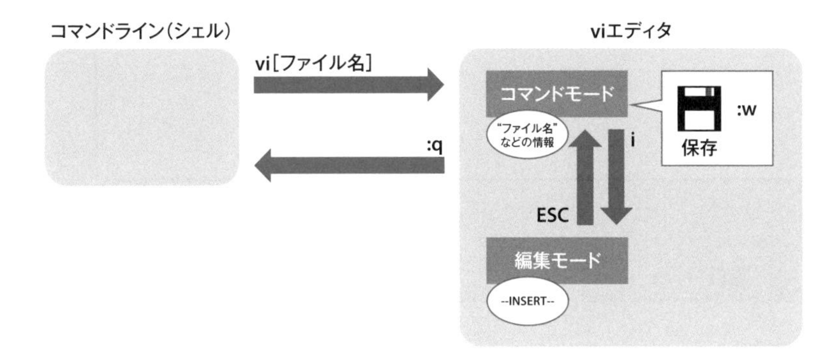

①シェルとviエディタの行き来

vi [ファイル名]	vi エディタの起動（コマンドライン時）
:q	vi エディタの終了

②コマンドモードと編集モードの行き来

i	コマンドモードから編集モードへの移動
Esc キー	編集モードへのコマンドモードへの移動

③その他

:w	ファイルの保存
/[文字列]	[文字列] の語句をファイル内から検索する。n キーで次の検索、shift+n キーで逆検索

なお、viエディタにもオプションがあります。vi [オプション][ファイル名]のように使います。

-R	読み取り専用で開く
-C	開いた直後にコマンドを実行する。「+ コマンド」と書いても同じ
-r	前回クラッシュしたときに、そこからリカバリする

COLUMN

index.htmlとは

index.htmlは、サイトにデフォルトで表示されるHTMLファイルだと考えてください。ドメイン名で直接アクセスがあったときなどに表示されます。

例えばapache.orgにアクセスしたときに、apache.org/index.htmlの内容が表示されます。

UbuntuではApacheを導入すれば、index.htmlが用意されていますが、他のOSの場合は異なることもあります。

COLUMN

nanoエディター

現在のUbuntuではCLIで使えるエディターとしてviのほかにnanoも広く知られています。

nanoは[Ctrl]キー（画面上では^）と各種のアルファベットキーを組み合わせ、保存などの操作をします。

5-6 Tera TermやWinSCPでファイル転送する

ウェブサーバーを扱う場合に、最も多く行う操作は、ファイル転送です。FTPを使用する例も多いですが、SCPを使用してセキュアに転送する方法を学びます。

5-6-1 SCPでファイル転送しよう

SSHを使えるようになると、**SCP（Secure CoPy）**というプロトコルを使って、ファイル転送できるようになります。SCPは、SSHの一部として実装されており、SSHを使用して安全にファイル転送する仕組みです。

ファイル転送として有名なのは、FTPを使ったものです。古くから人気のある手法です。FTPは通信が暗号化されていないなど課題があるので、基本的にはセキュアなSCP転送を使う方が良いでしょう。

デフォルトの設定では、SSHを有効にすれば、SCPも有効になります。設定を変更してSSHはできるものの、SCPはできないという構成にもできます。

5-6-2 Tera TermでSCP転送

Tera Termを使っての、SCP転送を説明しておきます。Windowsでの操作です。htmlファイルを作れそうなら試してみて下さい。

まずは、リモートでログインします。nyagoroでよいでしょう。

ログインすると、［ファイル］メニューの「SSH SCP」メニューが有効になります。ここからダウンロードやアップロードします。

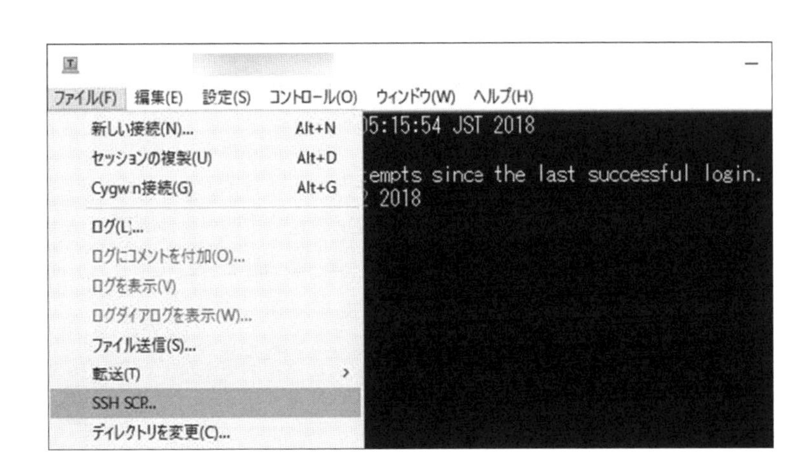

● ファイルのアップロード

ファイルをアップロードするには、画面の上半分を使います。

「From」にパソコン内のファイルを指定し、「To」にアップロード先であるサーバーのディレクトリを指定します。

例えば、以下のようなアップロードを行いたい場合は、次のように記述して「Send」をクリックします。ダウンロード側は空欄にしておきます。

アップロードが成功したかどうかは「ls」コマンドなどで確認します。

アップロードしたいファイル（クライアント側）	C:¥website¥index.html　など
アップロードしたい場所（サーバー側）	/tmp　など

● ファイルの存在を確認するコマンド

```
nyagoro@yellow:~$  ls /tmp
```

上記は分かりやすく説明するためにToに「/tmp」を選択していますが、これは、「/tmp」ディレクトリであるから可能なことです。

例えば、次に扱うダウンロードで使用する「/var/www/html」ディレクトリを指定した場合、次のエラーが表示されこのディレクトリにはアクセスできません。これはTera Termにログインしているユーザーが初期ユーザーの「nyagoro」であり、一般ユーザーには書き込み権限がないからです。

「初期ユーザー」は、権限が大きなユーザーではありますが、一般ユーザーの一種なので、こうした時に、一般ユーザーと同じ身分として扱われます。「書き込み権限がない」とは、パーミッションの問題です。このディレクトリのパーミッションは「drwxr-xr-x(755)」となっており、一般権限の「nyagoro」の権限は「r-x」となってますからディレクトリにファイルを書き込むことができません。このディレクトリにファイルをアップロードする方法は「5-6-4 WinSCPで接続してみよう」の「やってみよう」で説明します。

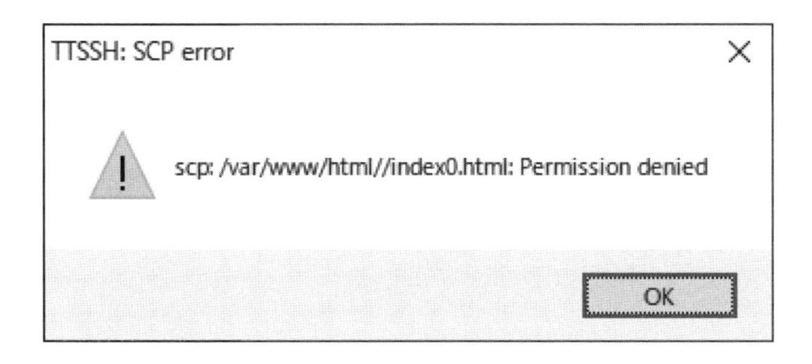

● **ファイルのダウンロード**

ファイルをダウンロードするには、画面の下半分を使います。

「From」にサーバー上のファイルやディレクトリを指定し、「To」にダウンロード先となるパソコン内のディレクトリを指定します。

例えば、以下のようなダウンロードを行いたい場合は、次のように記述して「Receive」をクリックします。アップロード側は空欄にしておきます。

ダウンロードしたいファイル（サーバー側）	/var/www/index.html　など
ダウンロードしたい場所（クライアント側）	C:¥website　など

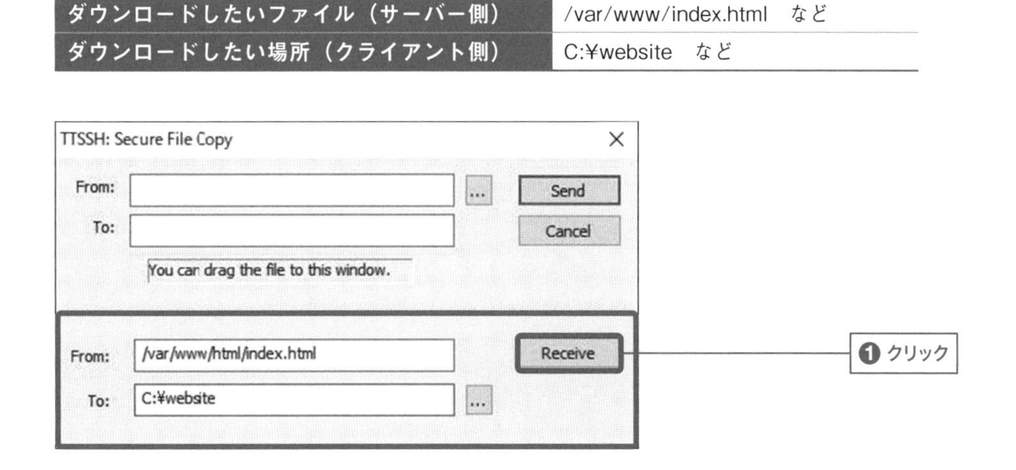

5-6-3 WinSCPを使ってみよう

Tera Termは、どちらかというとサーバーの管理のために使われるソフトウェアなので、ファイルを大量アップロードするには、やや使いづらいです。そこで、ドラッグ&ドロップが使えるファイル転送に特化したツールも紹介しておきます。

ファイルの転送は、サーバーの管理者だけでなく、Webデザイナーやサーバーに詳しくないプログラマーが行うことも多いです。場合によっては、顧客や全くサーバーのわからない人がすることもあるでしょう。

そうした時に、詳しくない人にも紹介できるツールを知っておくのも大事なことです。

SCP転送ができて使いやすいツールとしては、「WinSCP」や「Filezilla」などが有名です。本書では、「WinSCP」を使って説明します。

やってみよう WinSCPのインストール

WinSCPを配布しているページから、ダウンロードし、インストールします。

Step1 ファイルをダウンロードする

配布サイトからファイルをダウンロード（Download→Download WIN SCP（バージョン）をクリック）し、パソコンにインストールします。

WinSCPのページ

https://winscp.net/

Step2 ファイルのインストールする

ダウンロードしたファイルをクリックして実行します。インストールモードの選択では自分の環境に合わせて選択します。

Step3 使用許諾契約書に同意する

使用許諾契約書に同意し、「許諾」をクリックします。

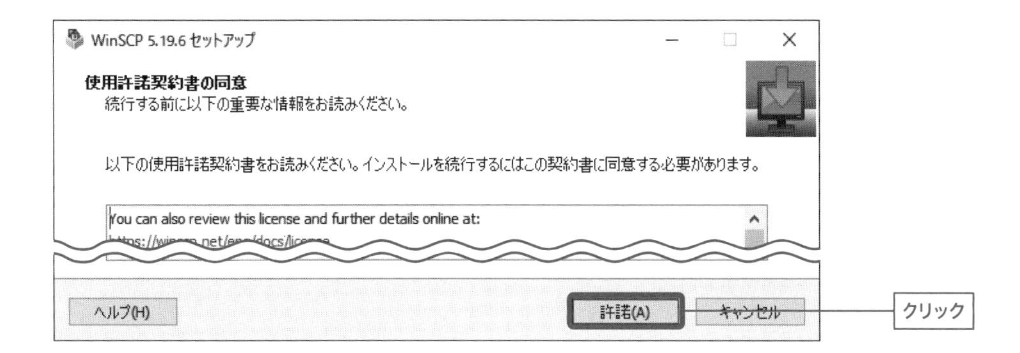

Step4 セットアップ形式の選択

セットアップ形式を選択します。特にこだわりのない場合は、「標準的なインストール」で構いません。「次へ」をクリックします。

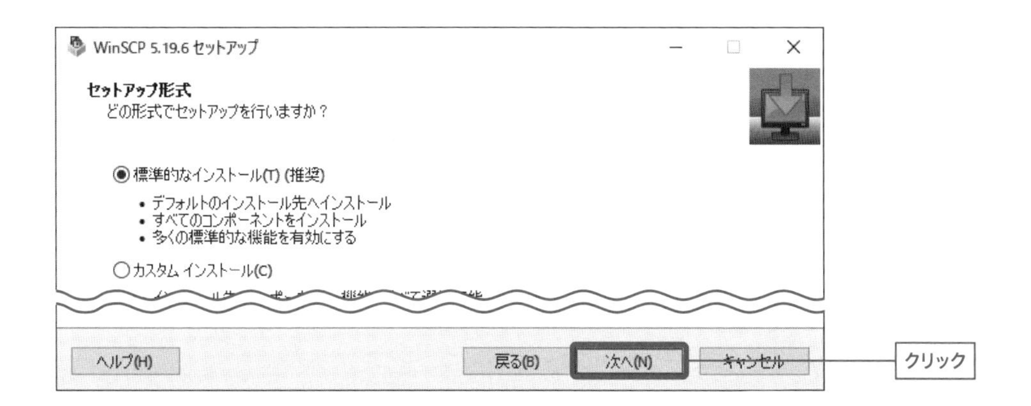

Step5 ユーザの初期設定

インターフェイスを選択します。左がローカル、右がリモートで表示される「コマンダー」を選択すると良いでしょう。一般的なFTP転送ソフトも、このインターフェイスであることが多いです。

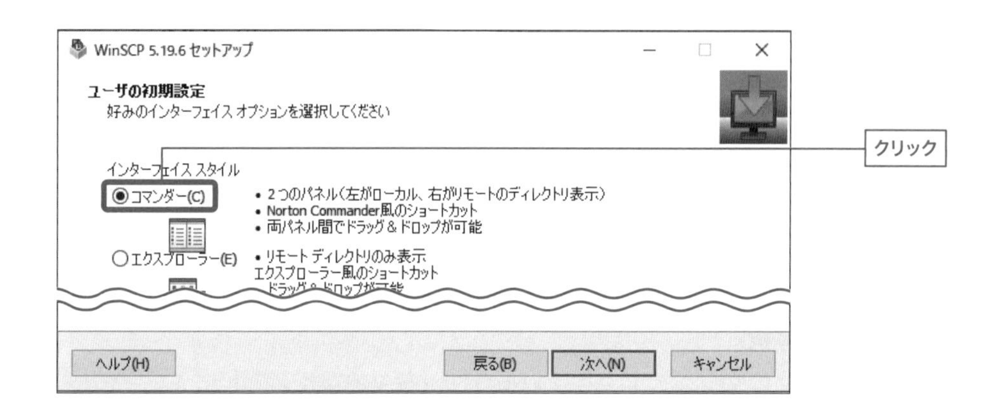

Step6 インストール準備完了

インストール準備が完了したので、「インストール」をクリックします。画面が変わり、インストールが開始されます。

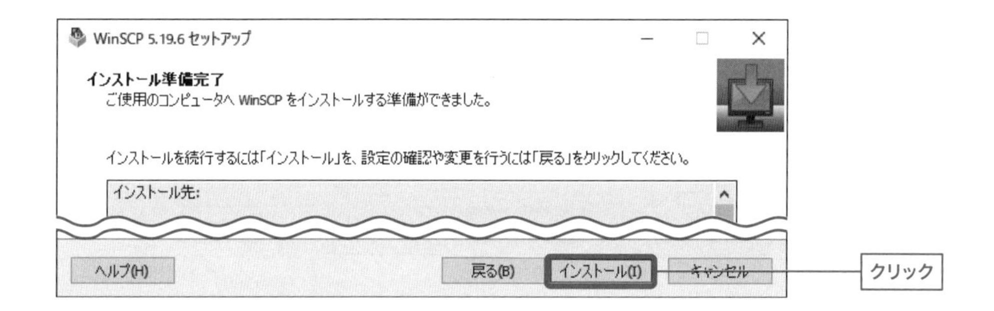

Step7 セットアップの完了

セットアップ完了の画面が表示されたら、インストールの終了です。

5-6-4 WinSCPで接続してみよう

準備ができたところで、WinSCPを立ち上げ、ログインしてみます。

Step1 接続情報の入力

接続情報を登録する画面がでるので、転送プロトコルにSCPを選び、以下のような設定をします。基本的には、TeraTermの接続情報を設定した時と同じです。

項目	設定情報
転送プロトコル	SCP
ホスト名	192.168.10.112（実際のIPアドレス）
ポート番号	22
ユーザー名	nyagoro（使用するユーザー名）
パスワード	nyapass00（使用するパスワード）

情報を入力したら「ログイン」をクリックします。

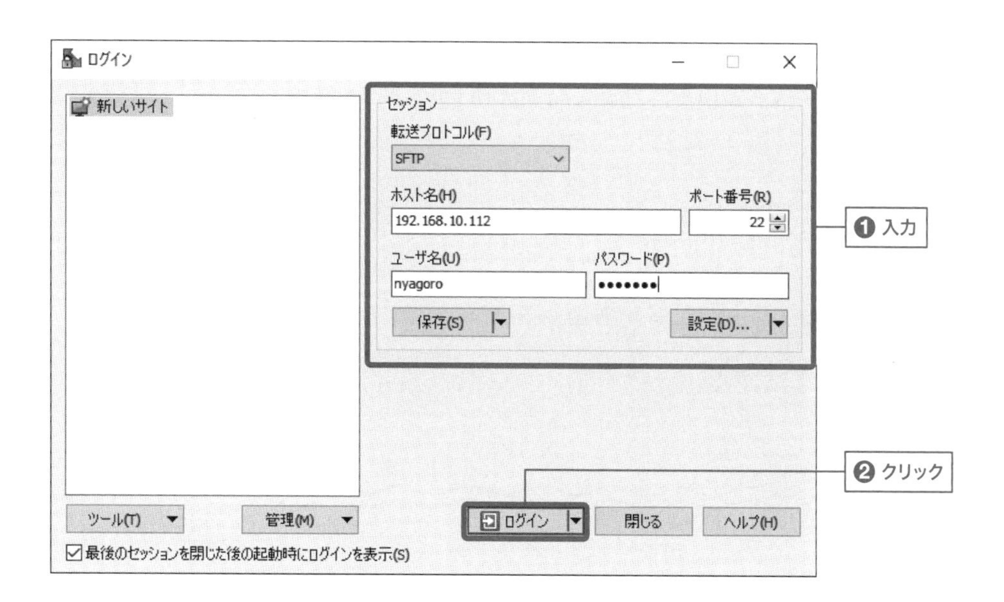

ログインボタンをクリックすると下記のような画面が表示されるので「はい」をクリックします。このような画面は、Tera Termでも似たようなものが表示されていますが、初回のサーバーアクセス時には必ず表示されます。逆にホスト鍵をキャッシュに追

加するとそれ以降は表示されません(注8)。

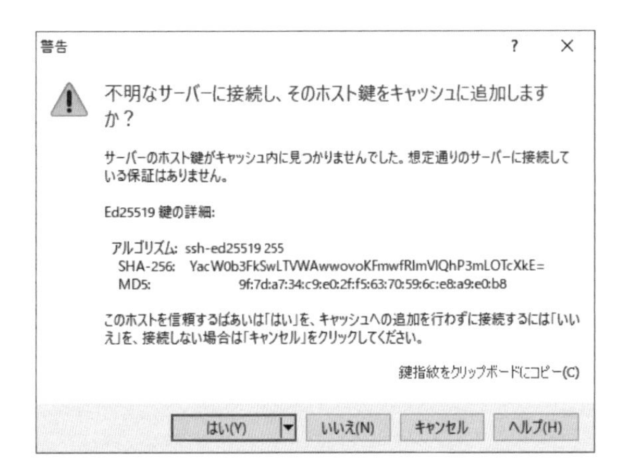

Step2 操作画面が表示される

ログインすると、左側にローカル(自分のWindowsパソコン)、右側にリモート(サーバー側)のディレクトリ一覧が表示されます。左側はマイドキュメント、右側はログインしたユーザーの「ホームディレクトリ」が一番最初のディレクトリとして表示されます。

今回は、nyagoroユーザーで入ったので、「/home/nyagoro」が表示されます。

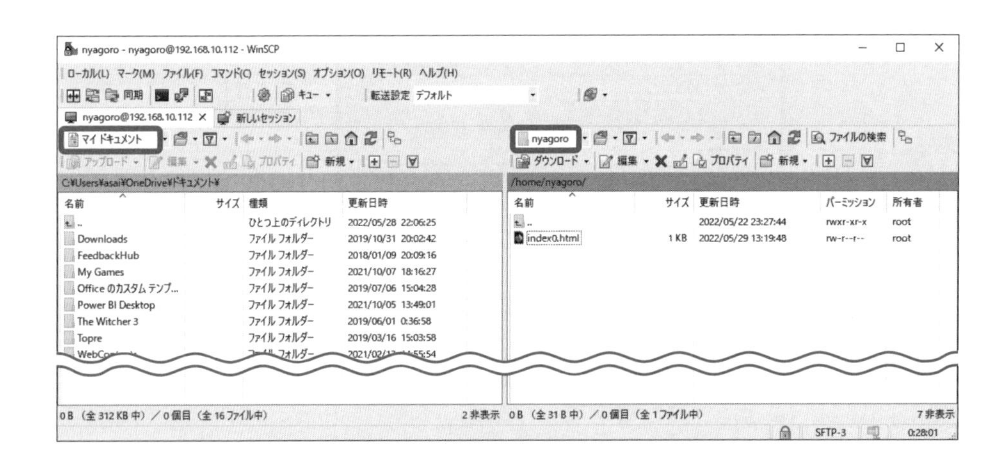

操作したいディレクトリは、ディレクトリをクリックしたり、「..」と表示されている「ひとつ上のディレクトリ」をクリックすることで、変えられます。

(注8) つまり、「ホスト鍵を追加済みである、おなじみのサーバー」を操作する時に、突如このような応答を返してきたら、少し慎重になってください。同じホスト名(IPアドレス)でありながら別サーバーに接続させられるネットワーク経路の改竄(DNS spoofing = DNSスプーフィング)が行われることもあります。

ファイルのアップロード

ファイルのアップロードは、ローカル側のファイルを選択した状態で、「アップロード」ボタンをクリックします。

転送先は、現在リモート側で表示されているディレクトリです。

ドラッグ&ドロップでも転送できます。

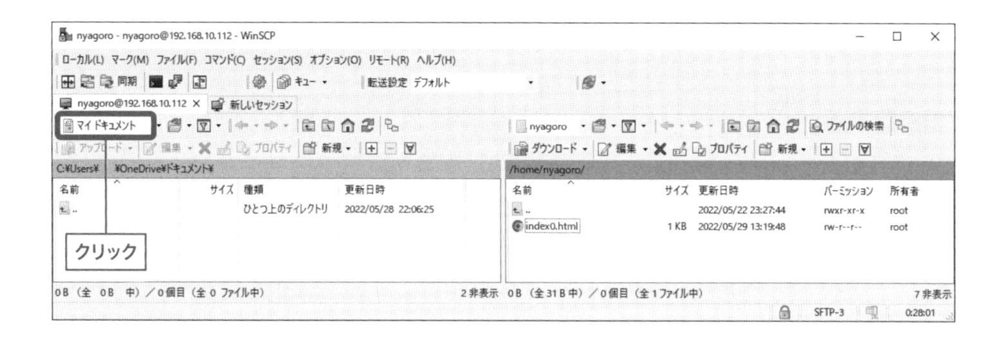

ファイルのダウンロード

ファイルのダウンロードは、アップロードとは逆で、リモート側のファイルを選択した状態で、「ダウンロード」ボタンをクリックします。

転送先は、現在ローカル側で表示されているディレクトリです。

ドラッグ&ドロップでも転送できます。

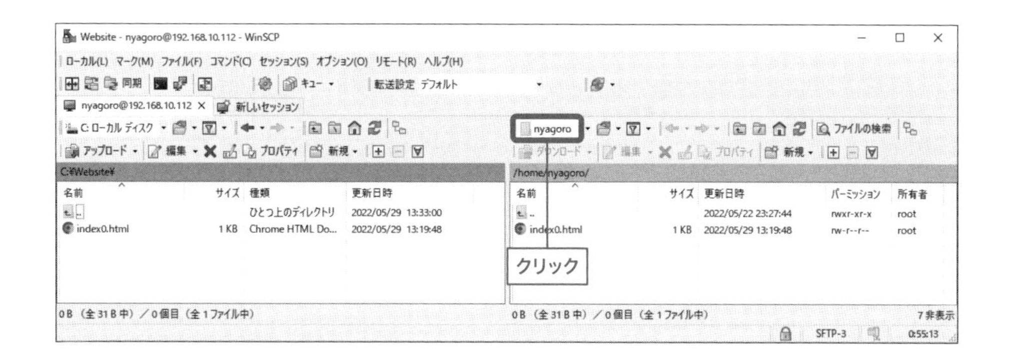

やってみよう ファイルをダウンロードして書き換えてみよう

5-5-3で作成した「index0.html」ファイルをダウンロードし、書き換えて、アップロードしてみましょう。

Step1 ファイルをダウンロードする

WinSCPで「/var/www/html/」にアクセスし、「index0.html」をダウンロードします。

Step2 ファイルを書き換える

テキストエディタ(注9)でファイルを開き、以下のように書き換えます。

```
<html>Remote Access Success！CONGRATULATION！</html>
```

Step3 保存して確認する

入力したら、ファイル名を「index1.html」にして保存してUbuntuにアップロードしますが、5-5-2で説明したように「/var/www/html」ディレクトリはnyagoroユーザーは直接アクセスができません。そのため一度「/home/nyagoro」ディレクトリにアップロードします。アップロード後、Ubuntuのコンソールでsudoによりroot権限を付与されたnyagoroユーザーでindex1.htmlファイルを/home/nyagoroから/var/www/htmlディレクトリにコピーします。

パーミッションを変えてしまえば良いのでは？と思われるかもしれませんが、それをやってしまうと、nyagoro以外のユーザーも全て許すことになります。

その方が良いこともありますが、今回はとりあえず、この方法でやってみましょう。

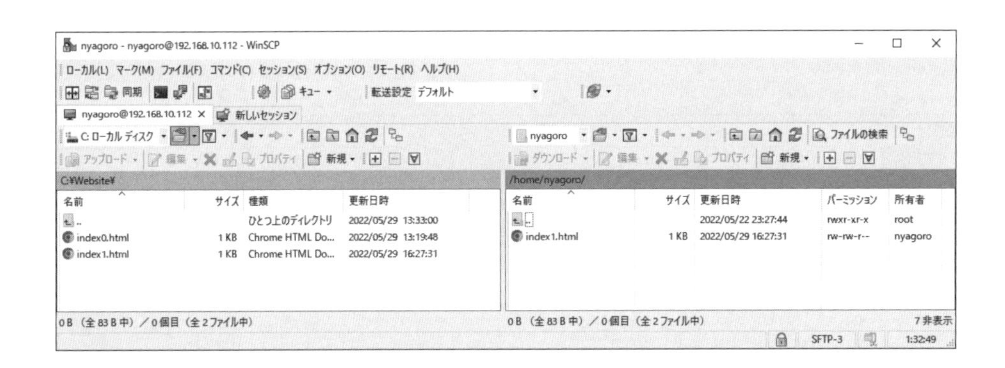

● コマンド

```
nyagoro@yellow:~$ sudo cp /home/nyagoro/index1.html /var/www/html/
```

ブラウザのURL入力欄に、「http://IPアドレス/index1.html」と入力して確認してみましょう。

（注9）Windows付属のメモ帳の場合は、改行コードに気をつけてください。

COLUMN

セッションを保存しておく

WinSCPでは、操作を終えて、ソフトウェアを終了させると、接続情報が消えてしまいます。そのため、ログインする前に、「保存」ボタンをクリックし、接続情報を保存しておくと便利でしょう。ただし、その場合、パスワードや、rootユーザーの情報を保存しておくことは、あまりおすすめしません。面倒でも毎回入力した方が良いでしょう。

5-6-5 他の人にWinSCPを使わせる場合の注意

Tera Termのファイル転送機能（SCP）や、WinSCPでは/var/www/htmlディレクトリに直接にアクセスできません。SCPではsudoコマンドを使えないからです。Tera TermやWinSCPで、このようなroot権限支配下のディレクトリに直接接続するには、rootユーザーとしてログインするか、もしくはディレクトリをnyagoroユーザーの支配下に移すか、誰でもアクセスできる状態にするか（パーミッションを変更する）のどれかです。

もちろん、誰でもアクセスできるようにするのは、問題があります。rootユーザーとしてログインする方法も、他人にさせるべきではありません。そもそも、何も設定しない状態で、rootのパスワード(注10)を入れても、リモートからはアクセスできません。では、サーバーの管理者以外が、ファイルをアップロードする場合には、どうしたら良いでしょうか。いくつか方法があります。

● 1. 所有者を変える

rootの所有になっているのが、問題なので、所有者を変えてしまう方法です。chownコマンドで、「/var/www/html」ディレクトリの所有者を変更してしまいます。

●ディレクトリの所有者を変えるコマンド

```
nyagoro@yellow:~$ sudo chown [変更先ユーザー名] [変更したいディレクトリ]
```

▼「/var/www/html」ディレクトリの所有者をnyagoroユーザーに変える例

```
nyagoro@yellow:~$ sudo chown -R nyagoro /var/www/html
```

※-Rは中身全ての所有者を変更するオプション

● 2. nyagoroのディレクトリにコンテンツを作る

ディレクトリの所有権を変えるのではなく、nyagoro支配下にドキュメントルート(ウェブサイトの一番親となるディレクトリ)を作る方法もあります。一つのサーバーに複数のサイトを同居させる場合にもよく使われる手段です。/home/nyagoroの支配下に「www」のディレクトリを新たに作り、設定ファイルの変更でドキュメントルート(DocumentRoot)を変更します(設定ファイル変更方法は6章で解説)。

▼/home/nyagoroの支配下に「www」ディレクトリを作る例

```
nyagoro@yellow:~$ mkdir /home/nyagoro/www
```

これ以外にも方法はありますが、大事なのは、安易に許可を与えないことです。

あまりよくわかってない人に、色々なファイルを触らせる権限を与えることは、事故につながりますし、悪いクラッカーにも狙われやすいです。現在のサーバー運用においてはセキュリティ上の問題になることから、リモートアクセスさせるユーザーに対してroot権限を付与することは推奨されていません。

皆さんもある程度Linuxに慣れてきたら、利便性を求めて設定を変更することもあるでしょう。しかし、Linuxの世界では利便性を犠牲にしてでも安全に運用する場面も多いのです。つまり、安易にroot権限を誰かに付与したり、他の人に大きな権限を与えることは、それだけ危険性が高いということです。もし皆さんにこうした設定変更を変えるだけの力がついたとしても、慎重に権限を扱ってください。

5-7 ファイアウォールの設定を確認する

ファイアウォールとは、パソコンの通信を守る防火壁です。通信の可否を制御し、必要な通信だけを通して、不要な通信は通さないようにします。

5-7-1 ファイアウォール（Firewall）とは

ファイアウォールとは、通信の防火壁です。通信するデバイス間に噛ませるように配置し、通信の可否を制御します。すべての通信は、一旦ファイアウォールを通ります。その時に、通過を許可するものと、許可しないものを設定しておかねばなりません。Ubuntuでは、初期状態として、ファイアーウォールが停止になっており、すべての通信を許可しています。稼働させると今度はすべての通信を禁止します。どちらの状態も現実的ではないので、オンにしてから必要な通信のみ許可します。

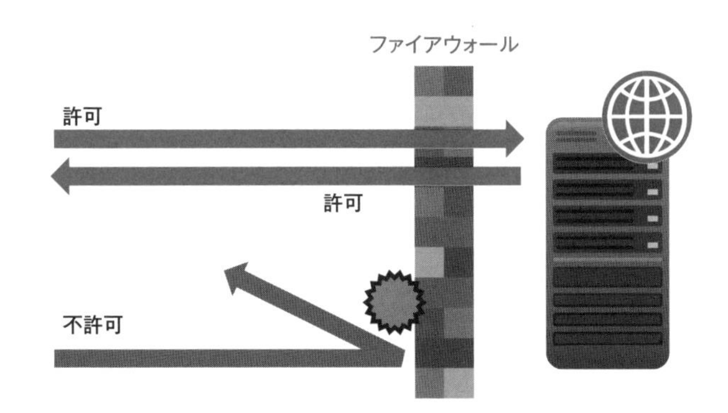

なお一般的に、ネットワーク型ファイアウォールと、ホスト型ファイアウォールがあり、前者はルーターに入れてネットワーク全体を守り、後者はサーバーやPCに入れて個々のマシンを守ります。今回、設定をするのは、ホスト型ファイアウォールです。

ファイアウォールは、「FW」と略されることがあります。ネットワーク図などで出てくるので覚えておきましょう。

TIPS

（注10）リモートでrootユーザーでアクセスするには、いくつか壁があります。まず、Ubuntuの場合、デフォルトではrootユーザーが有効になっていないので、パスワードを設定して有効にする必要があります。それでもまだアクセスできません。rootによるリモートアクセスをするには、OpenSSHの設定でroot権限によるアクセスを許可します。

5-7-2 ポート番号を理解する

Web、メール、FTPなど、サーバー上で何かのデーモン（サービス）が動いている時には、そのサービスに対応したポートが待ち受け状態（開いている状態）になっています。**ポートとは、「通信の出入力口」**です。

サービス（Webサーバー）とポートは、1対多の関係で、サービス一つに対して対応するポートは複数ありますが、逆はありません。

ファイアウォールは、ポート単位で通信を管理し、あらかじめ決められた設定にしたがって、通信のブロックを行います。

ファイアウォールを有効にすると、全てのポートが通信不許可となるため、何かのデーモンを動かす時には、通信を許可する設定に変更する必要があります。これをくだけた言い方で「ポートを開ける」と言います。

たとえばApacheであれば、Webサービスに該当する「http」と「https」のポートを開けます。どのポートを使って割り当てても良いのですが、実際は、サービスごとに「よく使われるポート」の番号が決まっており、特殊な事情がない限り、そのポートを使います。

このようによく使われるポートを「**ウェルノウンポート（well-known ports）**」と言います。なお、「http」と「https」のポートは、それぞれ、80番と443番です。

●主なポート番号（ウェルノウンポート）

ポート番号	サービス	内容
25	SMTP	メールの送信
110	POP3	メールの受信
143	IMAP4	メールの受信
80	HTTP	ウェブの送受信
443	HTTPS	ウェブの送受信
20と21	FTP	FTPでの通信
22	SSH	SSHでの通信
53	DNS	ドメインの問い合わせと応答

5-7-3 ファイアウォールの設定を変更する

実際にファイアウォールの設定を確認しましょう。

ファイアウォールの設定を確認するには「ufw status」コマンドを使用します。

● ファイアウォールの設定を確認するコマンド

```
nyagoro@yellow:~$ sudo ufw [オプション1]  [オプション2]

nyagoro@yellow:~$ sudo ufw status
Status: inactive
```

Statusが「inactive」となっており、現在は動作していないことが確認できます。
ufwコマンドの主なオプションは次のようなものがあります。

5-7-4 主なオプション

オプション名	内容
---version	バージョンを表示する
-h	ヘルプを表示する
enable	ファイアウォールを有効にする
disable	ファイアウォールを無効にする
reload	ファイアウォール設定を読みなおす
logging on\off	ログを記録する｜解除する
reset	ファイアウォールを無効化した上で初期状態に戻す（本書でうまくいかなくなった場合には ufw reset で最初の状態に戻してやり直してください）
status	ファイアウォールの状態を確認し、設定を表示する。status verbose でより詳細な情報を確認できる。また status numberd でルール番号を確認できる
show	ファイアウォールの実行状態についてレポートを表示する
allow [通信情報]	ファイアウォールに許可ルールを追加する
limit [通信情報]	ファイアウォールに制限付き許可を追加する。Web サイトに対する攻撃など、短時間での頻繁なアクセスを制限する。
deny [通信情報]	ファイアウォールに拒否ルールを追加する（アクセス側に応答を返さない。アクセス側はタイムアウトする）
reject [通信情報]	ファイアウォールにアクセスを却下するルールを追加する（アクセス側に拒否の応答を返す）
delete [ルール番号もしくはルール名]	ファイアウォールから設定を削除する。指定の仕方に癖があるが、"ufw status numberd" でルール番号を確認して指定するのがよい。もしくは "ufw delete allow 22/tcp","ufw delete limit apache" のように指定する。

5-7-5 ファイアウォールの設定をする

ファイアウォールの設定が無効となっているのが確認できたので、有効にしましょう。ファイアウォールを有効化する前に、先にSSHの設定を有効にしておきます。ファイアウォールは初期状態では何も通過させる設定がされていないため、その状態で有効にすると、全ての通信がブロックされてしまいSSHでの接続はできなくなってしまうのでサーバーへの設定変更ができなくなります。(VirturalBoxのコンソールから

Ubuntuを操作している場合、コンソールはサーバー内部での操作という扱いとなりますからファイアウォールの影響は受けません。万一SSHがブロックされてアクセスができなくなった場合にはコンソールから操作してください。）SSHはTCPの22番ポートを使用します。ファイアウォールにSSH通信を許可する設定を追加します。

● ファイアウォールに特定のポートの通信を許可するコマンド

```
nyagoro@yellow:~$ sudo ufw allow [ポート番号] / [tcpまたはudp]
```

```
nyagoro@yellow:~$ sudo ufw allow 22/tcp
```

```
Rules updated
Rules updated (v6)
```

「Ruled updated」と表示されれば、ファイアウォールの設定が更新されています。

確認できたら、ファイアウォールを有効にします。有効にするコマンドは「ufw enable」です。

● ファイアーウォールを有効にするコマンド

```
nyagoro@yellow:~$ sudo ufw enable
```

```
Firewall is active and enabled on system startup
```

上記のメッセージが表示されれば、ファイアウォールが有効化されています。

なお、SSHで操作している場合には切断される恐れがある旨の以下のメッセージが表示されますが、すでにSSHを有効化しているのでyで許可してください。

```
Command may disrupt existing ssh connections. Proceed with operation
(y¦n)?
```

では「ufw status」でもう一度確認してみましょう。

```
nyagoro@yellow:~$ sudo ufw status
Status: active
```

```
To                         Action      From
--                         ------      ----
22/tcp                     ALLOW       Anywhere
22/tcp (v6)                ALLOW       Anywhere (v6)
```

上記のようになれば成功です。もし設定をやり直したい場合には「ufw reset」コマンドでファイアウォールの無効化および全設定の削除となりますので、やり直しできます。

なお、今回は「22/tcp」という書き方で書きましたが、この部分の書き方には何通りもの書き方があります。

以下はファイアウォールの設定の記述例です。

記述例	説明
ufw allow 22/tcp	22番ポートのTCP通信を許可する
ufw allow ssh	sshプロトコルの通信を許可する（プロトコル名称はウェルノンポートでの名称だが、「DNS」などまだ対応していないものもある。その場合はポート番号で指定すること）
ufw allow 53	53番ポートのTCPおよびUDP通信を許可する
ufw allow 80,443/tcp	TCP通信の80番ポートと443番ポートを許可する（複数ポートの指定）
ufw allow 60000:65000	TCPおよびUDP通信の60000番ポートから65000番ポートまでを許可する（範囲でポートの指定）
ufw allow Apache	Apacheの通信を許可する。なお、対応するアプリケーションは「ufw app list」で確認できる
ufw allow from 127.0.0.1	IPアドレス127.0.0.1からのアクセスを許可
ufw allow from 127.0.0.1 to any port 80 proto tcp	IPアドレス127.0.0.1からTCPの80番ポートへのアクセスを許可

5-7-6 Apache用のファイアウォール設定をする

ここまでの設定ではSSHのみ許可されただけです。そのため、Apacheのための設定はまだできていません。この時点でアクセスするとエラー画面が表示されるはずです。

実際にアクセスしてファイアウォールが有効になっていることを確認してみましょう。

では早速Apacheの設定を追加していきましょう。

先ほどはポート指定でファイアウォールに設定を追加しましたが、今回はアプリケーション名で指定してみましょう。

```
nyagoro@yellow:~$ sudo ufw allow Apache
Rule added
Rule added (v6)
```

設定ができたらもう一度Webページを再読み込みして無事アクセスできることを確認しましょう。

COLUMN

SELinuxとAppArmor

ファイアウォールはセキュリティに大きくかかわるものです。

同じくセキュリティに関わるものとして、SELinuxとAppArmorがあります。

少し難しいので本書では詳しく扱いませんが、本番サーバーをたてる前には、よく学んでおいてください。

簡単な説明は8章を参照。

ヒント

この節の話は、やや複雑で、混乱した人も居るかもしれませんね。何をやったのか、改めてまとめておきます。

①初期状態（ファイアウォール　無効）

状態：ファイアウォールが無効なので、すべての通信が許可されている

・Apacheの「http://IPアドレス.index.html」をブラウザで見られる

・Tera TermでSSHの通信ができる

②ファイアウォールを有効にする前に、SSHのみポートを開ける

状態：ファイアウォールが無効。この状態のままSSHのみ設定する

③ファイアウォールを有効にする

状態：ファイアウォールが有効なので、すべての通信が不許可だが、SSHのみ許可されている

・Apacheの「http://IPアドレス.index.html」をブラウザで見られない

・Tera TermでSSHの通信ができる（個別設定したため）

・他の通信もすべて不許可

④Apacheのポートを開ける

状態：ファイアウォールが有効なので、すべての通信が不許可だが、SSHとApacheのみ許可されている

・Apacheの「http://IPアドレス.index.html」をブラウザで見られる

・Tera TermでSSHの通信ができる（個別設定したため）

・他の通信もすべて不許可

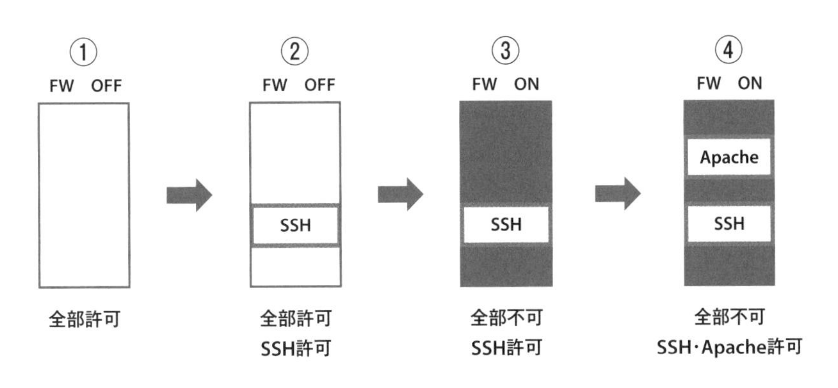

5-8 SSHのポートを変更する

ここまでの学習でファイアウォールの設定方法も覚え、また、ソフトウェアの設定などについてもその時々でセキュリティに関する説明をしてきました。ここでは最後にもう一つセキュリティの対策例を説明していきます。

悪意のあるハッカー（クラッカー）がサーバーを乗っ取ろうと考えた場合、多くの場合は実際にサーバーのあるサーバールームに行ったりはせずにリモートアクセスで乗っ取りを考えます。そしてリモートでサーバを操作するのにはSSH接続が必要となります。

そのため、ハッカーはSSH接続を利用し、root権限を乗っ取ろうと画策しますが、そもそもSSHに接続をさせないことも防衛方法の一つとなります。SSHのポート番号は22というのはすでにネットワークの常識ですが、その常識であるポート番号をわざと変えることで入り口を隠してしまうのが本節の説明です。

SSHのポート番号を変更する場合、以下の3点に気をつけます。

- SSHの受け手であるサーバー側SSHソフトウェア（openSSH）の設定を変える
- サーバーのファイアウォール（ufw）の設定を変える
- 接続する側であるクライアントソフトウェア（Tera Term,WinSCP）の設定を変える

5-8-1 openSSHのポートを変える

openSSHはサーバーにSSHで接続できるようにするためのソフトウェアです。実際に運用する時も、一度設定してしまえばほとんど触ることがないため、学習する機会は少ないかも知れません。そのためここで設定方法を学んでいきましょう。

openSSHのポートを変更するには、openSSHの設定ファイルを書き換え、それを読み込ませる必要があります。これには、二つ方法があります。一つは、設定ファイルをそのまま書き換える方法です。ただファイルを書き換えるだけなので、シンプルで手軽ですが、不慣れな作業者が元々のファイルのバックアップを取らずに戻せなくなってしまったり、変更の管理が煩雑になったりしやすいです。

もう一つの方法は、変更箇所をまとめて追加の設定ファイルに記載して、サーバー起動時に、元々の設定ファイルを上書きするように追加ファイルを読み込ませる方法です。この方法なら、元々の設定ファイルが残りますし、変更箇所は追加ファイルだけを

見れば良いので、管理しやすいです。

どちらもメリットとデメリットがあり、両方覚えておいて、使い分けると良いでしょう。

ユーザー設定としてユーザーごとに設定を作成したり、設定用のディレクトリに新規にファイルを作成したりします。

COLUMN

設定ファイルの使い分け

追加設定ファイルを作成して、デフォルトの設定を上書きする方法は現在では広く用いられます。この方式は現在のLinux上のツールの設定でも広く用いられ、どちらかと言えばこちらがLinuxでは一般的な設定方法です。バージョン管理ツールの「Git」、タスクスケジューラーである「cron」（クーロン）やネットワーク設定の「netplan」、アプリケーションソフトウェアでも「Dovecot」などでも見られます。

しかし、古い環境のとき書かれた情報などはデフォルトの設定ファイルをそのまま編集する手法が紹介されることが多いです。openSSHなど古くから使われるソフトはこの使い方で紹介されることが多いです。

どちらの方法も実現できることは同じなので、どちらか片方を覚えれば目的は達成できます。ただ、実際の運用現場に皆さんが立った場合、現場の運用方針やマニュアルによって推奨される方法が変わることが考えられるので、両方を覚えておくことが望ましいです。

これらの設定方法を理解していると、どういった方針で設定を管理しているか、どのファイルを変更すべきかなどがすぐにわかるようになります。

ただし、両方の設定を覚えた場合でも、両方の設定方法を混ぜることは厳禁です。デフォルト設定ファイルを変更しながら、変更分の設定ファイルを用意して適用するようなやり方だと、どちらで設定を管理しているか不明で混乱を招くことになります。原則、設定方法は状況に応じてどちらか一方に決めておくとよいでしょう。

このあたりを知っているかどうかは、Linux技術者としては差が出るポイントになります。

5-8-2 設定を変更する

実際に設定ファイルを編集します。本書のハンズオンでは①直接書きかえを扱いますが②ファイルで上書きも載せておきます。

①設定ファイルを直接書きかえる

②追加ファイルで設定ファイルを上書きする

やってみよう ➕ 設定ファイルを直接書きかえる

Step1 /etc/ssh/ディレクトリにある「sshd_config」ファイルをバックアップする

まず、設定ファイルを書き換える前に、万一の際は元に戻せるようにバックアップを取ります。これは実際の運用時にも忘れてはいけません。

具体的にはsshd_configファイルを別名でコピーします。

今回は末尾に「old」をつけてコピーをします。(ここでは「old」としましたが、他にも原本(オリジナル)であることを示す「org」やバックアップ日付をつけるパターンもあります。)

```
nyagoro@yellow:/etc/ssh$ sudo cp /etc/ssh/sshd_config /etc/ssh/sshd_
config.old
```

Step2 「sshd_config」ファイルを開く

バックアップがとれたら、viコマンドでsshd_configファイルを開きます。

```
nyagoro@yellow:/etc/ssh$ sudo vi /etc/ssh/sshd_config
```

開いたら「#Port 22」という行を探します。

```
# This is the sshd server system-wide configuration file.  See
# sshd_config(5) for more information.
（中略）
Include /etc/ssh/sshd_config.d/*.conf

#Port 22  ――――――― この部分
#AddressFamily any
```

Step3 「sshd_config」ファイルを変更する

「#Port 22」を書き換えます。今回はポート番号を22から8022に変更します。

ポートを変更する場合には他のソフトウェアが使用していない番号であれば何番でも構いませんが、原則、ウェルノンポート(1 ～ 1023)は避けます。

では先頭の#を取り除いて、番号を8022にして「#Port 22」を「Port 8022」にしてみてください。できたら「:w」「:q」で保存して終了します。

Step4 openSSHを再起動する

openSSHを再起動します。

```
nyagoro@yellow:/etc/ssh$ sudo systemctl restart ssh
```

「reload」ではなく「restart」で再起動してください。この変更は「reload」では反映されません。「reload」と「restart」の違いは5-5のコラムを参照してください。

Step5 「systemctl status」で確認する

restartしたら「systemctl status」で確認してみましょう。

```
nyagoro@yellow:/etc/ssh$ systemctl status ssh
● ssh.service - OpenBSD Secure Shell server
     Loaded: loaded (/lib/systemd/system/ssh.service; enabled; vendor
preset: e>
     Active: active (running) since Sun 2022-05-29 15:39:49 UTC; 1s ago
       Docs: man:sshd(8)
             man:sshd_config(5)
    Process: 1933 ExecStartPre=/usr/sbin/sshd -t (code=exited, status=0/
SUCCESS)
   Main PID: 1935 (sshd)
      Tasks: 1 (limit: 1034)
     Memory: 1.7M
        CPU: 16ms
     CGroup: /system.slice/ssh.service
             mq1935 "sshd: /usr/sbin/sshd -D [listener] 0 of 10-100
startups"

May 29 15:39:49 yellow systemd[1]: Starting OpenBSD Secure Shell server...
May 29 15:39:49 yellow sshd[1935]: Server listening on 0.0.0.0 port 8022.
May 29 15:39:49 yellow sshd[1935]: Server listening on :: port 8022.
May 29 15:39:49 yellow systemd[1]: Started OpenBSD Secure Shell server.
```

statusで「Server listening on 0.0.0.0 port 8022.」の行があれば設定変更完了です。続けて、ファイアウォールの設定も修正してください(5-8-3参照)。特にTera TermやWinSCPで操作している場合、現在接続中の操作は継続されますが、一度切断してしまうと22番ポートでは接続できず8022番ポートで接続しなくてはなりません。しかしファイアウォールの設定を修正していないと8022番ポートにアクセスができずTera Termなどでアクセスができなくなってしまうからです(注11)。

TIPS (注11) もしファイアウォールの設定前に切断してしまった場合には、Virturalboxのコンソールからはアクセスができますから、そちらかコンソールから操作をしましょう。

追加設定用ファイルを作成する

続けて追加ファイルを使う方法も説明しますが、6章でも似た方法を扱うので、ここでは読むだけにしておいて下さい。全ユーザー共通の「/etc/ssh/sshd_config.d」に、次のようにして「10-sshd.conf」ファイルを編集（新規作成）します(注12)。

```
nyagoro@yellow:~$ sudo vi /etc/ssh/sshd_config.d/10-sshd.conf
```

そして新規作成したファイルには変更する内容だけ書きます。つまり「Port 8022」だけを書いて :w↩:q↩ で保存します。

```
Port 8022
```

その後、openSSHをrestartして再起動し、statusを確認します。

```
nyagoro@yellow:~$ sudo systemctl restart ssh
nyagoro@yellow:~$ sudo systemctl status ssh
```

そして次の行があることを確認します。

```
May 30 11:24:29 yellow sshd[1260]: Server listening on 0.0.0.0 port 8022.
May 30 11:24:29 yellow sshd[1260]: Server listening on :: port 8022.
```

（注12）/etc/sshには、「ssh_config」と「sshd_config」のように、「d」が付かないディレクトリと付くディレクトリがあります。前者は他のサーバーに接続するときの設定、後者は接続されるときの設定が含まれます。ここで編集するのは、後者です。

この結果は最初のopenSSHのデフォルト設定ファイルを書き換えた場合と同じです。つまり、書きかえ成功です。なお、設定をもとに戻したい場合には、このファイルを削除するかファイルの拡張子（末尾の部分）を「.conf」以外にした上でopenSSHを再起動します。

するとデフォルト設定ファイルのみが読み込まれ、元通りになります。

5-8-3 ファイアウォールのポートを開け、Tera Termで接続する

5-7-2のどちらかの方法でopenSSHのポートを8022に変更したら、セットでファイアウォールの設定が必要です。ファイアウォールの設定はすでに皆さん学習済みですから操作は簡単です。SSHはTCPでの接続となり、その8022を許可すればよいのでufwコマンドを以下のように入力します。

```
nyagoro@yellow:~$ sudo ufw allow 8022/tcp
Rule added
Rule added (v6)
```

これでポート8022番が開きました。実際に接続を試してみましょう。Tera Termをすでに開いている場合は[ファイル]-[新しい接続]をクリックし、下の画面でTCPポートの入力欄を「8022」にしてOKボタンをクリックします。設定が問題なければ、ユーザー名とパスワードを入力する画面が表示され、ログインができるようになります。

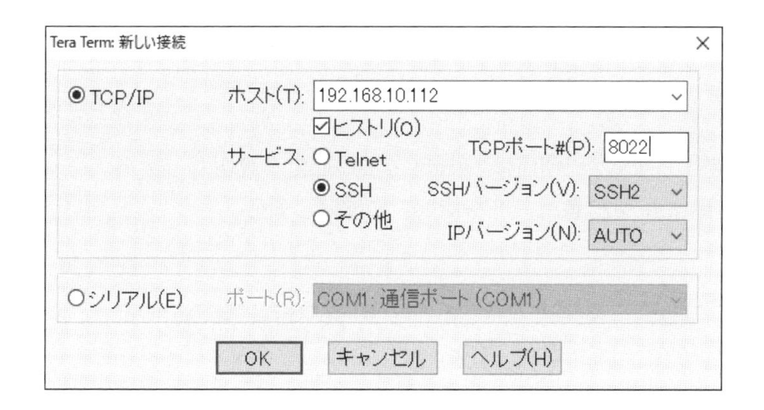

なお、openSSHでポートを変更したことで、openSSHに22番ポートでの接続はできなくなっています。こちらもTera Termで初期状態のTCPポート「22」のままOKボタンをクリックしてください。接続拒否のエラーが表示されるはずです。確認できたでしょうか。そしてすでに22番ポートは使用できませんが、ファイアウォールの22番ポートは開いたままです。こちらのポートも閉じましょう。ファイアウォールの設定でポ

ートを閉じるのは少々コツがあります。まず「ufw status numbered」コマンドでファイアウォールのルールに番号を表示させます[注13]。

```
nyagoro@yellow:~$ sudo ufw status numbered
Status: active

     To                         Action      From
     --                         ------      ----
[ 1] 22/tcp                     ALLOW IN    Anywhere
[ 2] Apache                     ALLOW IN    Anywhere
[ 3] 8022/tcp                   ALLOW IN    Anywhere
[ 4] 22/tcp (v6)                ALLOW IN    Anywhere (v6)
[ 5] Apache (v6)                ALLOW IN    Anywhere (v6)
[ 6] 8022/tcp (v6)              ALLOW IN    Anywhere (v6)
```

これでufwのルールと番号が確認できました。22番ポートは上の設定では1番と4番ですので、これを消していきます。まずは4番を消し、次に1番を消します。

```
nyagoro@yellow:~$ sudo ufw delete 4
Deleting:
 allow 22/tcp
Proceed with operation (y|n)? y  ――――― yを入力
Rule deleted (v6)
nyagoro@yellow:~$ sudo ufw delete 1
Deleting:
 allow 22/tcp
Proceed with operation (y|n)? y  ――――― yを入力
Rule deleted
```

これでファイアウォールの設定も完了しました。今回はTera Termの設定を説明しましたが、WinSCPも同様で接続する際にも8022番ポートを使用して接続します。

要点整理

- ✔ SSHでサーバーに接続する
- ✔ SCPでファイルをやりとりする

TIPS （注13）順番は設定順のため、環境によっては番号が違うことがあります。その場合は、適宜、指定する番号を読み代えてください。

CHAPTER

6

Webサーバーの設定を変更しよう

Webサーバーは、 Apacheをインストールしただけでは、 使い勝手が良いとは言えません。
Webサーバーと一口に言っても、どのように使うかは様々です。
この章では、 Apacheの設定ファイルの書き換え方や、 文字コード、エラーページ、アクセス制限について学びApacheを使いやすく設定します。

6-1 Apacheの設定ファイルを編集する

4章でWebサーバーをとりあえず起動させました。しかしこれは他のソフトウェアでも同じです。実際にWebサーバーを運用していくとなると、いくつかおこなうべき設定があります。

6-1-1 Apacheの設定ファイルの場所

サーバーでは、ソフトウェアを初期状態で使うのではなく、設定を変更することも多くあります。この章では、Apacheを題材に設定変更を学びます。

Apacheの設定は、ファイルに書き込まれています。これはほとんどのLinux向けのサーバー用ソフトウェアに共通するつくりです。Linuxでは、設定はファイルとしてどこかに存在します。

設定ファイルが置かれている場所は、ディストリビューションや、インストール方法によって異なりますが、Ubuntu Server 22.04 LTSでaptコマンドを使ってインストールした場合は、「/etc/apache2」ディレクトリにまとめられています。Apacheの本体がインストールされている「/sbin/apache2」とは場所が違うので注意してください。

Apacheの設定や操作を行う場合は、この「/etc/apache2」に含まれるファイルやディレクトリを使うことが多いです。

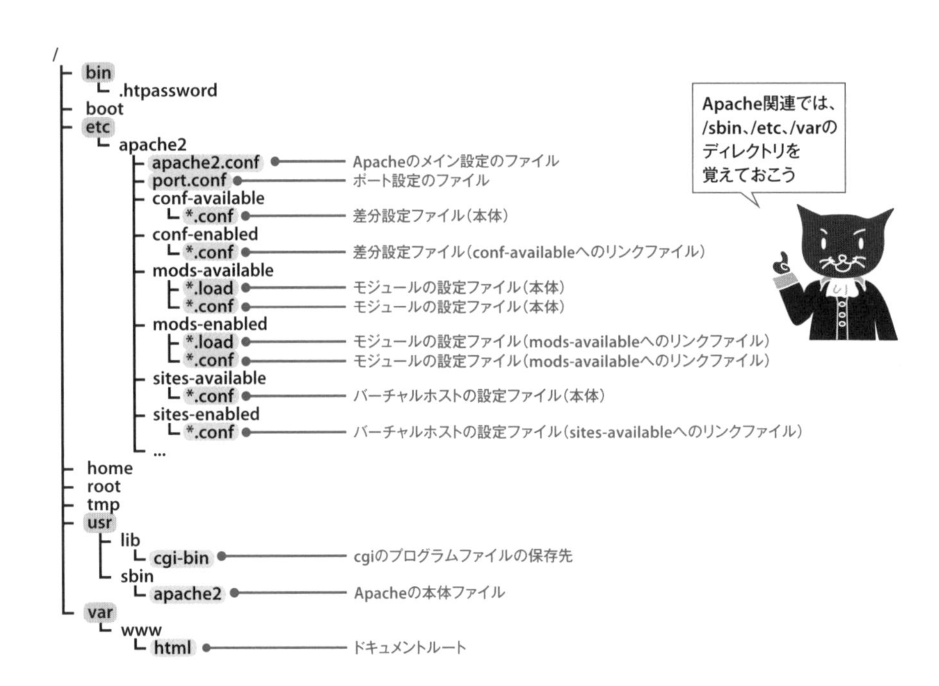

6-1-2 「/etc/apache2」ディレクトリと設定ファイルの用途

設定ファイルの入っている「/etc/apache2」ディレクトリの中身を見てみましょう。

「ls」コマンドで、「/etc/apache2」を表示させると、以下のようなディレクトリ・ファイル群が出てきます。

```
nyagoro@yellow:~$ ls /etc/apache2/
apache2.conf    conf-enabled  magic    mods-enabled  sites-available
conf-available  envvars       mods-available  ports.conf    sites-enabled
```

●/etc/apache2/に含まれるファイルとディレクトリ

ファイル名	説明
apache2.conf	Apache 設定ファイル群のメインファイル
ports.conf	待機するポート番号の設定。apache2.conf から読み込まれる。デフォルトでは 80、SSL/TLS が有効なときは 443 が追加で設定されている
magic	ファイルの内容を自動判定する際の判定方法を記述したファイル。mods-available/mime_magic.conf から参照されている。mime_magic.conf は、初期状態では、無効になっている
envvars	apache を起動する際に読み込まれる設定ファイル。実行ユーザーやドキュメントの置き場所、設定ファイルの置き場所、ログの置き場所などを定義するファイル。基本的に変更する必要はない

ディレクトリ名	説明
conf-enabled	Apache に対して追加設定するファイル群を置くディレクトリ。有効にしたいものだけを conf-available からリンクする。
conf-available	追加設定ファイル群が置かれているディレクトリ。倉庫のような役割。conf-enabled にリンクされたものだけが呼び出される。
mods-enabled	conf-enabled と役割が同じだが、特にモジュールに関するファイルが置かれる場所。mods は、モジュールの略。有効にしたいものだけを、mods-available からリンクする。
mods-available	役割としては、conf-available と同じだが、php を実行するモジュールなど、モジュールの読み込みや設定が含まれているディレクトリ。「.load」はモジュールの読み込みの定義、「.conf」はモジュールの設定のファイル。
sites-enabled	conf-enabled と役割が同じだが、バーチャルホストに関するファイルが置かれる場所。sites は、ウェブサイトの略。バーチャルホストとは、ウェブサイトの単位。デフォルトとして表示するウェブサイトの設定情報として、000-default.conf の設定ファイルが指定されている（デフォルトホスト）。000-default.conf ファイルをそのまま変更してもよいが、この 000-default.conf をコピーして、そのコピーに自分のウェブサイト向けの設定を書き込んで使用するやり方をとることも多い。
sites-available	役割としては、conf-available と同じだが、バーチャルホストに関する設定が含まれているディレクトリ。

● 設定ファイルの構成

4つのファイルと6つのディレクトリがあって、ちょっとゴチャゴチャしてきましたね！

設定ファイルの構成を整理しておきましょう。

まず、このうち設定に関係するのは、「apache2.conf」、「ports.conf」の2つのファイルと、「conf-available」「conf-enabled」「mods-available」「mods-enabled」「sites-available」「sites-enabled」の6つのディレクトリです。

ディレクトリは煩雑に見えますが、「conf-○○」は基本的な設定に関するもの、「mods-○○」はモジュールに関する設定、「sites-○○」はバーチャルホストに関する設定に関連するディレクトリです。sitesは、ウェブサイトの略です。バーチャルホストとは、ウェブサイトの単位であり、要はウェブサイトの設定をするのがこのディレクトリです。

また、これらのディレクトリは、それぞれ必ず「-available」「-enabled」がセットになっています。available系は、「利用可能」という意味で、設定変更のためのファイルが格納されています。倉庫のようなものです。enable系は、「有効である」という意味で、ここからファイルがリンクされていると、その設定変更は有効であるという意味です。

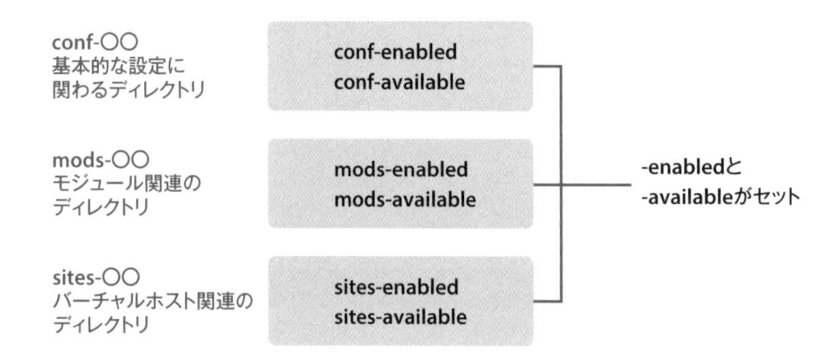

●設定ファイル変更の仕組み

Apacheの設定は、メインとなる「apache2.conf」（設定ファイル）によって決まります。初期値のままで使いたい場合は、そのまま使えば良いのですが、業務で使うには、変更しなければならない点も多くあります。

そうした時に、apache2.confの設定値を直接書き換えても良いのですが、それでは管理が面倒なことになりやすいので、変更点を別途呼び出して上書きする仕組みになっています。

変更する場合、追加の設定は「ports.conf」(注1)と、enable系の3つのディレクトリ（conf-enabled、mods-enabled、sites-enabled）の中にあるファイルを読み込みます。ここにファイルがあるだけで、自動的に追加される仕組みです。

とは言っても、実は、enable系ディレクトリには、実際にファイルはありません(注2)。実態は、available系ディレクトリに格納されており、enable系ディレクトリからリン

（注1）読み込まれるのは、ports.confと、enable系ディレクトリのみ。envvarsはapache2.confから読み込まれない。magicは、mime_magic.confというファイルを介して読み込まれる。

（注2）基本的には、リンクを置くディレクトリだが、特に制限されているわけではないので、ファイルを置くこともできる。ファイルが実態として存在せず、リンクのみであることは、「ls -al」で確認できます。

クを張っています。available系に実態・実物があり、enable系はリストのようなものだと考えるとわかりやすいでしょう。

available系ディレクトリには、追加設定用のファイルがたくさん入っていますが、全部を使うのではなく、必要なものだけを選んで、enable系ディレクトリから登録（リンク）します。

enable系ディレクトリからリンク(注3)することを「有効化する」とも言います。

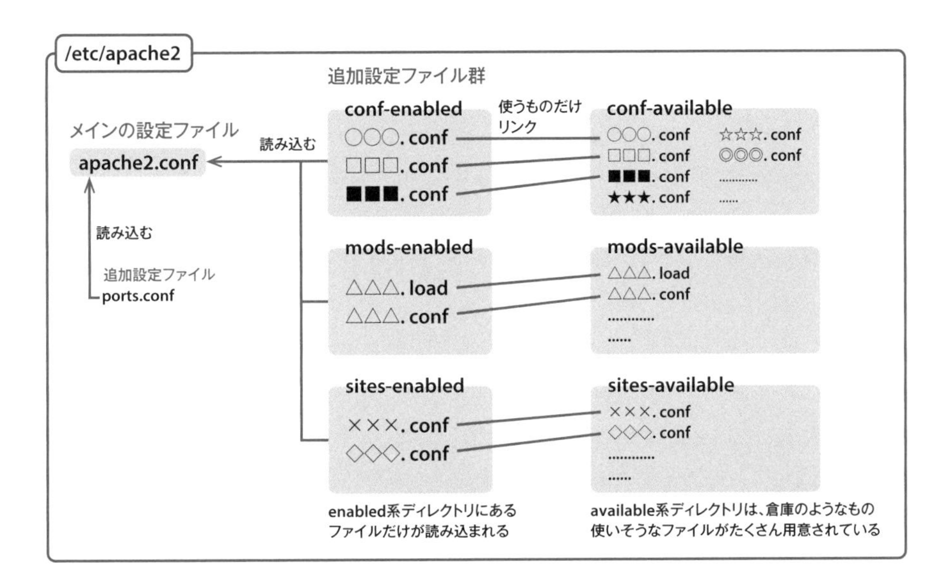

●設定ファイルの有効化

ファイルを追加する場合（有効化する場合）は、「a2en○○」コマンドで、enable系のディレクトリに設定ファイルのリンクファイルを登録します。

例えば、「conf-available」にある設定ファイルの場合、「a2enconf」コマンドにより「conf-enabled」ディレクトリに登録されます。「mods-available」「sites-available」も同様で「a2enmod」「a2ensite」コマンドにより「mods-enabled」、「sites-enabled」ディレクトリに登録される仕組みです。

逆に、ファイルを削除（無効化）する場合は、「a2dis○○」コマンドです。それぞれ「a2disconf」「a2dismod」「a2dissite」で削除できます。

対象の設定ファイルは、設定名で指定します。例えば、「charset.conf」であれば「charset」の部分が設定名です。

（注3）本体はavailable系に存在し、enable系にはリンクだけが存在するので、日本語の言い回しとしては、「available系からenable系にリンクを張っている」と言いそうなものだが、慣例的に「enable系からavailable系に張る」と表現するのが正しい。こうした言い回しは他でも良く出てくるので、available系にあるファイルをenable系に捕まえに行って張っているイメージを持つと良い。

```
【有効化コマンド（enはenableの略）】
a2en○○ 設定名
【無効化コマンド（disはdisableの略）】
a2dis○○ 設定名
```

● ウェブサイトの設定をする000-default.conf

設定には、apache2.confの他に、もう一つ重要なファイルがあります。それが「000-default.conf」ファイルです。

細かい設定ばかりやっていると忘れそうですが、そもそもApacheは、ウェブサイト機能を提供するソフトウェアです。つまり、ウェブサイトのために設定をしています。そして、ウェブサイトに関する設定の多くは、sites-enabledからリンクする「000-default.conf」にて行います。「UbuntuでApacheの設定をする」というのは、「000-default.confファイルを書き換える」と言っても過言ではありません。そのくらい重要です。

大概は、000-default.confファイルをそのまま使うのではなく、同じsites-availableディレクトリ内にコピーをして任意の名前に書き換えて使います。名前はなんでも良い(注4)ので「nyagoro.conf」でも「mofukabursite.conf」でも構いませんが、わかりやすい名前にしないと事故のもとなので、きちんと名付け、ドキュメントにもしっかり記載しましょう。

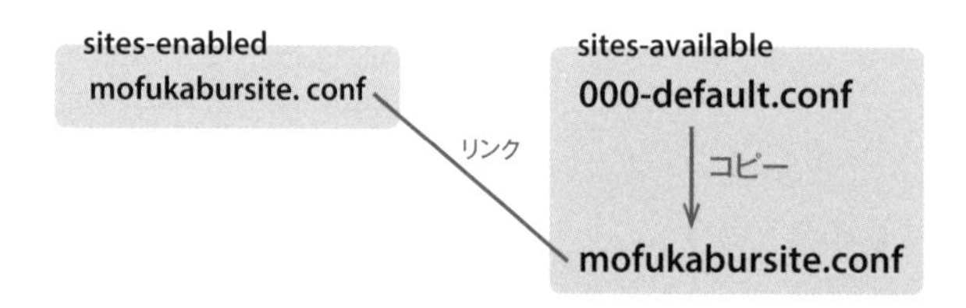

やってみよう ➜ 設定ファイルを見てみよう

試しに、設定ファイルの中身を見てみましょう。設定ファイルは、複数のファイルによって構成されていますが、例としてメインとなる設定ファイルである「apache2.conf (/etc/apache2/apache2.conf)」を開きます。ファイルの中身を見るには、catコマンドを使用します。

（注4）設定ファイルは、ファイル名の辞書順（数字及びABC順）に読み込まれます。つまり「000」から始まるファイルは、最初に読まれることが前提です。「000-default.conf」の名称をかえたり、「000xxx」などこれより前に読まれるような名付けをするとうまくいかないのでやめておきましょう。他のconfファイルでも同じ話です。

● **設定ファイルの中身を見るコマンド**

```
nyagoro@yellow:~$ cat /etc/apache2/apache2.conf
```

```
nyagoro@yellow:~$ cat /etc/apache2/apache2.conf
# This is the main Apache server configuration file.  It contains the
# configuration directives that give the server its instructions.
# See http://httpd.apache.org/docs/2.4/ for detailed information about
# the directives and /usr/share/doc/apache2/README.Debian about Debian
specific
# hints.
（中略）
# Include generic snippets of statements
IncludeOptional conf-enabled/*.conf

# Include the virtual host configurations:
IncludeOptional sites-enabled/*.conf

# vim: syntax=apache ts=4 sw=4 sts=4 sr noet
```

デフォルトの状態でも230行程度あります。思ったよりは、長い文字列が出てきたのではないでしょうか。catでは画面内におさまりきらないでしょう。

こうした場合は、「cat」コマンドではなく、「less」コマンドを使う方法もあります。本書ではこちらを採用します。「less」コマンドでは、1画面ずつ表示して、スペースキーか[f]キー（forwardの意味）を押すと次のページに移動することができます。

また[b]キー（Backの意味）で、前ページに移動し、[q]キーを押すと終了します。

● **設定ファイルを1画面ずつ見るコマンド**

```
nyagoro@yellow: ~$ less /etc/apache2/apache2.conf
```

●**lessコマンドでの操作**

操作	キー
次ページに移動	スペースキーか[f]キー
前ページに移動	[b]キー
終了	[q]キー

「cat」コマンド、「less」コマンドの他に、viエディタでファイルを開く方法もあります。viエディタは、そのまま編集出来る利点もありますが、設定ファイルの編集は、バックアップを取ってから行うべきです。ウッカリ編集しないように「-R」（読み取り専用）のオプションをつけましょう。

● 設定ファイルを読み取り専用としてviエディタで開くコマンド

```
nyagoro@yellow: ~$ vi -R /etc/apache2/apache2.conf
```

viエディタの終了は、「:q」です(注5)。

COLUMN

モジュールとは

モジュールとは、Apacheの拡張機能のことです。

本体とは別の機能であり、入れる・入れないを選べます。

モジュールには、暗号化通信する「mod_ssl」や、PHPを実行する「mod_php」、Perlを実行する「mod_perl」、ユーザーのディレクトリを「~ユーザー名」で参照できるようにする「mod_userdir」など、様々なモジュールがあります。

デフォルトでインストールされていないモジュールは、Ubuntuではaptで追加します。その場合、「mod-available」ディレクトリにそのための設定ファイルも追加されます。

モジュールを指定する場合は、「Module」ではなく、「IfModule」と記述します。

これは、「もし（If）モジュールが有効であれば」という意味で、もしモジュールが無効の場合でも、そのまま設定ファイルが使えるようになっています。

6-1-3 設定ファイルの読み方

設定ファイル（apache2.conf）を開いたところで、中身を読んでいきましょう。200行以上あるので、「全部読むのは大変だなあ」と思われたかもしれませんが、実は、そのほとんどが設定値ではなく、コメント（説明）です。そんなに難しくありません。また、必要なところだけを読めば良いので、全部を細かく読み込まなくても大丈夫です。ざっと目を通すので十分です。安心してください。

読んでいくにあたり、「設定ファイルの記述ルール」について解説してから、個々の設定ファイルの意味について説明していきます。記述のルールがわかるだけでも、随分読めるようになるでしょう。

TIPS （注5）オプションやモードについて忘れてしまっている場合は、5-5-3を確認してください。

● コメントの記述

長いファイルですが、そのほとんどはコメント（説明）です。設定値を読む前に、まずは、コメント部分と設定の部分を見分け、必要な箇所がどこなのかを見ると良いでしょう。Apacheの設定ファイルでは「#（井桁＝ナンバーサイン）」が付いている場合は、「その行の以降の部分を無視する」という原則があります。その仕組みを利用して、先頭に「#」マークを付けて、わざと読ませないようにすることを「コメントアウト」と言います。プログラムの中や、設定ファイルの中に、無視させたい（読み込ませない）行がある時に使われています。 使われ方の代表的な例は、その名の通り、コメント（説明）です。サーバーの情報は、ドキュメントで管理すべきですが、細かくメモをしておきたい場合もあるので、このように設定ファイルに直接書く方法を取るのです。 特に重要な情報は、ドキュメントだけでなく、「# 絶対に削除しないこと！」「# 設定ファイルはいじらないこと！」のように、コメントでも注意をしておくと、未来の自分や、他人が操作する時に親切です。

実際に見てみましょう。例えば、接続の応答がなかった場合に切断するタイムアウトの設定は、次のように説明行（#で書かれた部分）と設定行で構成されています。4行ありますが、設定値は「Timeout 300」の行だけです。

```
# ――― コメント
# Timeout: The number of seconds before receives and sends time out. ―――
――― コメント
# ――― コメント
Timeout 300 ――― この行だけが設定値
```

また、コメントアウトは、一時的に、その設定を無効にしたい時にも使われます。「#」マークを付ければ無視されるので、無効にしたい行の先頭に付けて、読みこませないようにします。有効にしたくなったら「#」マークを削除すれば良いので、わざわざ入力しなおすよりも簡単ですし、ミスもありません。無駄に、手作業で文字を入力することは、ミスを起こしやすいです。少しのことでも、入力を減らす癖にしておきましょう。

このように、「#」マークがある場合は、コメントや、無効になっている行なので、長いファイルであっても、実際に重要な情報は数行ということもあります。何かの設定を変更したい場合は、「#」マークのない行を見ていくと、該当の設定が探しやすくなります。もし、該当の項目が見つからない場合は、前述のとおり、コメントアウトされていることもあるので、そちらもよく確認してみてください。

● 設定値の記述

設定値は、「設定名　設定値」のように空白で区切った形式で指定します。 先ほどの「Timeout 300」であれば、「Timeout」の設定値が「300」であるという意味です。 空白で区切るので、慣れないと読みづらいかもしれません。慣れていきましょう。

Timeout 300
設定名　設定値

● 範囲を指定するディレクティブ

設定値を書いた時に、特に指定をしない場合は、全体に対する設定となりますが、範囲を限定したいこともあるでしょう。そうした場合は、ディレクティブで範囲指定します。範囲指定は、ディレクトリや、ファイル単位でもできますし、パス単位でも可能です。

範囲を指定するには、その適用範囲を「<Directory "/var/www"> ～ </Directory>」のような形で、「<●● 対象>」と「</●●>」で囲んで記述します。これが範囲を指定するディレクティブです。ディレクトリに対応するディレクティブであれば「Directoryディレクティブ」、ファイルに対応すれば「Fileディレクティブ」です。なお、「<Directory /> ～ </Directory>」の始まりタグの「/」はルートのパスを表し、閉じタグの「/」は、それが閉じタグであることを表しています。心得ておきましょう。

●タグは<●● 対象>˜</●●>の形式で記述する

項目	記述方法	記載場所
ディレクトリを指定する場合	<Directory 対象>˜</Directory>	apache2.conf　及び conf-available の conf ファイル
モジュールを指定する場合	<IfModule 対象>˜</IfModule >	mods-available の conf ファイル
ファイルを指定する場合	<Files 対象>˜</Files>	apache2.conf　及び conf-available の conf ファイル
バーチャルホストを指定する場合	<VirtualHost 対象>˜</VirtualHost>	sites-available の conf ファイル

例:<Directory "/var/www">~</Directory>
対象のディレクトリ

ディレクトリを指定した場合は、そのサブディレクトリも設定が有効になります。

● 環境変数

まだ出てきていませんが、設定ファイルでは、環境関数というものが使われています。

${名前}のように表記します。{名前}は、環境変数の名前です。例えば、${APACHE_RUN_USER}や${APACHE_RUN_GROUP}のように記述します。

環境変数の表記

```
${名前}
```

環境変数とは、シェル(注6)における変数だと考えてください。変数とは、値を保存するものです。この場合は、設定値の値を保存します。変数の中身は、別のファイルなどに記述があり、変更がしやすくなっています。

環境情報が自動で設定されている環境変数もあります。たとえば、既に学習したカレントディレクトリやホームディレクトリなども、そうした環境変数の一つです。

6-1-4 設定ファイルの意味　apache2.confの内容

ここからは、設定ファイルの項目を一つずつ解説していきます。

全解説といきたいところですが、設定ファイル自体が複数存在しますし、すべての項目を紹介するとなると、膨大で読む側もつらいでしょうから、重要な項目を中心に(注7)扱います。入門者のうちは、理解できなくてもかまいません。必要になったら改めて勉強して下さい。

ファイルごとに解説するので、実際に設定情報を見たい場合は、catコマンドやmoreコマンドで該当ファイルを開いてみると良いでしょう。

設定ファイルに書かれた内容の多くは、頻繁に書き換えるものではありません。

● apache2.confの内容

apache2.confは、メインの設定ファイルです。主要な設定項目は、次の通りです。

タイムアウトの設定（Timeout 秒数）

```
Timeout 300
```

ユーザーがアクセスしてきたときにタイムアウトの設定です。300秒（5分）に設定されています。

(注6) シェルとは、UNIX システムにおいて、入力したコマンドを読み取り、それをシステムへと伝える役割をする小さなプログラム。LinuxはUNIX派生のOSなのでシェルが使われている。ユーザーがコンソールからキーボードで操作ログインしたり、SSH などでログインした時には、シェルが起動し、入力内容を読み込んで、システムに伝える役割を担う。「#（井桁）」や「$」のようなプロンプトが表示されますが、このプロンプトを表示しているのもシェルです。

(注7) 全項目の詳しい解説は、公式サイトを確認してください。
https://httpd.apache.org/docs/2.4/mod/core.html

実行ユーザーとグループ（User ユーザー名 Group グループ名）

```
User ${APACHE_RUN_USER}
Group ${APACHE_RUN_GROUP}
```

Apacheを実行するユーザーとグループの設定です。変更する必要はありません。

${APACHE_RUN_USER}や${APACHE_RUN_GROUP}のように環境変数が設定されています。環境変数の設定自体は、/etc/apach2/envvarsに以下のように記述されています。

▼/etc/apach2/envvars内の記述

```
export APACHE_RUN_USER=www-data
export APACHE_RUN_GROUP=www-data
```

「export」というのが環境変数を設定する命令で、APACHE_RUN_USER、APACHE_RUN_GROUPともに、「www-data」に設定されており、www-dataというユーザー、グループとして実行されます。このユーザー/グループは、システムユーザー/システムグループです。

エラーログの設定（ErrorLog ファイル名）

```
ErrorLog ${APACHE_LOG_DIR}/error.log
```

エラーログの保存先の設定です。どこのディレクトリに、なんという名前で書き出されるかを設定しています。つまり、エラーがでたら、このファイルを確認すれば、ログを見られるのです。

ただ、これでは「error.log」というファイル名はわかりますが、保存先のディレクトリがわからないですね。保存先のディレクトリは、「APACHE_LOG_DIR」という環境変数になっています。

では、APACHE_LOG_DIRはどうなっているかですが、こちらも、envvarsで定義されていて、確認してみると初期状態では「/var/log/apache2」です。つまり、「/var/log/apache2/error.log」ファイルということになります。

▼/etc/apach2/envvars内の記述

```
export APACHE_LOG_DIR=/var/log/apache2$SUFFIX
```

なお、「$SUFFIX」は、Apacheを起動するときにオプションを指定するときだけ設定される値です。記述はされているものの、通常は中に何も設定されておらず、空の状態です。

エラーログの形式の設定（LogFormat 形式）

エラーログの形式は、LogFormatで定義します。とくに理由がなければ変更する必要はありません。

{Referer}は、ウェブサイトに訪れた閲覧者が直前に見ていたページを表しています。

{User-Agent}は、閲覧者のブラウザの種類です。

```
LogFormat "%v:%p %h %l %u %t \"%r\" %>s %O \"%{Referer}i\" \"%{User-Agent}i\"" vhost_combined
LogFormat "%h %l %u %t \"%r\" %>s %O \"%{Referer}i\" \"%{User-Agent}i\"" combined
LogFormat "%h %l %u %t \"%r\" %>s %O" common
LogFormat "%{Referer}i -> %U" referer
LogFormat "%{User-agent}i" agent
```

ディレクトリに対する動作の設定※.htacccess（AccessFileName ファイル名）

```
AccessFileName .htaccess
<FilesMatch "^\.ht">
        Require all denied
</FilesMatch>
```

Apacheにはディレクトリに特定のファイルを置いたとき、そのディレクトリに対してだけ認証を設定したり、動作を変更したりする仕組みがあります。それをAccessFileNameで設定します。「.htacccess」の部分は、動作を指定するファイルの名前です。このファイルは、慣例的に.htacccessという名前を付けることが多いので、こうした認証自体を通称「.htacccess」とも呼びます。

<FilesMatch "^\.ht"> ～ </FilesMatch>の部分は、「.ht」から始まるファイル(注8)に対する動作を指定しています。"^\.ht"の「^\」は正規表現(注9)で「.htから始まるファイル」という意味です。設定の初期状態では、これらのファイルに対して「Require all denied」になっているので、外からのアクセスの全てをdenied（拒否）しています。

ルート以下すべてのディレクトリに関する設定（<Directory /> ～ </Directory>）

```
<Directory />
        Options FollowSymLinks
        AllowOverride None
        Require all denied
</Directory>
```

TIPS

（注8）.htacccessの他、ユーザー認証するときにユーザー名やパスワードを記述するのに使う.htpasswdファイルなどが代表的

（注9）文字のパターンで検索したり置換したりするときに使われる書式

特定のディレクトリに対する設定は、<Directory ●●>のように、●●の部分に対象のディレクトリを記述し、</Directory>で括ります。

ここでは、対象のディレクトリとして「/（ルート）」が指定されているので、ルートディレクトリ以下、つまりすべてのディレクトリに対してまとめて設定しています。

<Directory />

この部分は、対象のディレクトリを示している
この書き方は、ややわかりづらいが、
「/(ルートディレクトリ)」を指定している

Apacheの設定は、安全のため、ルートディレクトリではすべての操作を禁止しておき、許可するものだけあとから許可する設定をするという方式をとっています。上の設定は、ルートディレクトリに対する、すべての操作を禁止する設定です。

各行は、設定項目です。「Options」、「AllowOverride」、「Require」をそれぞれ設定しています。一行ずつ解説していきましょう。

▼オプション（Options）の設定

```
Options FollowSymLinks
```

Optionsは、ディレクトリのオプションを設定するためのものです。「ディレクトリのファイル一覧を見せるかどうか」「CGI(注10)の実行」「シンボリックリンク(注11)が張られているときに、そのリンク先のファイルを見せるかどうか」などディレクトリに対する挙動を設定します。

表に示した値を設定できますが、ここでは、FollowSymLinksしか設定されていません。そのため、可能な操作は、シンボリックリンクをたどることだけで、ディレクトリのファイル一覧を見たり、CGIを実行したりする操作はできないように構成されます。なお、PHPやRubyなどの実行は、CGIの設定とは別に、モジュールと呼ばれる仕組みで実行されるので、この設定は関係ありません。

値	意味
All	MultiViews 以外のすべての機能
ExecCGI	mods_cgi による CGI スクリプトの実行
FollowSymLinks	シンボリックリンクをたどる

(注10) CGI (Common Gateway Interface) は、外部のプログラムを呼び出す方式の一つ。言語はPerlが良く使われたが、現在では、あまり使われなくなっている。詳しくは244ページコラム。

(注11) シンボリックリンクとは、別のディレクトリのファイルを、あたかも、その場所にあるように見せる仕組み。Windowsのショートカットのようなもの。

Includes	mods_includeによるSSI(注12)機能
IncludesNOEXEC	mods_includeによるSSI機能だが、#execと#exec CGIを使ったプログラムの実行は不許可
Indexes	DirectoryIndexで指定したファイルがないとき、格納されているファイル一覧を表示する
MultiViews	コンテンツネゴシエーション機能（ブラウザの言語情報に合わせて、その言語に対応するコンテンツを返すなど）を有効にする
SymLinksIfOwnMatch	所有者が合致するときだけシンボリックリンクをたどる

▼上書き(AllowOverride)の設定

```
AllowOverride None
```

「AllowOverride」は、上書きのことです。対象のディレクトリ（この場合は全てのディレクトリ）に、前述の.htaccessファイルを置くことで、このディレクトリの設定を変更できるかどうかの設定です。「None」は不可なので、許可しません。

▼アクセス権(Require)の設定

```
Require all denied
```

「Require」は、アクセス権の設定です。対象のディレクトリ（この場合は全てのディレクトリ）にアクセスするのに、どのような権限が必要なのかを設定します。例えば、接続元のIPアドレスや認証を受けたユーザーなどに対して、アクセスを「許可(granted)」か「拒否(denied)」を設定します。

初期の設定は、「all（すべて）」に対して「denied」が設定されているため、一切のアクセスを許さないという意味です。

Apacheの設定ファイルでは、安全のため、このようにいったんすべてのアクセスを禁止にしておいて、部分的に許可するところだけを許可（granted）するという設定をしていくのが慣例です。

/usr/shareに関する設定(<Directory /usr/share> ~ </Directory>)

同様に、/usr/shareに関する設定があります。<Directory ●●>のディレクトリが<Directory /usr/share>となっている箇所を見てみましょう。

これらの設定方法は、ルート以下すべての時と同じで、次のように設定されています。

TIPS　（注12）SSI (Server Side Include)は、あるHTMLのなかに、別のHTMLを差し込む仕組み。

```
<Directory /usr/share>
        AllowOverride None
        Require all granted
</Directory>
```

「AllowOverride None」になっているので、.htaccessファイルなどによる上書きは許可しません。「Require all granted」は、全ユーザーからのアクセスを許可しています。

/var/wwwに関する設定（<Directory /var/www/> ～ </Directory>）

/var/wwwに関する設定です。<Directory ●●>のディレクトリが<Directory /var/www/>となっている箇所です。

これらの設定方法は、ルート以下すべての時と同じで、次のように設定されています。

```
<Directory /var/www/>
        Options Indexes FollowSymLinks
        AllowOverride None
        Require all granted
</Directory>
```

「Options Indexes FollowSymLinks」なので、シンボリックリンクを許可し、ファイル一覧参照を許可します。「AllowOverride None」になっているので、.htaccessファイルなどによる上書きは許可しません。「Require all granted」は、全ユーザーからのアクセスを許可しています。

/usr/share、/var/wwwともに、これらを設定変更することもできますが、基本的には変更せず、ディレクトリの設定は、後述する000-default.confファイルなど、サイトの設定ファイルで変更します。

● 追加設定ファイルの読み込み

初期値から変更したい場合は、apache2.confを書き換えるのではなく、追加で読み込まれる各種ファイルを変更するのが慣例です。ここでは、それぞれのファイルの読み込み設定を説明します。

①受信ポート番号設定ファイルの読み込み（Include ports.conf）

ports.confファイルを読み込む設定です。ports.confでは、受信ポート番号の設定を行います。ファイルの中身については、次のページにて解説します。

```
Include ports.conf
```

②モジュール設定ファイルの読み込み（IncludeOptional ファイル名）

「IncludeOptional　ファイル名」で読み込むファイルを指定します。ファイル名として、「mods-enabled/*.load」「mods-enabled/*.conf」が指定されているので、mods-enabledディレクトリにある、拡張子「.load」と「.conf」のすべてのファイルが読み込まれます。

モジュール関係ファイルには、モジュールを読み込む「.loadファイル」と、モジュールの設定ファイルの「.confファイル」の2種類があるので、このように二つ書くのです。ファイルの中身については、次のページにて解説します。

```
# Include module configuration:
IncludeOptional mods-enabled/*.load
IncludeOptional mods-enabled/*.conf
```

③基本的な設定追加ファイルの読み込み（IncludeOptional ファイル名）

モジュール設定ファイルと同じようにconf-enabledディレクトリにある、拡張子「*.conf」のすべてのファイルが読み込まれます。ディレクトリに入っているファイルの中身については、次のページにて解説します。

```
# Include generic snippets of statements
IncludeOptional conf-enabled/*.conf
```

④サイトの設定ファイルの読み込み（IncludeOptional ファイル名）

モジュール設定ファイルと同じようにsites-enabledディレクトリにある、拡張子「*.conf」のすべてのファイルが読み込まれます。これはサイトの設定で、アクセスされたときに、どのディレクトリを見せるのかなどを設定するファイル群です。ディレクトリに入っているファイルの中身については、次のページにて解説します。

```
# Include the virtual host configurations:
IncludeOptional sites-enabled/*.conf
```

6-1-5 設定ファイルの意味　追加ファイルの内容

追加設定ファイルの中身を紹介していきましょう。ファイルやディレクトリごとに扱います。

ファイルの中身を見るコマンドも記載しておくので、実際に見て確認したい場合は、実行してみましょう。

● ports.conf (/etc/apache2/ports.conf) ポート番号関連のファイル

Apacheが待ち受けるポート(注13)番号を定義するファイルです。apache2.confファイルから読み込まれます。

ports.confを見るコマンド

```
nyagoro@yellow:~$ cat /etc/apache2/ports.conf
```

ports.confでは、初期状態として、二つのポートが設定されています。ポート80(HTTP)と、ポート443(HTTPS)です。

ポートを開ける(待ち受け状態にする)場合は、Listenで設定します。Listenとは、ご存じの通り、聞くという意味です。ポートを開けることで、「デーモンが聞き耳を立てるようになる」と覚えておくと良いでしょう。

受信ポートの設定

```
Listen 80

<IfModule ssl_module>
        Listen 443
</IfModule>

<IfModule mods_gnutls.c>
        Listen 443
</IfModule>
```

ポート80の方は、特に指定がないので、全体に対する設定です。

ポート443は、「IfModule」のディクレクティブで囲まれています。これは、「ssl_module」や「mods_gnutls.c」のモジュールが有効になっている時だけ、ポートを開けるという意味です。

基本的に変更する必要はありませんが、何らかの理由(注14)でポート80が使えない時に、「ポート8080」など、別のポートに変更します。

TIPS

(注13) ポートとは、通信の出入り口のこと。詳しくは5章。

(注14) Dockerのようなコンテナ技術を使用して、複数のApacheサーバーを立てる時などに、よく変更される。

● conf-enabled、conf-available (/etc/apache2/ conf-enabled/、/etc/apache2/conf-available/) 基本的な設定追加のファイル

「conf-」から始まるディレクトリは、基本的な設定追加に関連するディレクトリです。

用意されている設定用ファイルは、conf-availableディレクトリに保存されており、そのうち、有効化するものだけをconf-enabledからリンクを張る仕組みですが、そもそも初期状態で、すべてが有効化されています。有効化は「a2enconf」、無効化は「a2disconf」を使います。設定名は、拡張子(注15)を含まないので、「charset.conf」ファイルならば、「charset」の部分を指定します。

ファイルの中身を見たい時は、catコマンドに続き、「available」ディレクトリにあるファイル名を指定します。「charset.conf」ファイルならば、「/etc/apache2/conf-available/charset.conf」です。有効化の時と指定が違うので気をつけましょう。

conf-availableのファイルを見るコマンド(ファイル名は拡張子も含んで指定する)

```
nyagoro@yellow:~$ cat /etc/apache2/conf-available/ファイル名
```

conf-availableにあるファイルの有効化(設定名は拡張子を含まない)

```
a2enconf 設定名
```

conf-availableにあるファイルの無効化(設定名は拡張子を含まない)

```
a2disconf 設定名
```

●conf-availableにあるファイル一覧

ファイル名	有効化	説明
charset.conf	○	デフォルトの文字コードを設定する。デフォルトでは何も設定されていない
localized-error-pages.conf	○	アクセスしてきたブラウザの言語によってデフォルトのエラーページを変更する。デフォルトでは何も設定されていない
other-vhosts-access-log.conf	○	バーチャルホストを設定する場合のアクセスログを設定する。デフォルトでは、other_vhosts_access.log および vhost_combined にログ出力するように構成されている
security.conf	○	セキュリティに関する設定。アクセスしてきたブラウザにサーバーソフトやOSの種類を返すか、ディレクトリの中身をデフォルトで見せるかなどの設定
serve-cgi-bin.conf	○	CGIに関する設定。/cgi-bin/ を有効にするかどうかなど。

TIPS (注15) そのファイルがどのようなファイルであるか説明する文字列。今回の例ならば、「.load」や「.conf」など「.」以降の部分。通常、「この拡張子のファイルなら、このプログラムを動かす」などの関連付けをされているので、例えば、WindowsでWordファイルを開くと、Wordが起動するようになっている。

● mods-enabled、mods-available（/etc/apache2/mods-enabled/、/etc/apache2/mods-available/）モジュール設定のファイル

Apacheは、「モジュール」と呼ばれる機能単位で構成されています。モジュールは、それを読み込むための「.loadファイル」と、その設定ファイルである「.confファイル」(注16)に分かれています。

conf-系のディレクトリと同じく、用意されているすべてのモジュール用ファイルは、mods-availableディレクトリに保存されており、有効化するものだけをmods-enabledからリンクを張ります。

モジュール名は、拡張子を含まないので、「actions.load」ファイルならば、「actions」の部分を指定します。

mods-availableのファイルを見るコマンド（ファイル名は拡張子も含んで指定する）

```
nyagoro@yellow:~$ cat /etc/apache2/mods-available/ファイル名
```

mods-availableにあるファイルの有効化（モジュール名は拡張子を含まない）

```
a2enmod モジュール
```

mods-availableにあるファイルの無効化（モジュール名は拡張子を含まない）

```
a2dismod モジュール
```

モジュールには、たくさんのファイルがあるので、よく使うもののみ(注17)を以下に示します。

モジュール関連は、初期値として常識的な設定がなされているので、あなたが初心者のうちは、変更する機会が少ないでしょう。表の中は、ザックリと目を通す程度で構いません。個々の内容は、徐々にスキルが上がって、変更をしなければならなくなってから勉強するので充分間に合います。

ただ、プロジェクトによっては、特殊な設定をしていることもあるので、慣れてきたら先輩や上司などに尋ねてみると良いでしょう。

●mods-availableにあるファイルの一部

ファイル名	有効化	説明
access_compat.load	○	ディレクトリやパスへのアクセス制御をするモジュール。granted や denied でアクセスの可否が設定できるようになるもので、一般に有効にして使う

（注16）モジュールによっては、.loadのみで、.confを使わないこともある。

（注17）全モジュールについては、https://httpd.apache.org/docs/2.4/ja/mod/ などを参照してください

actions.load		CGIの実行を可能とするモジュール
actions.conf		上記の設定ファイル
alias.load	○	別名設定を有効にする。AliasやScriptAlias、Redirectを使えるようにするもので、一般に有効にして使う
alias.conf	○	上記の設定ファイル
auth_basic.load	○	BASIC認証(注18)の機能を有効にする
auth_digest.load		ダイジェスト認証(注19)の機能を有効にする
authn_file.load	○	認証する際、ユーザー一覧をテキストファイルで書けるようにする。BASIC認証やダイジェスト認証を使う場合に必要
authz_core.load	○	基本的な認証機能を有効にする
authz_host.load	○	IPアドレスなどホストベースの認証機能を有効にする
authz_user.load	○	ユーザーベースの認証機能を有効にする
autoindex.load	○	ディレクトリが指定されたときにファイル一覧を自動生成する
autoindex.conf	○	上記の設定ファイル
cgi.load		CGIの実行機能を有効にする
deflate.load	○	データの圧縮機能を有効にする
deflate.conf	○	上記の設定ファイル
dir.load	○	パス名だけ指定されたとき（末尾「/」のとき）のデフォルトのファイル名などを規定する
dir.conf	○	上記の設定ファイル。index.html、index.cgiなどが設定されている
env.load	○	CGIを実行するときに、それに渡す制御値（環境変数）を設定する
filter.load	○	コンテンツを返すときに、それを加工するプログラムを動かせるようにする
http2.load		HTTP/2を有効にする
http2.conf		上記の設定ファイル
include.load		サーバーサイドインクルード機能（HTMLから別のHTMLを読み込む機能）を有効にする
mime.load	○	拡張子に基づくファイルの種類、言語の種類を設定する
mime.conf	○	上記の設定ファイル
mime_magic.load		ファイルの内容を自動判定して、種別を自動設定する
mime_magic.conf		上記の設定ファイル。/etc/apache2/magicファイルを読み込むように構成されている
mpm_event.load	○	イベント型のマルチプロセスモジュールを有効化する
mpm_event.conf	○	上記の設定ファイル
negotiation.load	○	複数言語のファイルを用意しておいて、ブラウザの言語に応じて返すファイルを返すなど、コンテンツの切り替え機能を有効にする
negotiation.conf	○	上記の設定ファイル
proxy.load		プロキシサーバー機能
proxy.conf		上記の設定ファイル
reqtimeout.load	○	リクエストのタイムアウトを設定できるようにする
reqtimeout.conf	○	上記の設定ファイル

TIPS

（注18）ブラウザ内蔵のダイアログボックスでユーザー名とパスワードを尋ねて認証する方法。パスワードは暗号化されない

（注19）BASIC認証と見た目は同じだが、パスワードがそのまま通信網を流れない安全な方式

rewrite.load		URLの書き換え機能を有効にする
setenvif.load	○	リクエストに応じて環境変数を設定する（CGIなどの外部プログラムで、アクセス元のIPアドレス、ブラウザの種別などを判別できるようにする）
setenvif.conf	○	上記の設定ファイル
ssl.load		SSL/TLSを有効にする
ssl.conf		上記の設定ファイル
status.load	○	/server-statusで、サーバーのステータスを参照できるようにする
status.conf	○	上記の設定ファイル。安全のため、デフォルトでは自分自身からアクセスしたときしか見えないように構成されている
suexec.load		CGIスクリプトを特定のユーザーの元で実行する
userdir.load		ユーザーのホームディレクトリに置いたファイルを「/~ユーザー名」などでアクセスできるようにする
userdir.conf		上記の設定ファイル

※有効化は、初期状態で有効であるかどうか。つまり、enabledからリンクされているかどうか。

● sites-enabled、sites-available

sites-から始まるディレクトリは、アクセスされたときに、どのディレクトリを見せるかなど、ウェブサイトの基本に関する設定をおこなうファイルが格納されています。初期状態では、2つしかファイルがありません。

conf-系や、mods-系と同じく、sites-enabled からsites-availableへリンクを張って有効化します。

sites-availableのファイルを見るコマンド（ファイル名は拡張子も含んで指定する）

```
nyagoro@yellow:~$ cat /etc/apache2/sites-available/ファイル名
```

sites-availableにあるファイルの有効化（サイト名は拡張子を含まない）

```
a2ensite サイト名
```

sites-availableにあるファイルの無効化（サイト名は拡張子を含まない）

```
a2dissite サイト名
```

ファイル名	有効化	説明
000-default.conf	○	デフォルトのサイト設定。アクセスされたときに/var/www/htmlの内容を見せる設定となっている。基本的には、このファイルを変更するとよい
default-ssl.conf		SSL/TLSでアクセスされる場合のサイト設定。同じく/var/www/htmlの内容を見せる設定となっており、通信に使う証明書の設定項目なども含まれている

全ての設定ファイルの中でも、もっとも編集することになるのは、000-default.confでしょう。

000-default.confの設定は、次の項目にて解説します。

6-1-6 000-default.confの編集

000-default.confは、デフォルトのサイトを設定する重要な設定ファイルです。サイトの構成を変更するには、このファイルを編集します。

そのままファイルを使うこともできますが、このファイルをコピーして、任意の名前に変更して使った方が良いでしょう。名前は、「nyagoro.conf」でも「mofukabursite.conf」でも自由に付けられます。「www.mofukabur.com.conf」のようにサイトのドメイン名を付けることもあります。ただ、どのような名前でも、必ず社内やチーム内で情報を共有し、ドキュメントに残しましょう。

やってみよう 000-default.confをコピーして、有効にする

実際にやってみましょう。000-default.confをコピーして、sites-availableに「tsunakan.conf」というファイルを作ります。

そして、それをsites-enabledからリンクして有効化したのち、元々存在している000-default.confのリンクを外して無効化します。

● tsunakan.confを作って有効にする

Step1 000-default.confをコピーして、tsunakan.confという名前で保存する

コピーのコマンドであるcpを使用します。

```
nyagoro@yellow:~$ sudo cp /etc/apache2/sites-available/000-default.conf /
etc/apache2/sites-available/tsunakan.conf
```

Step2 tsunakan.confを有効化する

sites-enabled から sites-available にある tsunakan.confにリンクします。

```
nyagoro@yellow:~$ sudo a2ensite tunakan
```

Step3 000-default.confを無効化する

000-default.confのリンクを削除します。

```
nyagoro@yellow:~$ sudo a2dissite 000-default
```

Step4 再読み込みする

これで000-default.confの代わりにtunakan.confが使われるようになりました。この設定を有効にするため、Apacheを再読み込みします。

```
nyagoro@yellow: ~$ sudo systemctl reload apache2
```

実際に成功しているかどうかを確認するには、lsコマンドで、sites-enabledにtsunakan.confが存在することと、000-default.confが存在しないことを確かめてみましょう。

```
nyagoro@yellow:~$ ls /etc/apache2/sites-enabled/
```

● 000-default.confの編集

apache2.confで行ったように、000-default.confの中身も重要なところを確認してきましょう。

設定を有効にする範囲　<VirtualHost ホスト名:ポート番号>～</VirtualHost>

```
<VirtualHost *:80>
・・・ここに設定内容が書かれている・・・
</VirtualHost>
```

000-default.confは、上記のように、全体が「<VirtualHost *:80>」と「</VirtualHost>」で囲まれています。これは設定の範囲を示すもので、<VirtualHost ホスト名:ポート番号>という書式になっています。

ホスト名としている「*（アスタリスク）」は、「どんなホスト名でも」という意味です。「:80」は、ポート80番（HTTP）で待ち受けているとき、という意味で、別のホスト名やポート番号での設定に変更したいときは、この部分を書き換えます。なお、ポートを変更したい場合は、ports.confもそれに合わせて変更しなければなりません。

不具合連絡先のメールアドレス（ServerAdmin メールアドレス）

```
ServerAdmin webmaster@localhost
```

サーバーの管理者のメールアドレスを指定しています。エラーページに連絡先としてデフォルトで記載されるメールアドレスなので、個人のメールアドレスではなく、技術サポートの代表メールアドレスなどを指定しましょう。

ドキュメントルート

```
DocumentRoot /var/www/html
```

アクセスされたときに見せるディレクトリを指定します。初期設定では、「/var/www/html」に設定されています。別のディレクトリを見せたいときは、この部分を変更します。

エラーログとアクセスログ

```
ErrorLog ${APACHE_LOG_DIR}/error.log
CustomLog ${APACHE_LOG_DIR}/access.log combined
```

エラーログやアクセスログの設定です。デフォルトでは、それぞれ${APACHE_LOG_DIR}（これはenvvarsで定義されていて/var/log/apache2です）に、error.logとaccess.logというファイル名で保存されます。別のファイル名にしたいときは、変更するとよいでしょう。

長い道のりでしたが、設定項目の解説は以上です。本書は入門書なので、簡単なところしか解説していませんが、少しは読めるようになってきたのではないでしょうか。

次のページでは、実際に設定ファイルの編集をおこなってみましょう。

6-1-7 設定ファイルを編集するには

設定ファイルを編集するには、2つの方法があります。

サーバー上だけで完結させるなら、viエディタで編集します。ちょっとした修正の場合には、大変便利です。

大規模に書き換えたい場合は、viエディタでやるとまどろっこしいので、ファイルをダウンロードして、手元のWindowsやMacで書き換え、アップロードしなおす方法が良いでしょう。転送には、SCPを使います。

今回は、練習も兼ねてviエディタを使います。わかる人は、ファイル転送での方法も試してみると良いのですが、その場合は、後述する文字コードや改行コードを選択できるテキストエディタでファイルを編集してください。

設定ファイルの変更は動作を変えることです。そのためこれに起因する不具合も出やすくなります。必ず**「すぐ戻せるようにする」**ことが大切です。

viエディタで編集する場合も、ローカルで編集する場合も、必ずバックアップを取り、何かあれば戻せるようにしておきましょう。

設定ファイルの変更を適用するには、Apacheの再起動が必要です。その間はアクセスできなくなります。実際のWebサーバーで行う場合は、ユーザーに告知することなどを事前に行い、運用に支障のないように実行しなければなりません。

なお、再起動（restart）の代わりに、再読み込み（reload）を指定すると、起動したまま設定変更を反映できます。

● 設定ファイル編集の流れ

viエディタで編集する方法を解説します。パソコンにテキストエディタ(注20)がある場合は、ファイルアップロードによる方法が簡単です。

やってみよう ➜ tsunakan.confを編集してメールアドレスを変更する

実際にやってみましょう。先ほど「tsunakan.conf」というファイルを作りました。このファイルのServerAdminの部分を編集して、サーバー管理者のメールアドレスを変更してみます。

● tsunakan.confのメールアドレスを変更する

Step1 tsunakan.confを開く

viエディタを使って、tsunakan.confを開きます。

```
nyagoro@yellow:~$ sudo vi /etc/apache2/sites-available/tsunakan.conf
```

Step2 ServerAdminを変更する

先頭から11行目あたりに、次の行があります。ここでは「@」以降に「localhost」が指定されていますが、これは「自分自身」という意味で、ドメイン名が未確定なときによく使われる表記です。

```
ServerAdmin webmaster@localhost
```

この部分を、適当なメールアドレスに変更します。設定によっては、メールアドレスが公開される可能性もあるので、個人のメールアドレスは入力しないのが望ましいです。ここでは、正しいメールアドレスである必要もないので、適当なダミーのアドレスを入力するのがよいでしょう。

```
ServerAdmin nyagoro@example.com
```

Step3 保存する

キーボードから[:][w][↵][:][q][↵]キーを順に押して、保存・終了します。

Windowsなどで編集してアップロードする場合は、文字／改行コードを指定して保存します。文字コードはUTF-8、改行コードはLFを選びます。

TIPS　(注20) プログラミング向けテキストエディタを使っている場合は、そちらを使いましょう。なお、Windows付属のメモ帳は、一部のバージョン除き動作しないので注意してください。

Step4 再読み込みする

設定を有効にするため、Apacheを再読み込みします。

```
nyagoro@yellow:~$ sudo systemctl reload apache2
```

メールアドレスの変更だけなので、何か見た目が変わるわけではありません。再起動後、正常に再起動出来た場合は、何もメッセージが表示されず、そのままプロンプトが返ってきます。

しかし、編集した内容に問題があるとエラーメッセージが返ってきます。たとえば「ServerAdmin」を間違えて「ServerAdmi」のように、後ろの「n」を書き忘れた場合などです。その場合は次のようにエラーメッセージが返されます。

エラーがあっても、ここでの例のように、systemctlでreload（再読み込み）を指定した場合は、その変更が反映されないだけで動きつづけますが、restart（再起動）を指定した場合は、停止した状態になります。

【エラーの場合】

```
nyagoro@yellow:~$ sudo systemctl reload apache2
Job for apache2.service failed.
See "systemctl status apache2.service" and "journalctl -xeu apache2.
service" for details.
```

この場合は、systemctl status apache2コマンドを実行して、Apacheのステータスを確認してみましょう。

```
nyagoro@yellow:~$ sudo systemctl status apache2
● apache2.service - The Apache HTTP Server
     Loaded: loaded (/lib/systemd/system/apache2.service; enabled; vendor
preset: enabled)
・・・略・・・
Feb 07 22:04:39 yellow apachectl[32544]: AH00526: Syntax error on line 11
of /etc/apache2/sites-enabled/tsunakan.conf>
Feb 07 22:04:39 yellow apachectl[32544]: Invalid command 'ServerAdmi',
perhaps misspelled or defined by a>
Feb 07 22:04:39 yellow apachectl[32541]: Action 'graceful' failed.
Feb 07 22:04:39 yellow apachectl[32541]: The Apache error log may have
more information.
Feb 07 22:04:39 yellow systemd[1]: apache2.service: Control process
exited, code=exited, status=1/FAILURE
Feb 07 22:04:39 yellow systemd[1]: Reload failed for The Apache HTTP
Server.
```

上記の例では、「Syntax error on line 11 of /etc/apache2/sites-enabled/tsunakan.conf:」というメッセージが出ています。これは、tsunakan.confの11行目に構文エラー(Syntax error：記述ミス)がありますという意味です。そこで、このファイルの11行目あるいはその周辺に書き間違いがないかを確認します。

COLUMN

文字コードと文字化け／改行コード

Webサイトを閲覧する時に、日本語で「こんにちは」と書いてあったとします。

この「こんにちは」は、ホームページ作成ソフトでソースを見たり、メモ帳で開いたりしても「こんにちは」なのですが、パソコンの中身としては、独自のデータに変換して保存しています。

例えば、「こんにちは」であれば、「e38193 e38293 e381ab e381a1 e381af」「あ い う え お」であれば、「e38182 e38184 e38186 e38188 e3818a」となります。一つの文字に対し、特定の数字列が割り当てられており、混ざってしまうことはありません。

文字とデータ列の組み合わせは、いくつか種類あり、**「文字コード」**と呼ばれます。先に書いた組み合わせは**「UTF-8」**という文字コードです。

コード名	通称	特徴
cp932_japanese_ci	CP932	Windows で採用されているシフト JIS コード
sjis_japanese_ci	シフト JIS	丸文字などの扱いが cp932_japanese_ci と少し違う
ujis_japanese_ci	EUC	Linux などで過去使われていた
utf8_general_ci	UTF-8	UTF-8 形式の文字コード。ほとんどの場合、これを使う

現在では、Webのコンテンツは「UTF-8」が主流となっていますが、**「シフトJIS」**などの異なる文字コードで作成されたコンテンツもあります。

文字コードが違ってしまうと、同じ数字列でも違う文字を示す結果になります。これが**「文字化け」**です。

UbuntuのApache設定ファイルでは、デフォルトの文字コードの設定はありませんが、OSによっては、charaset.confなどに、「UTF-8」をデフォルトにする設定がされていることがあります。すると、「UTF-8」以外のファイルを置くと文字化けするので注意してください。

もう1つ重要な設定が改行コードです。改行コードは、改行を示す文字コードです。

違う改行コードで記述してしまうと、設定ファイルなどが上手く動作しないことがあります。Apacheの改行コードはLFです。他に、CR+LFなどがあります。設定ファイルをWindowsやMacで書き換えて、アップロードする場合は、こうした文字コードや改行コードを指定して保存する必要があります。

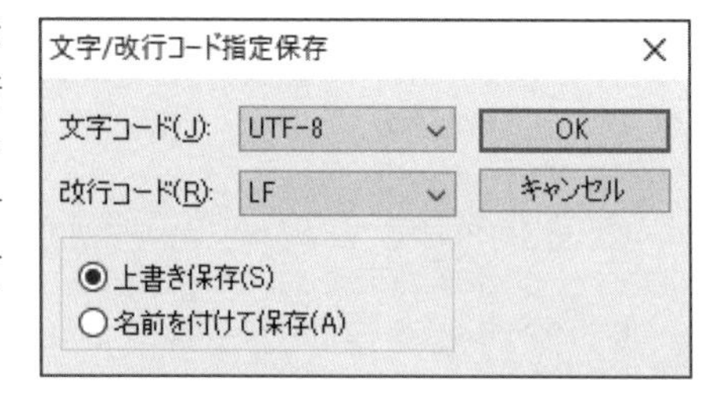

6-2 エラーページをカスタマイズしてみよう

Webサイトにアクセスした時に、そのページがないなどの問題があれば、エラーページが表示されます。そのエラーページを編集してみましょう。

6-2-1 エラーページの仕組み

インターネット上のWebサイトを見ようとした時に、目的のサイトにアクセスできず、エラーが表示されることがあります。

このエラーページは、サーバーで設定されています。

デフォルトでは、Apacheの標準エラーページですが、これは「Not Found」の文字があるだけの味気ないものです。

試しに、存在しない架空のページ（http://IPアドレス/abcdef.html）にアクセスしてみてください。

Not Found

The requested URL /abcdef.htnl was not found on this server.

このページは、カスタマイズできます。やってみましょう！

6-2-2 エラーページの種類

HTTPは、処理の成功不成功などを示す3桁の番号が付いています。それを**「ステータスコード」**と言います。

左の百の位は「1～5」で正常に終了したかどうか、十の位と一の位は、詳細な情報を示します。エラーと定義されているのは400番台と500番台です。エラーページを設定するには、この番号で表示されるものを定義します。

●ステータスコードの百の位の意味

百の位	意味
100 番台	処理継続中
200 番台	処理に成功
300 番台	リダイレクト、別の URL に移動
400 番台	リクエストに問題があるエラー
500 番台	サーバーの処理に問題があるエラー

●エラーの場合（400番台、500番台）の主なエラーコード

番号	意味	
400	Bad Request	リクエストが不正
401	Unauthorized	認証が必要
402	Payment Required	支払いが必要
403	Forbidden	禁止操作。アクセス権がないなど
404	Not Found	ページが見つからない
405	Method Not Allowed	指定された操作が禁止されている
500	Internal Server Error	内部サーバエラー、プログラムの実行に失敗したなど
501	Not Implemented	その機能は実装されていない
502	Bad Gateway	プロキシサーバーなどが正しくない
503	Service Unavailable	サービスを提供不可、負荷が高くなりすぎていて接続拒否したなど

6-2-3 エラーページを作る

エラーページは、「ステータスコード」と「ページを構成するHTML」とを関連付けることで設定します。

Step1 エラーページを作って配置する

たとえば、「myerror.html」というファイルを作り、エラーページとします。

せっかくなので、日本語のエラーページにしましょう。Apacheの規定のものは英語です。

```
<!DOCTYPE html>
<html>
<head>
<meta charset="utf-8">
<title> Not Found </title>
</head>
<body>
404エラー！<br>ページが見つかりません。<br>
<img src="shashin.jpg"> ——— 写真を入れる場合のみ。入れない場合はこの行を削除
</body>
```

```
</html>
```

今回はhead部に<title>を追加しています。これは、ページのタイトルを表すものです。Webページには表示されませんが、ブラウザのタブや検索結果に表示されます。今回は、タイトルを「Not Found」としました。

画像を入れてみたい場合は、<img src="画像ファイル名">で入れられます。「shashin.jpg」ファイルであれば、<img src="shashin.jpg">と記述します。body部に入れてみましょう。

ファイルを保存する場合には、ファイル名を「myerror.html」、ファイルの種類は「すべてのファイル」、文字コードは「UTF-8」を選択します。

Step2 ファイルをアップロードする（サポートページでくわしく解説）

WinSCPでファイルをドキュメントルート（/var/www/html）にアップロードします。初期状態では、権限の問題でアクセスできないので、5-6-5を参考にドキュメントルートの所有を「nyagoro」に変更しておいて下さい。5-6-4のようにコピーする方法でもかまいません。

5-8でポートを「8022」に変更している場合は、ログイン情報も変更して下さい。アップロードするファイルは、「myerror.html」ですが、写真を入れた場合には、写真も同じ場所にアップロードします。

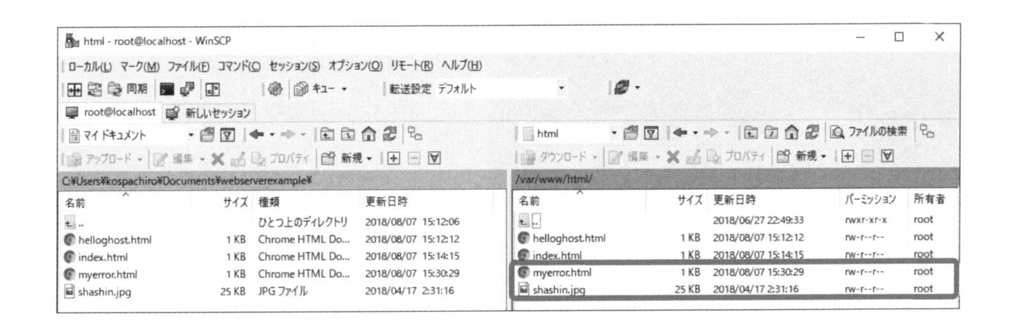

Step3 localized-error-pages.confを変更する

設定ファイル（/etc/apache2/conf-available/localized-error-pages.conf）で、ステータスコードとHTMLのファイルとを関連付けます。

ステータスコードは、最後の方の行にコメントアウトして記述されています。

```
#ErrorDocument 500 "The server made a boo boo."
#ErrorDocument 404 /missing.html
#ErrorDocument 404 "/cgi-bin/missing_handler.pl"
#ErrorDocument 402 http://www.example.com/subscription_info.html
```

「ErrorDocument 404」とあるのが、404エラーの時の挙動です。404に関する記述は、二つありますが、これらは例として残しておいて、今回は、新しく追加することにします。

これらのエラードキュメント群の最後に以下のような内容を追記します。

画像はHTMLに紐付いているので、記述する必要はありません。

```
ErrorDocument 404 /myerror.html
```

設定を変更したら、保存して、「sudo systemctl reload apache2」コマンドでApacheの設定を再読み込みします。

Step4 ブラウザで再確認する

Webブラウザで、存在しない架空のページ(http://IPアドレス/abcdef.html)を表示させます(注21)。既に表示している場合は、「F5」キーで再読み込みしましょう。作成したエラーページが表示されます(注22)(注23)。

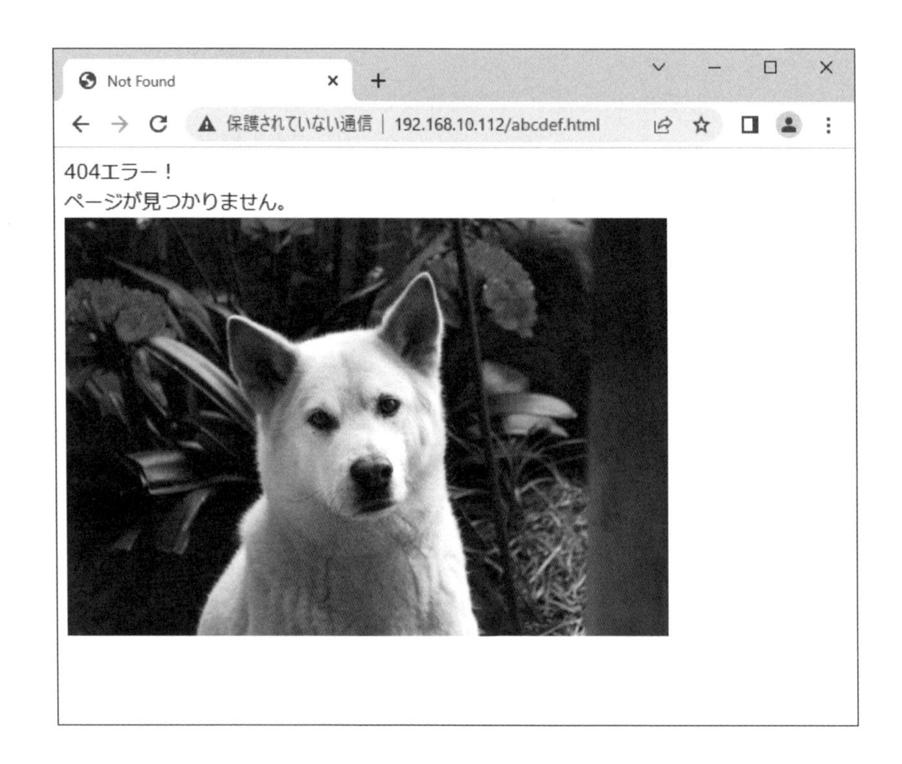

(注21) IPアドレスは、4章で確認したアドレスを使用します。192.168.10.112など、自分の環境にあわせて下さい。

(注22) 紙面に限りがあるので、詳しくは説明できませんが、「404エラー!」の文字を大きくしたい、色を変更したいなど、更にカスタムしたい場合は、CSSを勉強してみると良いでしょう。

(注23) 作例として使用している写真のサイズは、500px×334pxです。スマホで撮影した写真は、大きすぎるかもしれないので、その場合は、Windows付属の「ペイント」などで縮小するか、HTMLのタグで小さく表示しましょう。
ペイントは、スタートメニューから[Windows アクセサリ] — [ペイント]で起動できます。

6-3 Webサイトへのアクセスを制限する

Webサイトは、万人に公開するためのものとは限りません。会員制のサイトや内輪で使いたいなど、アクセスする人を限定したいケースもあります。

6-3-1 Webサイトへのアクセスを制限

Webサイトにアクセスする人を制限したい場合、いくつかの方法があります。

①Webサイトにたどり着きづらくする

Webサイトへのアクセスは、他サイトからのリンクか、URLの直接入力によって行われます。他サイトからのリンクで最も多いのが、GoogleやYahoo!などの検索サイトからのアクセスでしょう。

そのため、robots.txt（注24）などをドキュメントルート設置して、検索サイトに拾われないようにする方法があります。ただしこの方法ではURLがバレたらアクセスできてしまいますし、いくつか抜け穴もあります。

より有効な方法としては、Apacheの設定（具体的にはRequireの設定）、もしくは、ファイアウォールの設定などで、特定のIPアドレスからしか操作できないように制限することが考えられます。

社内サーバーなどでクライアントのIPが固定できる場合によく使われます。

②Webサイト内部に入れないようにする

会員制のWebサイトなど、接続元のIPアドレスが固定できない場合は、ユーザー認証が使われるのが一般的です。

JavaScriptやPerl・PHPなどを使って、プログラムでログインの仕組みを作ったり、Apacheの機能を利用したBasic（ベーシック）認証や、Digest（ダイジェスト）認証でユーザー名とパスワードを確認したりします。

どのような認証方法を取るかは、技術力やリソースなどとの相談になります。コストに見合う方法を取ると良いでしょう。Webサービスの場合はBasic認証はあまり用いないことは、念のため覚えておいてください。

TIPS

（注24）robots.txtとは、検索エンジンのロボット（クローラー）に対し、指示するテキスト。HTML文書内にメタタグとして指示を書くこともあります。ただし、各社のロボットによって、若干文法が違うため、すべてのロボットに対して完全ではありません。

6-3-2 Basic認証とDigest認証の仕組み

Apacheでは、「.htaccess」（ドットエイチティーアクセス）を使ったBasic認証とDigest認証に対応しています。

どちらもサーバー側にユーザー名とパスワードのファイルを置いて、それを認証に利用する仕組みです。Basic認証は、それだけだと平文で通信されるため、盗聴されてしまうと、パスワードが漏れることがあります。そのため、SSLでの暗号化とセットであることが多いです。

一方、Digest認証はチャレンジ&レスポンスという方式を使用しており、パスワードを直接通信網に流すことなく、1回限り有効な計算値を使って認証します。ただし、一部ブラウザやレンタルサーバーで対応していないケースもあります。

Basic認証とDigest認証ともに、ユーザー名とパスワードを問う「.htaccess」ファイルと、正しいユーザー名とパスワードを記載したパスワードファイルを使用して認証を行います。

「.htaccess」ファイルは、ユーザー制限をしたいディレクトリに配置します。

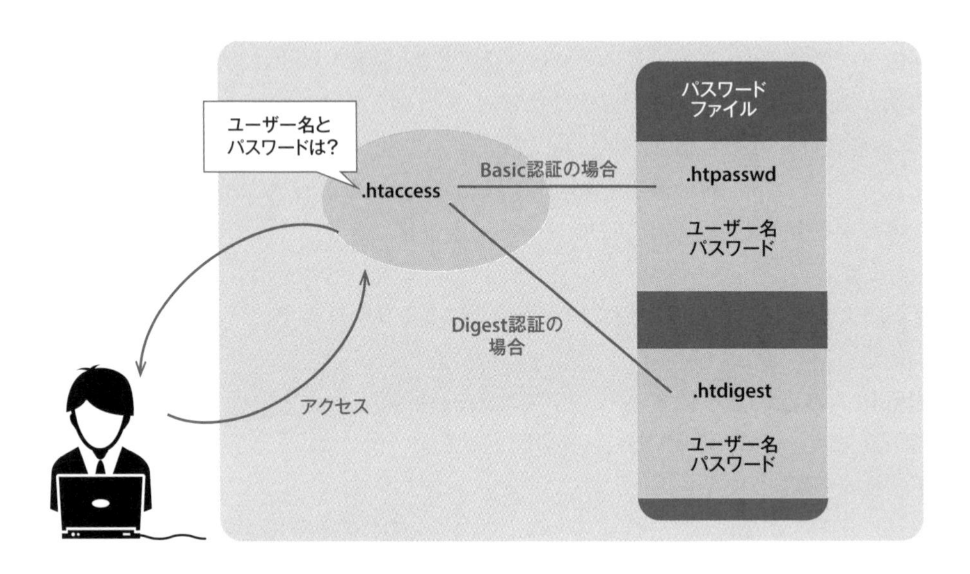

● Basic認証やDigest認証を設定する

デフォルトでは「.htaccess」は有効になっていないので、Basic認証やDigest認証を設定するには、サーバー側の設定として、Apacheの「.htaccess」を有効にする必要があります。

これらは、Apacheの設定ファイル（/etc/apache2/conf-available/security.conf）で、変更します。「.htaccess」を有効にしてみましょう。

viエディタで開いて、設定ファイルの<Directory /> ～ </Directory>（ルートの設定）の次ぐらいに<Directory /var/www/html>の設定を追加します。

```
# This currently breaks the configurations that come with some web
application
# Debian packages.
#
#<Directory />
#   AllowOverride None
#   Require all denied
#</Directory>

<Directory /var/www/html> ──── ここからの3行を書き加える
   AllowOverride All
</Directory>
```


デフォルトでは/etc/apache2/apache2.confに<Directory /var/www/>の設定が「AllowOverride None」で設定されているため、そのサブディレクトリである「/var/www/html」もNoneで設定されていますが、後に読み込まれる「security.conf」で「All」を記述することで「None」を「All」に書き換えます。そうすると、「.htaccess」が使えるようになります。

設定を変更したら、保存して、「sudo systemctl reload apache2」コマンドでApacheの設定を再読み込みします（もしくはreloadのかわりにrestartで再起動）。

6-3-3 パスワードファイルを作る

認証では、ユーザー名とパスワードの組み合わせが記述されたパスワードファイルをサーバーに置き、入力された情報と合致するかを確かめます。

パスワードファイルは、Basic認証の場合、「.htpasswd」（ドットエイチティーパスワード）という名称にするのが一般的です。Digest認証の場合は、「.htdigest」（ドットエイチティーダイジェスト）です。

この時、サーバー側は生の状態のパスワードが置かれるわけではありません。**「ハッシュ化」**(注25)されたものが保存されています。

レンタルサーバーの場合、「.htpasswd」や「.htdigest」ファイルは、制限をかけるディレクトリやドキュメントルート、公開領域の親ディレクトリに置かれることが多いですが、別の場所でも構いません。セキュリティを考えると、置けるのであれば、非公開領域の方が良いでしょう。

Basic認証における「.htpasswd」ファイルの書式は、ユーザー名とハッシュ化されたパスワードをコロンで繋いで記述します。

(注25) ハッシュとはデータの特徴を示した計算値。データから算出できる一意な値で、ハッシュから元のデータに戻すことはできない。

```
ユーザー名:ハッシュ化されたパスワード
```

例えば、以下のようなユーザーとパスワードを設定するとします。

ユーザー名	パスワード
banana	bananapass

この場合、パスワードである「bananapass」をハッシュ化した文字列を書き込むので以下のようになります。

```
banana:$apr1$pjklmVHX$QIc51g0ns7t6uhQ2d4ZH3/
```

「$apr1$rzmRQ59l$g.QIyyaOt5JkZWl7IF2sC.」の部分は、「bananapass」をMD5（ハッシュ化の一形式）でハッシュ化したものです。このように、パスワードはハッシュ化して記述します。

ダイジェスト認証の場合は、ユーザー名に「レルム」と「ユーザー名とレルムとパスワードを:でつなげてMD5した値」をつなげて記述します。レルムとは、ユーザー名とパスワードを入力する画面で表示される文言のことです。

```
ユーザー名:レルム:MD5した値
```

例えば、以下のようなユーザー名パスワード、レルムだとします。

ユーザー名	パスワード	レルム
banana	bananapass	Please input password

すると、以下のような記述方法になります。

```
banana:Please input password:4c24626e523af2ee637d45161544d538
```

●パスワードをハッシュ化する

実際にBasic認証で使うパスワードファイルを作ってみましょう。

パスワードをハッシュ化するには、Apacheの機能を使う方法（htpasswdコマンド）と、.htaccess対応パスワードを作成するジェネレーターを提供しているサイトを使う方法があります。Apacheの機能（htpasswdコマンド）を使用した方が安心です。

Apacheでは、ハッシュ化の計算方式として、「bcrypt」「MD5」「SHA1」「CRYPT」の4つの方式に対応しています。どの計算式を使っても大丈夫です。

やってみよう ➡ htpasswdコマンドを使って.htpasswdファイルを作成する

Apacheに付属のhtpasswdコマンドを使う場合は、ハッシュ化されたパスワードを生成するのではなく、「.htpasswd」ファイルそのものを作成できます。

● 「.htpasswd」ファイルを生成するコマンド

```
nyagoro@yellow: ~$ sudo htpasswd -c ［パスワードファイル名］ ［ユーザー名］
```

少しわかりづらいかもしれませんが、このコマンドで、ユーザー名とハッシュ化されたパスワードの記述されたファイルが作成されます。

最初に作成する時は、「-c」オプションをつけて作成し、追記していく時には、オプションを外します。

● 「.htpasswd」ファイルにユーザー名とパスワードを追記するコマンド

```
nyagoro@yellow: ~$ sudo htpasswd ［パスワードファイル名］ ［ユーザー名］
```

例えば、bananaユーザーを.htpasswdファイルに記述する場合は、以下のように書きます。.htpasswdファイルは、初めて作るものとし、「/etc/apache2/」にファイルを置くこととします。

```
nyagoro@yellow: ~$ sudo htpasswd -c /etc/apache2/.htpasswd banana
```

コマンドを入力すると、パスワードが聞かれるので、パスワードを設定します。

パスワードは表示されないので注意してください。

```
nyagoro@yellow: ~$ htpasswd -c /etc/apache2/.htpasswd banana
New password:□□□□ ――― 表示されないので注意
Re-type new password: □□□□ ――― 表示されないので注意
Adding password for user banana
```

「Adding password for user banana」と表示されたら成功です。「banana」ユーザーのパスワードが記述された「.htpasswd」ファイルが生成されました。

生成されたファイルは、「cat」コマンドか、「less」コマンドで見てみましょう。ハッシュ化されています。

```
nyagoro@yellow: ~$ cat /etc/apache2/.htpasswd
banana:$apr1$pjklmVHX$QIc51gOns7t6uhQ2d4ZH3/
```

COLUMN

ハッシュ化

ハッシュ化とは、暗号化の一種で、元のデータを予測できないよう、特別の計算式を使って変換した値のことです。パスワードを保存する場合などに、元のパスワードを漏洩しないようにするために、元のパスワードの値を比較するのではなく、ハッシュ化された値を比較するなどの方法を使うことで、生のパスワードが漏洩するのを防ぐ目的で使います。

6-3-4 ユーザーとパスワードを設定する

パスワードファイルが準備できたら、制限をかけたいディレクトリに「.htaccess」ファイルを置いて、認証機能を有効にします。

ドキュメントルートすべてに対し、制限をかける場合は、「/var/www/html」にファイルを置きます。もし、ドキュメントルート内の一部のディレクトリ（例えば、ドキュメントルート直下の「secret」という名前のディレクトリ）に制限をかけたければ、「/var/www/html/secret」に置くわけです。

「.htaccess」ファイルは、パスワードファイルと対になるようなファイルです。アクセスしてきたサイトの閲覧者に対し、ユーザー名とパスワードを問う役割を担います。

また、回答である「.htpasswd」ファイルや「.htdigest」ファイルの場所もこのファイルに記述されます。

以下のような書式で記述します。

```
AuthType 認証のタイプ
AuthName "メッセージとして表示したい文字（英語のみ）"
AuthUserFile パスワードファイル名
Require valid-user
```

AuthTypeには、認証のタイプを記述します。Basic認証であれば、「Basic」、Digest認証であれば「Digest」です。

AuthNameはメッセージとして表示したい文字を入力しますが、英語にしか対応していないので、"Please input password"としておきます。

AuthUserFileは、Basic認証で使うパスワードのファイル名です。「/etc/apache2/.htpasswd」のようにファイル名を記述します（Digest認証のときはAuthUserFileではなくAuthDigestFileでパスワードのファイル名を指定します）。

Basic認証の場合は、以下のようになります。

```
AuthType Basic
AuthName "Please input password"
AuthUserFile /etc/apache2/.htpasswd
Require valid-user
```

COLUMN

Digest認証を使うには

Basic認証ではなく、Digest認証を使うには、次のようにします。

1. パスワードファイルの作成

パスワードファイルは、htdigestコマンドを使って作ります。作成するファイル名は、「.htdigest」にするのが慣例です。htdigestコマンドには、ユーザー名の前に、あとでAuthNameに指定するのと同じ文字を指定します。

```
sudo htdigest -c /etc/apache2/.htdigest "Please input password "
banana
```

2. .htaccessファイルの作成

.htaccessファイルでは、次のように設定します。

```
AuthType Digest
AuthName "Please input password "
AuthDigestProvider file
AuthUserFile /etc/apache2/.htdigest
Require valid-user
```

3. Digest認証モジュールを有効にする

Digest認証モジュールは、有効になっていないので、次のコマンドを入力して、有効にします。

```
sudo a2enmod auth_digest
```

有効にしたら、次のコマンドを入力して、Apacheを再起動します。

```
sudo systemctl restart apache2
```

● ブラウザで再確認する

Webブラウザで、indexページ（http://IPアドレス/index.html）にアクセスしてみましょう[注26]。既に表示している場合は、「F5」キーで再読み込みしましょう。

すると、作成した認証画面が表示され、ユーザー名とパスワードを入力しないと、ページを表示できなくなるはずです。

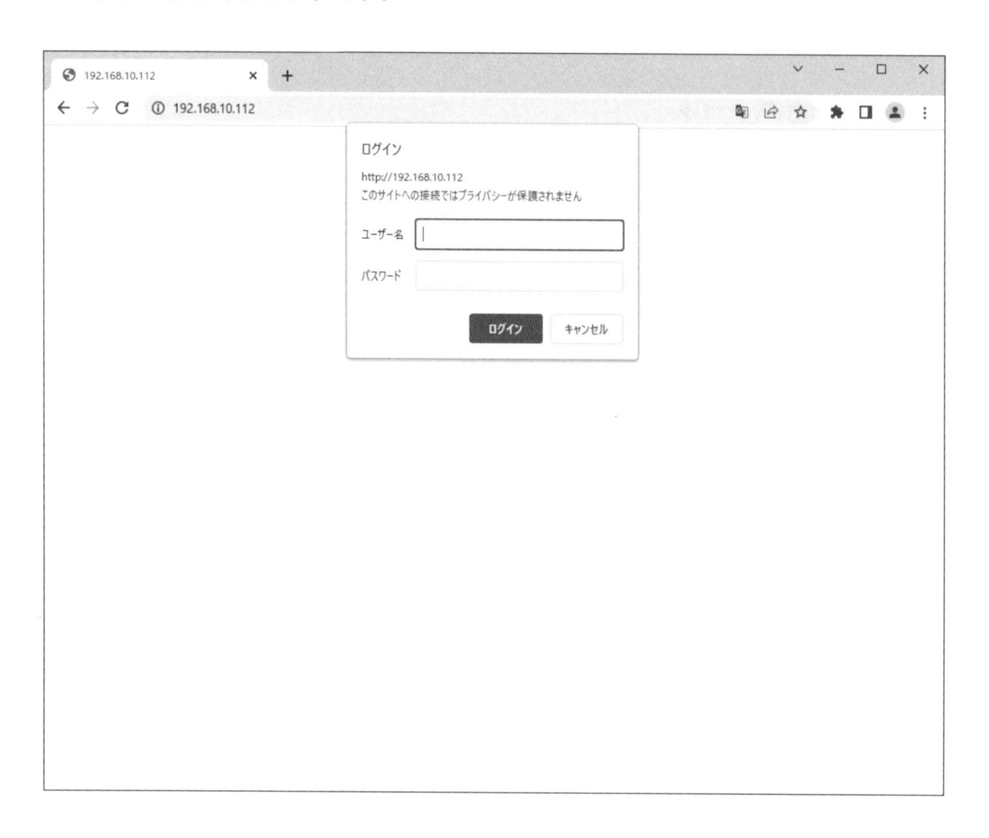

Apacheの設定ファイルの変更をいくつか行いましたが、これらは、Webサイトの運営時によく使うサーバ管理の知識です。

他に、ログの見方や、ドキュメントルートの変更方法、プログラムの実行方法、SSLの使い方なども、徐々に勉強していくと良いでしょう。

TIPS　（注26）IPアドレスは192.168.10.112など自身の環境にあわせて下さい。

COLUMN

認証情報をsecurity.confで設定

ApacheでのBasic認証とDigest認証を使う場合、「.htaccess」ファイルを使わずに、設定ファイル（security.conf）に直接記述することもできます。

ただし、root権限を持つユーザーでなければ、記述できないので大変不便です。

「.htaccess」ファイルであれば、サーバ管理者以外の人も変更できるため、利便性を考えれば、「.htaccess」ファイルの方が無難でしょう。

ただし、.htaccessファイルは都度読み込まれるため処理速度が低下します。

COLUMN

本格的なログイン機能

本書で紹介したBasic認証はあくまでも簡易なもので、SNSやECサイトなど広く使われるWebサービスではログイン機能の実装には使われません。PHPなどプログラム側でユーザーのログイン管理を行います。

要点整理

- ✔ Webサーバーの設定は変更できる
- ✔ エラーページを設定できる
- ✔ Basic認証でアクセスを限定できる

CHAPTER

7

Webサーバーでプログラムを実行させよう

せっかくWebサーバーを作ったのですから、今度は、サーバー上でプログラムを動かしてみましょう。
ここではPHPを動かします。PHPは、Webプログラミング用に開発された言語です。
PHPの簡単なプログラムを使い、サーバーでプログラムを動かすということを学びます。

7-1 Webサーバーでプログラムを動かす

Webサーバーを立て、ファイルのアップロードもできるようになりました。今度は、Webサーバー上でプログラムを動かしてみましょう。

7-1-1 サーバーでプログラムを動かす仕組み

4章でWebの仕組みについて説明しましたが、おさらいしておきましょう。

Webサーバーでは、ブラウザからの問い合わせを待っているデーモン（httpデーモン）があり、問い合わせに対して、コンテンツを提供します。

このような仕組みは、いわゆる**静的（せいてき）コンテンツ**と呼ばれるような既に作られたファイルの話です。静的とは「static」の訳語であり、「動かない」「固定化された」という意味の言葉で、一度作ったら勝手に変わらないファイルをこのように呼びます。動画も、動画自体は動きますが、勝手に内容が変わるわけではない既に作られたファイルなので静的コンテンツの一つです。

静的コンテンツをサーバーに置いておくと、サイトの閲覧者からのリクエストに応えて、Apacheが渡します。プログラムをウェブサイトで使う場合は、この仕組みにもう１段階加わり、サーバー上や、ブラウザでプログラムが動き、その結果を閲覧者が見るような形になります。このうち、サーバー上でプログラムを動かして、作成されたようなものを**動的コンテンツ**（動的とはdynamicのこと）と呼びます。

例えば、ウェブサーバーでよく使われるプログラムであるPHPの場合は、閲覧者からリクエストがあった場合、Apacheが受け付けるところまでは、同じですが、その後は該当のモジュール（PHPモジュール）が動き、プログラムを読み込んで、結果をApacheに返します。Apacheは、更にその結果を閲覧者に送ります。

どのモジュールが動くのか、そもそも動くかどうかは、Apacheで設定されています。

静的コンテンツと、動的コンテンツは、一見同じようなものに見えるので、普段は意識することはないかもしれません。ただ、掲示板やSNSのような閲覧者が何かを書き込んだら、そのページが変わるようなコンテンツや、メールフォームなどは、プログラムが必要です。多くは動的コンテンツとして作られています。サーバー上でプログラムを動かすことによって、サーバーの管理者がいちいちファイルを書き換えなくても、自動的にページが変わるのです。

動的コンテンツは、基本的には閲覧者がそのページを見るたびに生成されます。キャッシュして表示することもあります。

COLUMN

クライアントサイドプログラム

ブラウザ、つまりクライアント側のパソコンで動く場合は、サーバー上でファイルが実行されるわけではありません。そのため、「クライアントサイドプログラム」ないし「フロントエンドプログラム」と呼びます。これに対する言葉は、サーバー上で動く「サーバーサイドプログラム」です。

静的コンテンツや動的コンテンツと組み合わせて使われます。クライアントサイドで動くプログラムとしては、JavaScriptが有名です。

COLUMN

PHPモジュール以外のPHPの実行方法

ApacheからPHPを動作させる方法はいくつかあります。例えば、FastCGIというApacheとPHPを連携して動作させる手法も近年利用が広がっています。Ubuntuでは「php-fpm」など追加のパッケージのインストール、設定が必要です。

本書では、現場で利用されることが多いPHPモジュールの方式を解説します。

COLUMN

動的コンテンツをキャッシュする

動的に生成されるコンテンツは毎回閲覧者がアクセスするたびに、新しく作ります。そのため、閲覧者が多くなったり、リロードを繰り返されたりすると、プログラムが何度も実行されてサーバーへの負担が大きくなってしまいます。

この問題を解決する方法として、プログラムが動的なコンテンツを作成したあと保持し、2回目以降はそれを使うことで高速化するしくみがあります。これをキャッシュと呼びます。

例えば、掲示板やブログなどで、閲覧者はあらかじめ動的に作られたコンテンツを見ているのですが、コメントを書き込んだり、ブログを更新したりすると、サーバー上のプログラムが動き、新しいページを作成するような仕組みです。

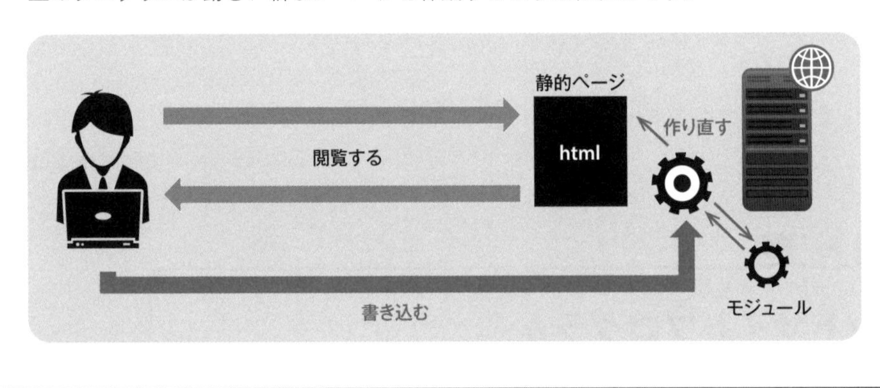

7-1-2 代表的なプログラミング言語

多くのプログラミング言語がありますが、Webサーバー上で動くプログラムを作るときは、主に次のような言語が使われます。

どの言語を使ってもかまいませんが、プログラムを置く予定のサーバーが対応しているか、その言語に自信があるか（周りに詳しい人が要るか、情報を得やすいか）、作成予定のコンテンツを作りやすいかなどを検討して選ぶとスムーズです。本書ではPHPを用います。

●よく使われるプログラミング言語

プログラミング言語	特徴
PHP （ピーエイチピー）(注1)	ウェブ開発のために生まれたプログラミング言語。言語仕様が容易なことや、ウェブに特化した機能が豊富で、プログラムを作りやすいことなどから、多くの開発で使われている。

Perl（パール）	Linuxなどのサーバーで実行されるツールを使うときによく使われる汎用的な言語。ウェブシステムの初期の頃によく使われ、CGIと呼ばれることもある。文法の難しさなどから習得するのに少し時間がかることなどから、近年では人気が落ちている。
Ruby（ルビー）	日本人のまつもとゆきひろ氏によって開発されたプログラミング言語。Ruby on Railsというフレームワークを使うことでWebシステムを簡単に作れる。
Python（パイソン）	Perlの後継としてよく使われるプログラミング言語。ライブラリが豊富で、AIなど様々なことができる。Webの開発に使われることも近年増えてきている。
Java（ジャバ）	サンマイクロシステムズ社が開発したプログラミング言語（現在はオラクル社中心に開発）。様々なOSで動作する特性を持つ。構造化されたプログラムを作れるのが特徴で、中規模以上のしっかりとしたウェブシステムを作るときに、よく用いられる。
JavaScript（ジャバスクリプト）（注2）	ブラウザ上で実行するプログラムを作るときに使うが、Node.jsと呼ばれる実行環境を使ってサーバー側のプログラムを作るときに使われることもある。

7-1-3 PHPをインストールする

PHPを例に具体的に説明していきます。

まず、自作のPHPのプログラムを動作させるために、PHPを実行するためのプログラム（本書では、PHP本体と呼ぶ）が必要です。Apache本体にはPHPを実行する機能がないので、これをインストールしなければなりません。

また、Webアプリケーションに使うためには、インストールすればすぐ動くというものではありません。Apacheと密接に動くので、Apache側での設定も必要です。このようにプログラムを実行できるように準備することを「実行環境を整える」といいます。

実行環境を整えるには、いくつかの設定方法がありますが、基本的には、該当するモジュールをインストールして、拡張子と結び付けておきます。すると、閲覧者のブラウザから、該当の拡張子のファイル（URL）が要求された時に、プログラムが実行され、その結果が返されるようになります。

モジュールが有効になる範囲はディレクトリ単位で設定することもできます。「このディレクトリはプログラムの実行を許可するが、ほかのディレクトリはしないようにする」といったこともできます。

（注1）PHPはWebシステムの構築において現在主力の言語と言って良いでしょう。特にLaravel（ララベル）やCakePHP（ケークピーエイチピー）などのフレームワークを使った開発がさかんです。

（注2）JavaScriptはブラウザ側のプログラミングに欠かせない言語です。React（リアクト）やVue.js（ビュージェイエス）などのライブラリがよく使われています。

COLUMN

汎用的にプログラムを実行するCGI

Webサーバーからプログラムを実行する場合、どんなプログラム言語でも対応できる方法として「CGI（Common Gateway Interface）」という仕組みがあります。

これは、プログラムをPHPモジュールなどで読み込んで実行するのではなく、実行形式のファイルを実行する仕組みです。この方法であれば、C言語など、Apacheがモジュールとして対応しないプログラム言語でも実行できます。

サーバーサイドプログラムの黎明期には、このCGIの仕組みを使ったPerlのプログラムが隆盛を極めました。

ApacheでPerlを実行する方式として古くから利用されるものには、Perlモジュールを使う方式と、CGI方式の2つがあります。

モジュールを使う場合は、そのモジュールがPerlのソースファイル（拡張子.plや拡張子.cgi）を読み込んで、それを解釈して実行します。それに対して、CGI形式では、1行目に「Perlインタプリタ」と呼ばれるPerlの実行エンジンとなるプログラムを指定しておくと、まず実行され、このインタプリタがプログラムを読み込んで実行します。

前者はApacheと一体になって動くのに対し、後者は、クライアントからアクセスされるたびにPerlインタプリタを実行する必要があり、効率が悪く遅いため、近年ではCGI形式の実行はあまり使われなくなってきました。Perlで書かれたプログラムのことをCGIと呼ぶのは、こうした経緯があるためです。

FastCGIという、CGIの課題をいくつか克服した仕組みもあります。PHPやPerlはFastCGIで動作させることが可能です。

COLUMN

Javaの場合の連携

Javaの場合、モジュールとして連携するのではなくて、Apacheとは別の、サーブレットコンテナと呼ばれるプログラム（Tomcatが有名）で動きます。

Apacheと連携する場合は、Apacheから受け取ったリクエストをサーブレットコンテナに転送するという形をとります。こうしたリクエストを転送する仕組みのことは「プロキシ」と呼ばれることもあります。

7-2 PHPの環境を整える

PHPは、Webアプリケーションを開発するためのスクリプト言語です。サーバーのプログラムとしては、扱いやすいです。まずは環境を整えてみましょう。

7-2-1 Webサーバーと LAMP サーバー

元々、Webとは、文書を共有するために考えられた技術です。それが、インターネットと結びつき、今では、インターネット上で、誰でもWebページにアクセスすることができます。

ただ、これらは、元々別々の技術であったように、Webサーバーは、インターネット上で使われるとは限りません。Webサーバーは、クライアントからのアクセスに対し、応答を返す仕組みです。それを利用して、システムの構築にも使われています。システムをWebサーバーと同居させ、応答をWebサーバーに担当させるのです。

また、Webページを作るHTMLやCSSと言った技術も、Webページではなく、システムのUIを作るのにも使われます。

なぜならば、1からこうした技術を作るのは大変であり、既存の技術を借りた方がコストの削減になるからです。こうしたシステムをWebシステムと言います。元々は、個々に最初から作られていたようなシステムも、インターネットやパソコンの広がりとともに、Webシステムとして構築されることが多くなりました。

このような Web 技術でシステムを組む時に**OS、Webサーバー、データベースサーバー、プログラム実行環境**をセットにして組むことが多く、特に、「Linux」「Apache」「MySQL」(注3)「PHP」の組み合わせを**LAMP（ランプ）サーバー**と言います。

（注３）今回、MySQLは扱いませんが、検索エンジンやSNS、ブログなどはデータベースが使用されており、現在のウェブアプリケーション開発では、主要な要素の一つです。MySQLの代わりにMariaDBが使われることもあります。MariaDBはMySQLと姉妹のような間柄のデータベースです。

語呂が良いのでLAMPサーバーが有名ですが、ただのソフトウェアの組み合わせなので、Linuxの代わりにBSDでもいいですしデータベースの部分はPostgreSQLでもいいでしょう。最近ではApacheの代わりにnginxも人気です。

大事なのは、「これらの組み合わせを土台にWebシステムを作ることが多い」という点です。

プログラムとして採用されることの多いPHPは、Webアプリケーション開発のために生まれた言語です。そのため、言語そのものに、Webアプリケーションの実装に便利な機能が備わっています。

他の開発言語であれば、外部のライブラリを使わなければならないような場面でも、PHPなら、言語に備わる機能を使って実現できることが数多くあります。

また、インタプリタ言語なので、コンパイル[注4]が必要ありません。実行環境さえあれば、ソースコードをコピーするだけで、そのまま実行できます。

コンパイルが不要であるということは、プログラムの修正が簡単であるということでもあります。ファイルも、元ファイルとコンパイル後のファイルに分かれない[注5]ので、管理が簡単です。

特に、Webアプリケーション開発では、修正や変更が多くありますが、そうした場合でも、あまり手間がかからずに変更できます。

このような性質から、よくウェブアプリケーション開発に使われます。

7-2-2 PHPの実行環境を整える

Apache上でのPHPの実行環境を整えるには、PHP本体とモジュールのインストール、Apacheの設定変更が必要です。

Ubuntuにおいては、PHP本体ともいうべき「php」パッケージを導入すると、Apache用のモジュールも含めて一式必要なファイルが導入できます。「apt」コマンドでインストールします。

自作のPHPプログラムを動かすまでの流れ

①PHP本体をインストールする
（PHP関連の設定ファイルが作られたり、設定が書き込まれるモジュールも同時にインストールされる）

②有効化してApacheの設定を反映させる
（PHPモジュールおよび、.phpファイルとの関連付けを有効にする）

③PHPで作った自作プログラムのファイルをサーバーに置く

（注4）プログラムのソースを機械語に変換すること。プログラム言語には、コンパイルが必要なコンパイラ言語と、不要なインタプリタ言語とがある。
プログラミングや実行が簡単な言語をスクリプト言語とも言う。PHPもスクリプト言語の一つ。

（注5）コンパイラ言語の場合、機械用にコンパイルしたファイルを人間が直接手直しするのは大変なので、元ファイルを保存しておき、修正のたびにコンパイルしなおすのが普通である。

インストールすると、「.php」の拡張子を持つファイルが、PHPモジュールに紐付けられると考えてください。

拡張子などのPHPの設定情報は、「/etc/apache2/mods-available/」ディレクトリに、「php8.1.load」や「php8.1.conf」というPHPの設定ファイルが作られ、そこに記載されます。

「/etc/apache2/mods-available/」は、6章で扱ったApacheの設定ディレクトリです。6章の段階では、存在しませんでしたが、このようにPHPモジュールをインストールすると出現します(注6)。

設定ファイルの名前は、「php8.1.load」や「php8.1.conf」です。勘の良い方はお解りかと思いますが、「php8.1」の「8.1」はPHPのバージョン番号です。バージョンを明示せずにインストールしたときは、その時点での最新版がインストールされます。これは本書の執筆時点のものですが、新しいバージョンが登場していれば、ファイル名が変わります(注7)。

紐付けられると、「.php」の拡張子を持つファイルが呼び出されたら、PHPモジュールが動く設定になります。動き出せば、モジュールは「.php」の拡張子のついたファイルを読み込み、プログラムを実行するわけです。

モジュールはインストールしただけでは、有効になっていません。これも6章でやりましたね。mods-enabledディレクトリからリンクして、有効にする必要があります。また、有効にしたら、Apacheを再起動して反映させます。

ここまでできれば、PHPの実行環境が整います。後は自作プログラムのファイルを置くだけです。デフォルトでは、ドキュメントルート以下の、ウェブから参照できる場所ならどこに置いてもPHPが有効になっています。

COLUMN

拡張子

拡張子とは、そのファイルがどのような形式で保存されているのかを表す識別子であり、ファイル名の後に表記されるものです。OSの設定によっては、非表示になっています。Wordであれば、「.docx」、Excelであれば「.xlsx」です。それと同じように、PHPで作られたプログラムは、「.php」という拡張子を付けて管理します。

(注6) PHPとApacheは全く別のものであるのに、Apacheのディレクトリに作られるのはおかしな感じがするかもしれません。これは、PHPとApacheが連動して動くためで、PHP本体はApacheとはまったく関係のないディレクトリにインストールされるのですが、連動しやすいようにモジュールだけApacheのディレクトリに入るのです。

(注7) 違うバージョンの設定ファイル名の確認は、mods-availableディレクトリにそれらしい名前がないか探すと良いでしょう

7-2-3 PHPをインストールしよう

PHP本体とモジュールをインストールします。いつもどおり「apt」コマンドでインストールできます。

● PHPをインストールするコマンド

```
nyagoro@yellow: ~$ sudo apt install php
```

```
nyagoro@yellow:~$ sudo apt install php
Reading package lists... Done
Building dependency tree... Done
Reading state information... Done
The following additional packages will be installed:
  libapache2-mod-php8.1 php-common php8.1 php8.1-cli php8.1-common
php8.1-opcache php8.1-readline ——— php8.1と導入バージョンが表示されている
Suggested packages:
  php-pear
The following NEW packages will be installed:
  libapache2-mod-php8.1 php php-common php8.1 php8.1-cli php8.1-common
php8.1-opcache php8.1-readline
0 upgraded, 8 newly installed, 0 to remove and 3 not upgraded.
Need to get 5,107 kB of archives.
After this operation, 21.3 MB of additional disk space will be used.
Do you want to continue? [Y/n] y ——— yと入力してEnter
Get:1 http://jp.archive.ubuntu.com/ubuntu jammy/main amd64 php-common all
2:92ubuntu1 [12.4 kB]
…略…
Creating config file /etc/php/8.1/mods-available/calendar.ini with new
version

Creating config file /etc/php/8.1/mods-available/ctype.ini with new
version
…略…
No VM guests are running outdated hypervisor (qemu) binaries on this
host.
nyagoro@yellow:~$
```

プロンプトが返ってくればPHPモジュールのインストールは成功です。

モジュールをインストールできたら、PHPの設定ファイルや、モジュールの設定ファイルを有効にします。

有効にする前にcatコマンドで中身を見ておきましょう。PHP本体をインストールすると、Apacheの「/etc/apache2/mods-available/」ディレクトリに、「php8.1.load」や

「php8.1.conf」というPHPの設定ファイルが作られているはずでしたね[注8]。

● PHPの設定を見る

```
nyagoro@yellow:~$ cat /etc/apache2/mods-available/php8.1.conf
```

この中にある「SetHandler application/x-httpd-php-source」の箇所が、「.php」ファイルとPHPモジュールを紐付けている部分です。

```
<FilesMatch ".+\.phps$">
    SetHandler application/x-httpd-php-source
    # Deny access to raw php sources by default
    # To re-enable it's recommended to enable access to the files
    # only in specific virtual host or directory
    Require all denied
</FilesMatch>
```

モジュールの設定ファイルも見てみましょう。

● PHPモジュールの設定ファイルを見る

```
nyagoro@yellow:~$ cat /etc/apache2/mods-available/php8.1.load
```

```
# Conflicts: php5
# Depends: mpm_prefork
LoadModule php_module /usr/lib/apache2/modules/libphp8.1.so
nyagoro@yellow:~$
```

続けて、PHPモジュールを有効化します。有効化すると、とくにマシンを再起動させなくとも反映されます。

● phpモジュールの有効化

```
nyagoro@yellow:~$ sudo a2enmod php8.1
```

```
Considering dependency mpm_prefork for php8.1:
Considering conflict mpm_event for mpm_prefork:
Considering conflict mpm_worker for mpm_prefork:
Module mpm_prefork already enabled
Considering conflict php5 for php8.1:
Module php8.1 already enabled
nyagoro@yellow:~$
```

(注8) 「apt install php」のようにバージョンを明示しなければ、最新版がインストールされます（本書の執筆時点では8.1ですが、変わる可能性もあります）。「apt install php8.1」のように特定のバージョンを指定することもできます。

7-3 PHPのプログラムを作ってみよう

作ったサーバーにPHPプログラムを置いて実行してみましょう。まずは簡単にプログラムの書き方から説明します。

7-3-1 PHPのプログラムの基本的な書き方

スクリプト言語であるため、初心者にも取りかかりやすいPHPですが、しっかりしたプログラムを書くには、習得時間もそれなりにかかるので、簡単な基本とサンプルだけ説明します。

PHPのプログラムの基本は、次の通りです。

・拡張子は「.php」とする。
・プログラムは「<?php」で始めて「?>」で終わる。「?>」は省略できる。
・文（ステートメント）の最後は「;（セミコロン)」で終わる。
・括弧がある場合は、区切りの代わりとすることができる。
・文字列は「"」か「'」のどちらかで囲まなければならない。

▼プログラムの書き方

```
<?php ―――――― 始まり
コード; ―――――― コードの終わりはセミコロン
?> ―――――― 終わり(省略可)
```

プログラムは、最初に「<?php」と書き、最後に「?>」と書きます。終了タグの「?>」は、省略できます。文(ステートメント)の最後には、「;」が必要で、コードの間は、半角スペースか、タブか、改行で区切ります。

ファイル名は、「example.php」「maguro01.php」のように「.php」という拡張子をつけます。

ファイルを置く場所は、PHPが有効になっている箇所です。デフォルトでは、ドキュメントルート以下はどこも有効になっています。

COLUMN

「"」と「'」の違い

PHPで文字を表現するときは「"」で囲む方法と「'」で囲む方法があります。「"」の場合、囲まれた特殊な文字（たとえば$や\から始まる文字）を特別な意図として解釈する、「'」の場合は解釈しないという違いがあります。詳細はPHP入門書などで確認してください。

やってみよう PHPのプログラムを作る

実際にやってみましょう。次の内容のコードを書いて「maguro01.php」のファイル名で保存します。サーバーではないパソコンのテキストエディタで編集してWinSCPで転送しても良いですし、このくらいであれば、viエディタで作成しても良いでしょう。転送のやりかたは、5章を参考にしてください。

ファイルを置く場所は、ドキュメントルート（/var/www/htmlディレクトリ）とします。文字コードと改行コードは、Linuxの場合に一般的なUTF-8、改行コードはLFにしておきます。viで編集すれば特に考慮はいりません。

作成するファイル名	ファイルを置く場所	文字コード	改行コード
maguro01.php	/var/www/html	UTF-8	LF

● viエディタでphpファイルを作成する

Step1 ディレクトリを移動する

/var/www/htmlに移動するため、次のように、cdコマンドを入力します。

```
nyagoro@yellow: ~$ cd /var/www/html
```

Step2 viエディタを起動する

maguro01.phpをviエディタ(注9)で新規作成します。

```
nyagoro@yellow: ~$ sudo vi maguro01.php
```

※6章で/var/www/htmlの所有者をnyagoroにしている場合はsudoなしで実行で

TIPS （注9）詳しい説明は4章を参照してください。

きます。

Step3 プログラムを入力する

maguro01.phpが開いたら、後述のプログラムを入力します。I キー（小文字のi）を押して挿入モードし、後述のプログラムを入力します。

入力が終わったら、Esc キーを押して挿入モードを終了します。

今回は、「print」という画面表示をする命令文を実行します。

表示したい内容を「(」と「)」でくくります。表示したい内容が文字列の場合は、「"」か「'」でくくります。少しわかりづらいですが、<html>や<h1>などのHTMLタグも文字列です。関数名や変数名のような、文字列ではないものは、くくりません。

printは命令なので、最後にセミコロンが必要です。

```
print( "表示したい内容" ) ;
```

表示する内容は、HTMLで記述します。HTML文書は<html> ～ </html>でくくり、内容は<body> ～ </body>で囲まれた部分に記述します。

更に、ページのタイトルであることを表す<h1>タグもつけます。

```
"<html><body><h1>内容</h1></body></html>"
```

これを併せて記述すると、以下のようになるわけです。

```
print("<html><body><h1>maguro oishii</h1></body></html>");
```

phpのプログラムなので、phpの開始タグをつけます。

▼【maguro.php】

```
<?php
print("<html><body><h1>maguro oishii</h1></body></html>");
?>
```

Step4 保存する

最後にコマンドモードで:w ↵ :q ↵ を押し、保存して終了します。

ファイルをドキュメントルート（/var/www/htmlディレクトリ）に保存したら、ブラウザで、「http://IPアドレス/maguro01.php」を参照します(注10)。

すると、画面には、大きな文字（h1の文字）で、「maguro oishii」と表示されるはずです(注11)。

COLUMN

開発環境として使われるXAMPP

XAMPPは、Apacheを中心に、PHPやPerlの実行環境データベースソフトのMariaDBなどをまとめたパッケージソフトです。Windows、macOS、Linux用のものがあります。簡単にインストールできるので、プログラマが自分のPCに開発環境を作るときに、しばしば使われますが、本番環境で使われることは少ないです。その理由は、ワンパッケージなので必要ないソフトも全部入りで入ってしまうこと、個々のソフトをそれぞれアップデートするのが難しいことなど、管理者が完全に掌握しにくく、セキュリティリスクを嫌うことが多いためです。

TIPS

(注10) IPアドレスは自身の環境にあわせて下さい。

(注11) もし画面に、「<?php print…」のような入力したままの文字が表示された場合は、PHPが有効でありません。インストール後にa2enmodしたかどうか、拡張子が「.php」であるかを確認してください。中途半端に<html>などの文字が表示されている場合は、HTMLのタグが正しくない可能性があります。

COLUMN

エラーが出たときは

エラーが出たときは、入力したプログラムに問題がある可能性があります。

エラーメッセージは、8章で説明するerror_logファイルに記述されています。

詳しくは、後述しますが、「tail /var/log/apache2/error.log」と入力すると、エラーメッセージの末尾が表示されるので、その内容から判断してください。たとえば、末尾に「" 」を書き忘れたときなどには、次のようなエラーメッセージがログに出力されます。

```
nyagoro@yellow: ~$ tail /var/log/apache2/error.log
```

```
[Sat Jun 11 04:37:51.404053 2022] [php:error] [pid 8284] [client 192.168.10.107:60063]
PHP Parse error:  syntax error, unexpected double-quote mark in /var/www/html/maguro
01.php on line 2
```

● HTMLとPHPを混ぜて書く

先の例では、すべてをprintとして記述しましたが、そうすると、プログラムのなかにHTMLがたくさん含まれてしまい、プログラムが読みにくくなります。そこでPHPでは、「<?php」と「?>」で囲まれている部分は、そのまま出力し、囲まれている部分だけを実行するという動作になっています。そのため、先のプログラムは次のように順番を変えて記述しても同じように動きます。

要は、PHPを動かしている「print("maguro oishii");」の部分だけが、実行されればよいのです。

▼maguro02.php
```
<html><body><h1>
<?php
print("maguro oishii");
?>
</h1></body></html>
```

7-3-2 日付などの情報を表示しよう

プログラムを作ってみましたが、せっかくのプログラムなのに「画面表示をする」命令でしかないため、動的に作られているのがわかりづらいですね。

そこで、ブラウザの画面をリロードするたびに変わるプログラムを作ってみましょう。わかりやすいところで、いまの日時を表示するプログラムを作ることにします。

日時を表示するプログラムには、現在の時刻を取得する必要があります。

PHPでは「date」という関数を使います。関数とは、PHPのプログラムにおいて、何か値を計算したり、取得したりする機能のことです。

ただ、「date」はデフォルトでは、環境によって日本時間になるとは限らず、正確ではありません。そのため以下のような文で、「タイムゾーン」設定しておかなければなりません。

▼タイムゾーンの設定方法
```
date_default_timezone_set("地域");
```

タイムゾーンとは、その地域の標準時間の設定です。ここでは地域として「Asia/Tokyo」を設定して、「このサーバーは、東京の標準時を使う」というように構成します。すると、時刻が正しく東京の標準時間（日本の標準時間）として表示されるようになります。

```
date_default_timezone_set("Asia/Tokyo");
```

日時を取得するには、date関数に「引数（ひきすう）」を含めて記述します。

引数とは、関数に処理させたい値で、ここでは日付書式を示します。

▼時刻を取得する記述のしかた
```
date("Y/m/d H:i:s");
```

「Y」は年、「m」は「月」、「d」は「日」、「H」は「時」、「i」は「分」、「s」は「秒」を意味します。日付を取得すれば、「年/月/日 時:分:秒」のように表示されます。

ただし、取得するだけでは、表示はされません。

先ほども使った「print」という命令にdate関数を組み込んでみましょう。

printは、「print(“表示したい内容”);」のように記述するので、表示したい内容の部分に、日付取得関数を入力します。入れ子にする場合は、「;」は一番親となる文の最後で構いません。

```
print(date("Y/m/d H:i:s"));
```

それでは、タイムゾーンの設定と、日付取得・表示の命令を記述しましょう。

先ほどと同じように、printの中身は、HTMLタグで囲むのですが、maguro01と同じ方法は、結合などが必要となり、今回少し面倒なので、maguro02の例のように、<?php ～ ?>で囲まれた部分をまとめてくくってしまう形式にします。

▼maguro03.php

```
<html><body><h1>
<?php
date_default_timezone_set("Asia/Tokyo");
print(date("Y/m/d H:i:s"));
?>
</h1></body></html>
```

ファイルをドキュメントルート（/var/www/htmlディレクトリ）に保存したら、ブラウザで、「http://IPアドレス/maguro03.php」を参照します。

すると、画面には、大きな文字（h1の文字）で、現在の時刻が表示されるはずです。

COLUMN

関数の意味や動き

今回は、サーバーについて学ぶことが、主目的なので、あまり深くは触れませんが、関数の意味や動きは、言語リファレンスで調べられます。

【PHP言語リファレンス】
https://php.net/manual/ja/langref.php

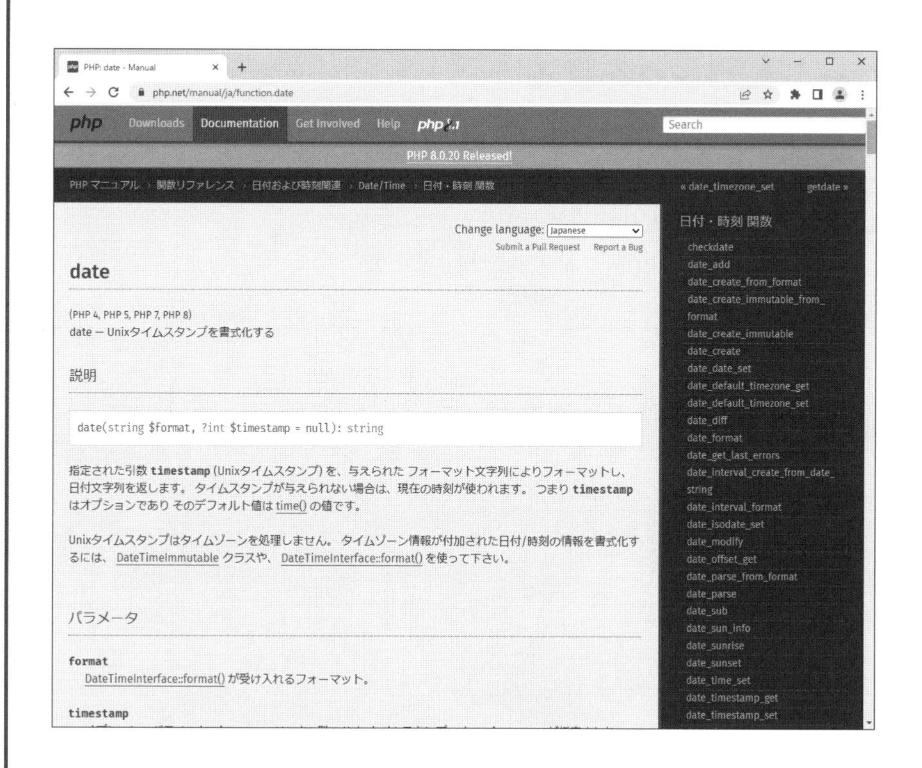

date以外にも、色々な関数があり、計算や処理が行えます。

ファイルの読み書き、アップロードされた画像の保存、保存されている画像の参照、サムネイルの作成など、様々な機能が、関数として用意されており、そうした関数を使うことで、高度なプログラムが作れます。

7-4 ページにリンクを張ったり画像を表示したりしてみよう

これまではHTMLのページ一つだけを扱ってきましたが、通常のウェブページと同じように、ページ間でリンクを貼ったり、画像と一緒に表示したりしてみましょう。

7-4-1 ページにリンクを張る

ブラウザでホームページを見ていると、リンクをクリックすると、別のページに飛ぶ、ハイパーリンクという仕組みが使われていることがあります。これは、HTMLに、「<a href="移動先URL">」というタグを入れることで実現しています。

たとえば、4章では、次の内容のindex0.htmlファイルを作りました。

```
<html>testpage welcome!</html>
```

この内容を次のように変更してみます。

```
<html>
  <head>
    <meta charset="UTF-8">
  </head>
  <body>
    testpage welcome!
    <a href="maguro03.php">PHPのサンプルへ</a>
  </body>
</html>
```

ここでは、全体を整理しつつ、<a href="maguro03.php">PHPのサンプルへ</a>というリンクを作りました。

「<a href=」のあとの"（ダブルコーテーション）でくくられている部分が、リンク先です。今回は、同じサーバー内へのリンクなので、相対パスで指定していますが、Yahoo！やGoogleなど別のウェブサイトへのリンクであれば、http（https）から始まる絶対パスで指定します。

「<a href="maguro03.php">」と、「</a>」に囲まれた部分は、リンクを張る文言です。下線がひかれていたり、マウスを乗せると色が変わったりするような、クリックする場所にあたります。

viエディタなどで、このように修正してから、ブラウザで再度表示すると、「PHPのサンプルへ」というリンクが表示されます。クリックすると、この章で作った「現在の日次を表示するページ」が表示されます。

●index0.htmlのリンクをクリック→maguro03.php

7-4-2 画像を入れる

HTMLでは<img src="画像ファイル名">というタグを使うと、そこに画像を入れることができます。やってみましょう。

①画像をアップロードする

第5章で説明した方法で、WinSCPなどを使って、画像ファイルを/var/www/htmlディレクトリにアップロードしておきましょう。たとえば、gazou.jpgというファイル名とします。5章で所有者を変更していない場合は、コピーで対応してください。

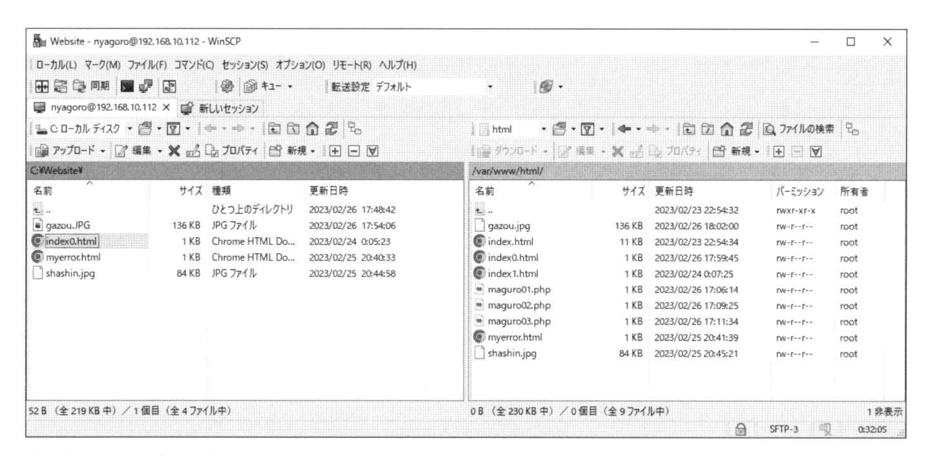

●SCPでアップロード

②画像をページに埋め込む

画像をページに埋め混むため、index0.htmlを次のように修正しましょう。ここでは「<img src="gazou.jpg">」という部分をリンクの後ろに追加します。

```
    test page welcome!
    <a href="maguro03.php">PHPのサンプルへ</a><br>
    <img src="gazou.jpg" alt="">
  <body>
```

これで、画像を確認できます。

```
<html>
  <head>
    <meta charset="UTF-8">
  </head>
  <body>
    testpage welcome!
    <a href="maguro03.php">PHPのサンプルへ</a><br>
    <img src="gazou.jpg" alt="">
  </body>
</html>
```

ここでは、HTMLにタグや属性を追加して、見やすくなるように改行を加えました(注12)。本書ではこれらのタグなどについて詳細な解説はしないので、HTMLの仕様などを参照してください。

以上で設定は完了です。ブラウザで再読込してみてください。画像が表示されることがわかります。

画像が表示されない場合、文字コードが間違っていないかを確認してください。また写真のファイル名は、大文字・小文字を区別します。ファイル名や拡張子が大文字になっていないかも確認してください。

TIPS

(注12) HTML上の改行はブラウザーで表示したときには反映されません。改行を加えるには
タグを使うといった対策が考えられます。

7-4-3 自分のWebサーバーで遊ぼう

このように、Webサーバーにはファイルを置くだけで、様々なコンテンツをブラウザで参照できるようになります。ここでは画像しか説明していませんが、動画や音楽も同様に再生できます。

仮想マシン上の自分のサーバーなので、レンタルサーバーでは置けないような大きなサイズのものや、対応していないプログラムファイルなども置くことができます。いろいろ活用して実験してみましょう。

COLUMN

PHPの状態を見てみよう

プログラムを書いていると、PHPの環境設定の情報を確認したいことがあります。どんなライブラリがインストールされているのか、ファイルのアップロード制限などの設定値の情報などです。それらは、UbuntuでApacheのPHPモジュールを使う場合は「/etc/php/8.1/apache2/php.ini」ファイルに書き込まれています。ただ、いくつかの箇所で設定を上書きできるため、最終的な実行値が、どれだかわからないこともあります。

そのようなときには、次のように、「phpinfo();」とだけ書いたPHPのファイルを置いてブラウザで参照します。

▼info.php

```
<?php
phpinfo();
```

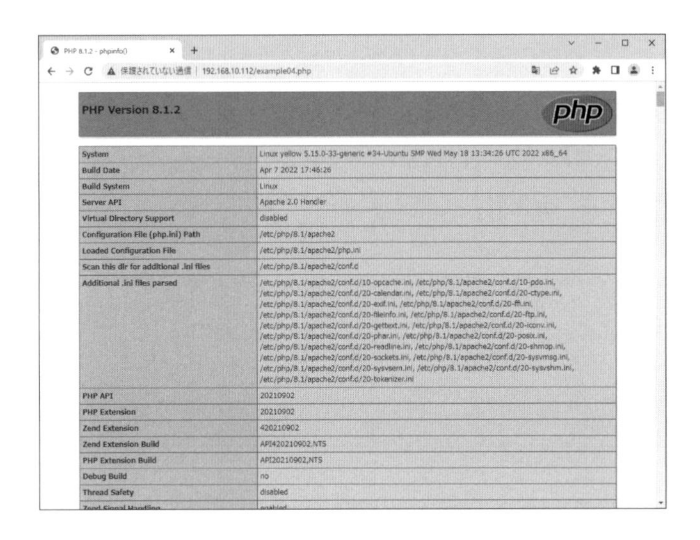

要点整理

- ✔ ApacheとPHPのモジュールでWebプログラミングを始めよう
- ✔ Web上で動作するプログラミング言語はたくさんある
- ✔ PHPはWebプログラミングに適したプログラミング言語
- ✔ Webサーバー内でリンクさせることができる

CHAPTER

8

Webサーバーを公開・管理しよう

現在では、自宅・自社でWebサーバーを運用することは稀です。多くは、レンタルサーバーを借りて、Webサーバーを公開します。
また、サーバーの運用を開始すると、バックアップやセキュリティなど、保守作業が必要になります。
この章では、レンタルサーバーと、サーバー運用について学びます。

8-1 Webサーバーを公開するために必要なこと

実際にWebサーバーを公開する場合には、非公開のローカル環境とは異なる注意点があります。

8-1-1 インターネットから接続できる場所にサーバーを置く

これまで、VirtualBoxにWebサーバーをつくってきました。しかし、この状態では「誰でもアクセスできる」ようにはなっていません。この章では、サーバーをインターネットからアクセスできる場所に置いて、**Webサーバーとして公開**します。すると、世界中からサーバーに置いたコンテンツを見ることができます。

皆さんが、毎日Webサーフィン時にアクセスしているWebサーバーも、これまでVirtualBoxで作ってきたサーバーとやっていることはほとんど変わりません(注1)。

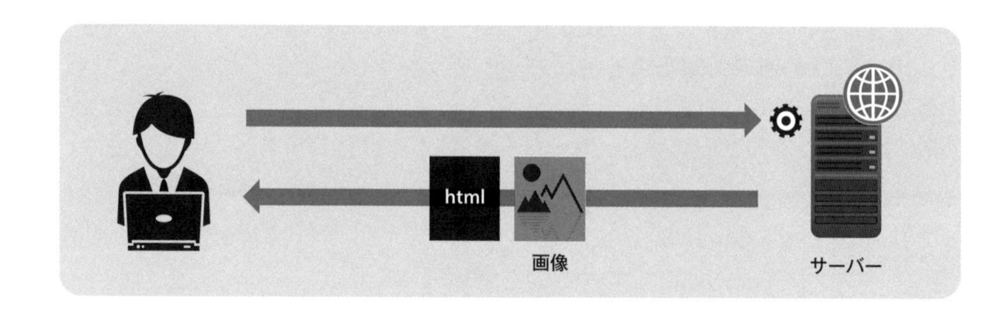

8-1-2 自宅のコンピュータを公開するのは難しい

7章までで作成したサーバーを実際インターネットに公開するには、どのようにすればよいのでしょうか？ VirtualBoxではなく、サーバー専用のマシンを買ってきて、家に置けば、それはインターネットから接続できるようになるのでしょうか？

残念ながら、そういうわけにはいきません。

ほとんどの家庭のインターネット接続環境では、**ルーター**という機器を使って、その下に複数台のパソコンを接続しています。

実は、ルーターの内部には、**IPマスカレード**や**NAT**と呼ばれる機能が付いていて、

(注1) 大規模サービスのサーバーは、たくさんのユーザーからのアクセスを捌くために、構成が工夫されていたり、複数台で分散して処理するように構成されていたりしますが、中小規模のサーバーであれば、前章までで作ってきたような、1台のサーバーにApacheをインストールしただけという構成のものも、数多くあります。

「1回線の契約で複数台の接続ができる代わりに、インターネットに接続することはできても、インターネット側から内部の機器に接続できない」という構成になっています。

そのため、もし仮に、サーバーを家庭用の回線契約のところに接続しても、デフォルトの状態では、インターネットに公開することはできません。

サーバーにアクセスしたい他の端末からのアクセスが適わないからです。

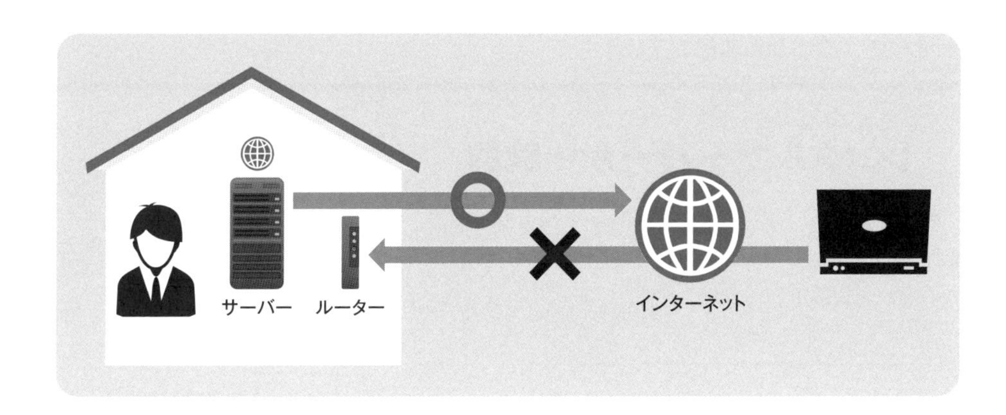

ルーターに内蔵されているNATやIPマスカレードの設定を変更すれば、サーバーを公開することはできますが、そうしてしまうと、常に、インターネットから侵入される可能性が生じて危険です。また、プロバイダの規約で許されてないケースもあるため、自宅内にサーバーを置くのは、入門者にとってあまり現実的な話ではないのです。

COLUMN

動的IP、グローバルIPアドレスとプライベートIPアドレス

少しネットワークに関する話をすると、困難を承知で家庭内にサーバーを置こうとしても、更なる2つの難関が待っています。

一つは、回線を接続するたびに、インターネットから割り当てられるIPアドレスが同じとは限らないことです。インターネット接続の契約が「動的IP」である場合、接続のたびにIPアドレスが変わります。サーバーにアクセスする時に、「http://IPアドレス/」と指定しましたが、IPが動いてしまうと、この指定ができません。

もう一つは、プライベートIPアドレスと呼ばれるものです。ほとんどのプロバイダでは、グローバルIPアドレスと呼ばれる、インターネットから直接接続可能なIPアドレスが割り当てられますが、ケーブルテレビの回線など、一部の回線では、インターネットから接続できないプライベートIPアドレスが割り当てられます。この場合は、たとえサーバーを構築しても、インターネットから接続できません。

8-2 レンタルサーバーを借りてログインしよう

自宅でサーバーを置くには、いくつかの難関があります。そのため、個人でサーバーを立てる場合は、レンタルサーバーを検討するのが一般的です。

8-2-1 レンタルサーバーが一般的

個人がWebサーバーを立てるのに、最も簡単な解決方法は、サーバーを借りることです。このようなサービスをレンタルサーバーと言います(注2)。

国内では、「さくらインターネット」や「ロリポップ！ (GMO)」が有名です。

> さくらインターネット
> https://www.sakura.ne.jp/
> ロリポップ！（GMO）
> https://lolipop.jp/

レンタルサーバーは、インターネット上にあらかじめ構成されており、契約するだけで、自分のサーバーを持ち、インターネットに公開することができます。

もし攻撃にあったとしても、その公開しているサーバーが影響を受けるだけで、自宅のパソコンなどに被害が及ぶことはありません。安全にサーバーを運用できます。

サーバーの管理も、専門の業者がある程度やってくれますし、サーバーマシンは、データセンターに置かれることも多く、安定稼働のための信頼性も高まります。

COLUMN

データセンター

データセンターとは、サーバーなどの機器を集約して管理する場所です。大量のサーバーが集まっている場所を想像するとわかりやすいでしょう。

そのため、機器の運用に特化するような建物になっており、温度管理や電源管理などが安定して行われます。また、入室管理が厳格で、権限のない人は入室できま

TIPS　（注2）略して「レンサバ」と呼ばれることもあります。

せん。基本的に私物携帯電話の持ち込みも制限されることが多いです。
専用の管理者も常駐しており、契約によっては、管理者が管理してくれます。

8-2-2 レンタルサーバーの種類

レンタルサーバーは、各種事業者が提供しているサービスです。サービスによって、できることが違うので、選定が必要です。

まずサーバーの**専有範囲**をどうするか考えねばなりません。専有範囲は、「専有サーバー」「共有サーバー」「VPS(Virtual Private Server)」の3種類があり、「一人で使える」か「皆で共有する」かに分かれます(注3)。

専有サーバーは、自分だけの専用機(実際のサーバー)が与えられ、それを自分だけが専有できます。自分だけのサーバーですから、好きなソフトを入れたり、OSを変更するなど、規約に違反しない限り、どんなことでもできます。

共有サーバーは、1つのOSがあって、そのOSを皆で共有するものです。

VPSは1つのサーバーを、VirtualBoxのような仮想化技術を使って複数の仮想サーバーが作れるようにし、それらを個々のユーザーに割り当てるものです(注4)。

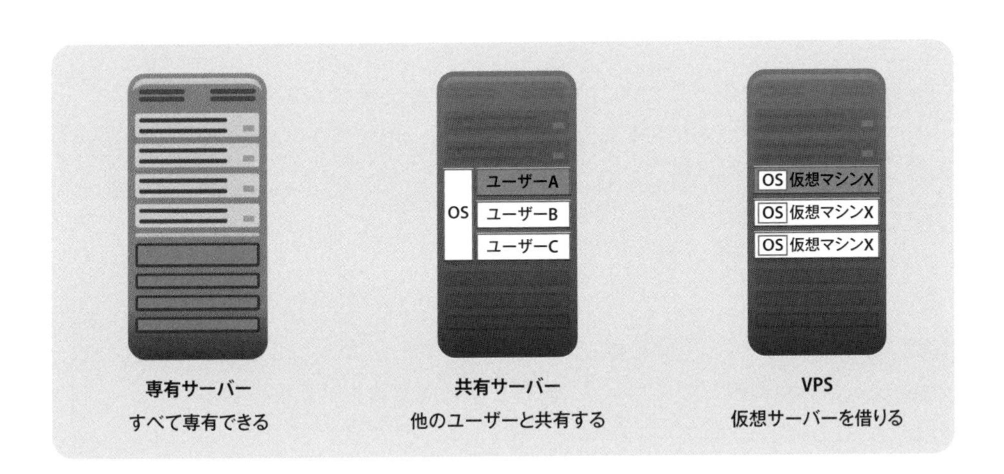

できること	専有サーバー	共有サーバー	VPS
root ユーザーでの操作	○	×	○
ディスクの増設などハードウェア的な操作	○	×	△

(注3) これは、あくまでも執筆時の例です。レンタルサーバー事業者や時代によって変わることがあります。実際に借りるときは、こうしたポイントをよく調べるようにしましょう。「思ったのと違う」サーバーを借りて困るのはあなたです。調査はしっかりと。

(注4) クラウドについては次ページコラム参照。

データセンターに入室しての現地作業	△	×	×
SSH での接続	○	△	○
ホームページの公開	○	○	○
プログラムの実行	○	△	○
FTP を使ったファイル転送	○	○	○
データベースの利用	○	△	○
アクセスログなどの参照	○	△	○

8-2-3 レンタルサーバー選びのポイント

このようにレンタルサーバーは、プランや契約によってできることが異なるため、用途と予算に応じて選びます。特に、rootユーザーが使えるか、シェルが使えるかは、大きなポイントです。

①rootユーザーで操作できるか

root権限があれば、ファイルの閲覧や削除など何でもできてしまいます。そのため、共有サーバーの場合、rootユーザーの権限は与えられません。OSの設定などを書き換えられてしまうと、他のユーザーにも影響があるからです。

②SSHで接続できるか

共有サーバーの場合は、SSHが利用できないように制限されているものがあります。シェルが使えないと、サーバー上でコマンドを入力しても操作が一切できないので、サーバー上でプログラムを動かしたい場合などには、不自由します。必要なら使えるものを選びましょう。

③料金

サーバーは、稼働し続けるものです。そのため、ランニングコストが大きなポイントになります。料金体系を、きちんと確認しましょう。使わなければ契約を解除するなどの対応を忘れずにしてください。

④ディスク容量

ディスク容量は契約プランによって、大きく異なります。配布したいコンテンツの容量などに合わせて、検討します。プランによっては、後からの変更がしづらいです。

⑤スペック

専有サーバーやVPSの場合は、CPUやメモリなどのスペックが提示されています。一度に多くのユーザーを捌く必要がある場合や、データベースなどメモリを多く必要とするソフトを使う予定なら、こうした項目も重視しましょう。

共有サーバーの場合、スペックは明示されていないことがほとんどです。評判を参考にするなどして判断することになります。

⑥実行できるプログラミング言語

root権限があればインストールしてしまえばよいのですが、共有サーバーの場合はそうはいきません。実行できるプログラミング言語を確認しておきましょう。

その時、言語名ではなく、「CGI」と書かれていることがありますが、これはほとんどの場合、「Perlが使える」という意味です。

⑦認証がかけられるか

会員制サイトやECサイトには認証が必要でしょう。共有サーバーの場合は、可否を確認しておきましょう。

⑧データベースの利用の有無

最近では、ほとんどのサイトがデータベースを組み込んでいます。共有サーバーの場合は、可否を確認しておきます。

⑨その他の規約

技術的なことだけでなく、規約も確認しましょう。レンタルサーバーによっては、商用利用が禁じられていたり、アダルト目的には使えなかったりするところもあります。

COLUMN

クラウドサービス

レンタルサーバーを利用するための選択肢には、クラウドサービスと呼ばれるものもあります。代表的なものは、AmazonのAWSやMicrosoftのAzure、Google Cloudです。

こうしたクラウドサービスは、サーバーの運用に必要な、サーバー、ネットワーク、ネットワーク機器、そして、データベースやファイルを置くためのストレージなど、「仮想的なコンピューティング」を提供してくれるサービスです。

こうして作られるサーバーやネットワークなどは、すべて仮想的なものです。ですから、サーバーについてだけを見れば、「VPS」に極めて近いですが、「何台でも作れること」「CPUやメモリなども自由にボタンひとつで変えられること」「ネットワークも自在に決められること」などが大きく違います。

クラウドは便利なサービスですが、本書の学習内容には、やや合致しないので、今回は紹介にとどめておきます。

8-2-4 VPSのレンタルサーバーを借りてみよう

個人的なウェブサイトを立ち上げる場合は、共有サーバーでも十分です。今回はサーバー学習が目的であるため、root権限の使えるVPSで学習します。

実際にVPSを借りて、Webサーバーを構築していきましょう。

● 借りるときのポイント

レンタルサーバー事業者によって異なりますが、VPSを借りるときには、次の点に注意しましょう。なお、VPSは、少し特別なサーバーなので、共有サーバーの申し込みページと、違うことがあります。今回はミニマム（最安）の構成で良いでしょう。

①性能や構成を選ぶ

VPSを借りるときは、「CPU」「メモリ」「ディスク」の性能を選べます。ディスクは、HDDかSSDかを選ぶこともできます。

VPSの場合、一度借りると、後から増強できないことがほとんどです。そのため、将来的な予測も含めて、プランを選ぶ必要があります。増強したい場合は、新たに借りて、データをコピーし、古いVPSを解約することになります。

また、事業者によっては、事前にインストールするOSを選べます。ただ、後から自分でインストール可能である場合もあります。

②データセンターの場所を選べることがある

事業者によっては、「東京」と「大阪」、「北海道」など、複数の場所でサーバーを運用しており、運用場所を選択できます。

データセンターによって回線の速度が違ったりすることもありますが、細かいことを言わなければ、地域による機能的な差は、ほとんどないと言ってよいでしょう。

地域は地震などの大災害を想定した際に分散することで、被害を軽減するような事業計画（BCP：事業継続計画）で重視されます。

③クレジットカードが必要なことがある

これはレンタルサーバー全般について言える話ですが、クレジットカード決済を必要とするものが多いです。銀行振り込みに対応している場合もありますが、入金確認後にサーバーが引き渡されることになるので、すぐにサーバーを使い始められません。

④加入時の情報はメモしておく

加入すると、IDやパスワード、rootユーザーとパスワード、IPアドレス、デフォルトのドメインなどの情報が表示されます。これらはサーバーを使うのに必要な情報なので、メモしておきましょう。

会員情報は、「そのレンタルサーバー事業者との契約に関するIDやパスワード」と「契約したサーバーにログインするためのユーザー名とパスワード」が別であることもあります。どちらの情報なのか、わけてきちんと管理しましょう。

8-2-5 VPSの操作の仕方

国内でVPSを借りる場合、以下の二つが大手です。どちらかでレンタルしてみると良いでしょう。レンタル事業者のサイトがわかりやすいので本書では実際の契約の手順については割愛します。

さくらのVPS（さくらインターネット）
https://vps.sakura.ad.jp/
クラウドVPS（GMO）
https://vps.gmocloud.com/

VPSをレンタルしたら、実際に接続します。

VPSはインターネットの向こう側にあるサーバーです。事業者にもよりますが、主に、次の2つの方法でサーバーにアクセスして利用します。

①SSHで接続する

VPSを契約すると、rootユーザーや初期ユーザー（以下同じ）のパスワードが渡されるのが一般的です。これらのユーザーの情報を使ってSSHでアクセスします。

この方法は、これまでVirtualBoxを使って学んできた方法と同じです。

②コントロールパネルを使う

VPSには「コントロールパネル」などと呼ばれる、操作画面が提供されることがほとんどです。ブラウザでアクセスし、自分のサーバーの情報（IPアドレスやパスワード）を入力すると、Web画面から、サーバーの停止や再起動、OSのインストールのし直しなどができます。またVirtualBoxのようなリモートから操作するためのコンソール画面があり、そこから、サーバーの画面に何が表示されているのかを確認したり、サーバーを操作したりすることもできます。

通常は①の方法でアクセスするのが一般的です。②の方法はどちらかというとメンテナンス用であり、何か不具合があったときに操作するためのものです。

8-2-6 レンタルサーバーにSSHでログインしてみよう

VPSを契約したら、実際に、SSHでログインして試してみましょう(注5)。

SSHでログインするときは、VPSに加入した情報のうち、次のものを確認してください。

項目	意味
IP アドレス	サーバーの IP アドレス。もしくは、ドメイン名
ユーザー名	SSH でログインするときのユーザー名。「ubuntu」や「root」など
パスワード	ログインするときの初期パスワード

これらをTera TermなどのSSHソフトに入力して接続します。「ホスト」の部分は、実際の「IPアドレス」を入力してください。

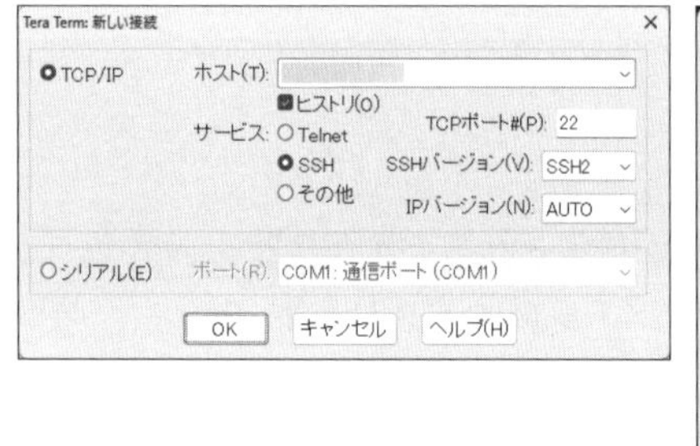

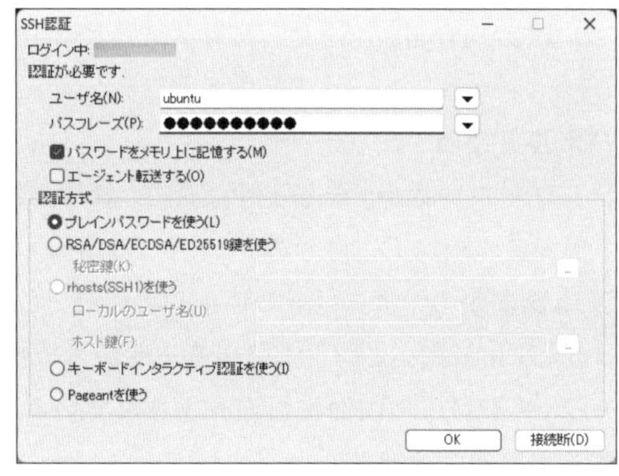

ログインした直後の画面は、VPS事業者によって違います。プロンプトも違います。

TIPS

(注5) なお、操作の方法は、サービスによって異なります。ここでは、Ubuntu Server 22.04 LTSがインストールされたVPSを借りた想定で話を進めます。

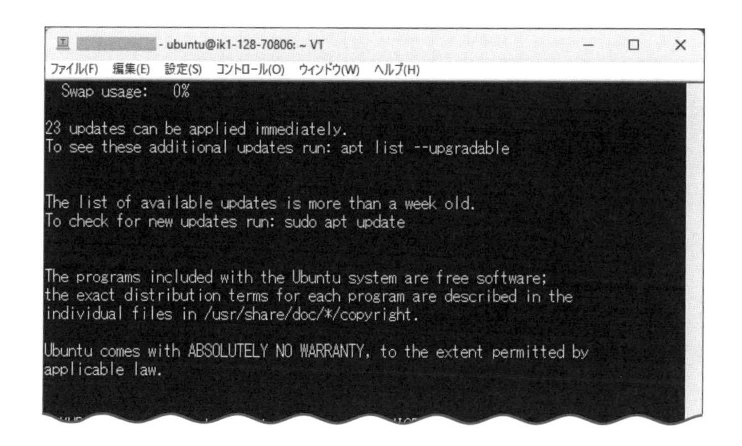

プロンプトはVPS環境によって異なる場合があるので、以下では、「サーバー名」の部分は省略して、次のように記述します。

```
ubuntu@ :~$
```

● パスワードの変更

VPSサーバーの利用時に考慮すべきなのがパスワードの変更です。初期パスワードがVPSのサービス側で決まっていたり、短く設定してしまったりしたときはある程度の強度のパスワードに変更するべきです。

サーバーは一般に公開されます。悪意のある攻撃者がパスワードを推測してログインしようとしてくる可能性もあります。それを避けるために、英字数字記号を組み合わせ、20文字にするなどある程度強いパスワードの設定が望ましいです。

● パスワードを変更するコマンド

```
ubuntu@ :~$ passwd
```

やってみよう パスワードを変更する

パスワードを変更するには、passwdコマンドを使います。実行すると、新しいパスワードが尋ねられるので、設定したいパスワードを入力しましょう。確認のため、同じパスワードを入力すれば、変更完了です。パスワードは表示されません。

```
ubuntu@ :~$ passwd
Changing password for ubuntu.
Current password: ———— 現在のパスワードを入力
New password: ———— 新しいパスワードを入力
Retype new password: ———— 新しいパスワードをもう一度入力
```

COLUMN

アカウント鍵やIP制限で守る

パスワードは漏洩しないように厳重な管理が求められます。

しかしそれでも、少しずつ違うパスワードを連続して送信する総当たり攻撃（ブルートフォース攻撃）などによって、ログインされてしまうことがあります。そうしたことがないように、できることなら、次の設定をすることを推奨します。

①鍵認証する SSHでは、鍵認証という仕組みを使い、パスワードよりも長いデータで認証します。この方法では、総当たり攻撃での攻撃が事実上不可能な難度になり、堅牢です。

②IP制限する 自分のIPアドレスからしかアクセスできないように制限します。もっとも、普通の家庭のプロバイダではIPアドレスが変わってしまったり、グローバルIPアドレスを他人と共有していることもあるため、なかなかそうした設定ができませんが、ドメインを逆引きして、「.jp」で終わるネットワークからしかログインできないようにする設定をしておくだけでも、意外と効果があります。

8-2-7 インターネットに接続できるか確認する

次に、ログインしたサーバーがインターネットに接続できるかどうかを確認しておきましょう。サーバーにSSHで接続して試します。

やってみよう ➜ pingコマンドでインターネットにつながるか確認してみよう

ping（ピン）は、相手のサーバーと疎通できるかどうかを確認するコマンドです。「pingを飛ばす」などと言う場合の「ping」はこれです(注6)。

実際にサーバーを運用する時に、他のパソコンから、自分のサーバーにむけて打って、サーバーの死活確認をするのもよく使われます。

今回は、自分のサーバーから外のサーバーに打つことで自分が外界とつながっているのかを確認します。

● **疎通を確認するコマンド**

```
ubuntu@ :~$ ping サーバー名（またはIPアドレス）
```

TIPS （注6）便利なpingコマンドですが、最近はセキュリティ上の理由から応答をかえしてくれないサーバーがあります。Yahoo!やgoogleも本書執筆時からかわってしまうことも考えられるので、その場合は、別のwebサイトで試してみて下さい。

相手のサーバーとして、テストのときによく使われるのが「Yahoo!（www.yahoo.co.jp）」やgoogle.comです。疎通確認は次のように行います。疎通できていると、「ttl=時間」というように応答時間が表示されます。単位はミリ秒（1000分の1秒）です。もし接続できないときは、無応答のままになるか、エラーメッセージが表示されます。なお、この表示はずっと続くので、途中で Ctrl + C キーを押して止めてください。

```
ubuntu@ :~$ ping www.yahoo.co.jp
PING edge12.g.yimg.jp (183.79.219.252) 56(84) bytes of data.
64 bytes from 183.79.219.252 (183.79.219.252): icmp_seq=1 ttl=52
time=20.5 ms
64 bytes from 183.79.219.252 (183.79.219.252): icmp_seq=2 ttl=52
time=20.5 ms
64 bytes from 183.79.219.252 (183.79.219.252): icmp_seq=3 ttl=52
time=20.5 ms
64 bytes from 183.79.219.252 (183.79.219.252): icmp_seq=4 ttl=52
time=20.5 ms
永遠に続くので Ctrl + C キーを押して止める
```

なお、この章でのコマンドは、レンタルサーバーでの学習を前提としていますが、VirtualBoxでも確認できます。

COLUMN

OSの設定が初期の一般的な構成と違うことがある

レンタルサーバーによっては、たとえVPSであっても、OSの初期の設定が一部異なることがあります。これは、サーバーの借主がリモートからアクセスできるように、SSHやネットワークに関する設定がされているからです。そのため、「/etc」ディレクトリ以下の設定ファイルが、標準のものとは違うことがあります。また、ネットワークを扱うときの便利なコマンドがインストールされていることもあります。

COLUMN

pingの応答がないけれども相手と通信できることがある

pingと後述するtracerouteは、ICMPというプロトコルを使って通信するコマンドです。

悪意あるユーザーが、一気にたくさんのpingコマンドを実行すると、サーバーは、それに応答するだけで手一杯になって、高負荷がかかることがあります。それを避けるため、ファイアウォールでICMPが通らないように排除することがあります。
相手のサーバーがこの構成にしていると、「pingは失敗するけれど、相手とは正しく通信できる」という不可思議なことが起きます。これは、正常な動作なのです。

やってみよう traceroute で経路を確認してみよう

traceroute（トレースルート）は、相手との経路を確認するコマンドです。pingに失敗したときに、「どの場所でトラブルがあるのか」を調べたり、インターネットの「どの部分の速度が遅いのか」を調べたりするのに使います。

実際の運用では、サーバーのネットワーク周りがおかしいときに、それが、「自社設備内の問題」なのか「プロバイダの問題」なのかなど、「どこにトラブルがあるのか」を切り分けるときに、よく使われます。

● traceroute をインストールする（初期状態では入っていない）

```
ubuntu@ :~$ sudo apt install traceroute
```

● 経路を確認するコマンド

```
ubuntu@ :~$ traceroute サーバー名（またはIPアドレス）
```

tracerouteの使い方は、pingと同じです。

相手先までの経路と、その時間が表示されます。なお最近は、ネットワークの一部でtracerouteを受け付けていないところがあり、その部分は「*」と表示されます。

```
ubuntu@ :~$ traceroute www.yahoo.co.jp
traceroute to www.yahoo.co.jp (182.22.28.252), 30 hops max, 60 byte packets
 1  133.242.182.2 (133.242.182.2)  6.055 ms  6.313 ms  6.168 ms
 2  192.168.203.2 (192.168.203.2)  1.146 ms  1.288 ms  1.532 ms
 3  iskrt301b-vps-is1a-rt02-2.sakura.ad.jp (103.10.115.125)  0.326 ms  0.320 ms  0.353 ms
 4  iskrt1s-rt301b.bb.sakura.ad.jp (103.10.113.125)  0.304 ms  0.297 ms iskrt301s-rt301b.
bb.sakura.ad.jp (103.10.113.245)  0.330 ms
 5  iskrt301-rt1s.bb.sakura.ad.jp (103.10.113.1)  0.285 ms iskrt3-rt1s.bb.sakura.ad.jp
(103.10.113.109)  0.280 ms iskrt301-rt1s.bb.sakura.ad.jp (103.10.113.1)  0.289 ms
 6  tkert1-iskrt301.bb.sakura.ad.jp (157.17.131.37)  19.593 ms * *
 7  101.203.88.39 (101.203.88.39)  20.151 ms  20.146 ms  20.208 ms
・・・略・・・
```

COLUMN

経路は一定ではない

最近では冗長化構成がとられているため、経路は一定ではありません。
回線に障害があれば自動的に別の経路に切り替わるだけでなく、負荷によって経路が切り替わることもあります。

やってみよう nslookupでドメイン名を確認してみよう

nslookup（エヌエスルックアップ）は、「www.yahoo.co.jp」などのドメイン名が正しく参照できるかどうかを確かめるのに使います（同様のコマンドに「dig」も）。
本書での詳細は省きますが、「www.yahoo.co.jp」などのドメイン名は、DNSサーバーという機能によって、IPアドレスに変換されます。この変換がうまくいかないと、相手のサーバーにドメイン名を使ってアクセスできません。
この確認は、サーバーを運用していく上で、しばしば必要になります。

●ドメイン名を確認するコマンド

```
ubuntu@ :~$ nslookup ドメイン名
```

次のように入力してドメイン名を確認してみましょう。
対応する1つ以上のIPアドレスが表示されれば成功です。もし実在しないドメイン名を入力したときは「** server can't find NXDOMAIN」というエラーが表示されます。DNSサーバーの設定が間違っている場合などには、「;; connection timed out;」というエラーが表示されます。

```
ubuntu@ :~$ nslookup www.yahoo.co.jp
Server:         127.0.0.53
Address:        127.0.0.53#53

Non-authoritative answer:
www.yahoo.co.jp canonical name = edge12.g.yimg.jp.
Name:   edge12.g.yimg.jp
Address: 182.22.25.124
```

8-2-8 ApacheとPHPをインストールしよう

インターネットに接続していることが確認できたところで、ApacheとPHPをインストールして、Webサーバーに仕上げましょう。

方法は、VirtualBoxでの作業と同じです。

やってみよう ApacheとPHPをインストールする

まずは、ApacheとPHPをインストールしましょう。aptコマンドを使って、次のように操作してインストールします。Apacheについては第4章を、PHPについては第7章を参照してください。

なお、レンタルサーバーによって方法が違うこともあります。提供者が、インストールドキュメントなどの情報を公開している場合には、それに従ってください。特にファイアウォールの設定は、大きく異なることがあります。

①パッケージをアップデートする

```
ubuntu@ :~$ sudo apt update
```

②Apache/PHPをインストールする

```
ubuntu@ :~$ sudo apt install apache2 php
```

③PHPモジュールを有効化する

```
ubuntu@ :~$ sudo a2enmod php8.1
```

④Apacheを再起動する

```
ubuntu@ :~$ sudo systemctl restart apache2
```

⑤Apacheを自動起動に設定する

```
ubuntu@ :~$ sudo systemctl enable apache2
```

⑥ファイアウォールの設定を変更する

(a) ファイアウォールの状態を確認する

```
ubuntu@ :~$ sudo ufw status
```

(b) http,httpsを許可する

```
ubuntu@ :~$ sudo ufw allow http
ubuntu@ :~$ sudo ufw allow https
```

(c) sshを許可する（ポートを変更している場合はポート番号を指定）

```
ubuntu@ :~$ sudo ufw allow ssh
ubuntu@ :~$ sudo ufw allow 60222 # ポート番号を60222に変更している場合はこのように書く
```

(d) ファイアウォールの設定を適用する

```
ubuntu@ :~$ sudo ufw enable
Command may disrupt existing ssh connections. Proceed with operation
(y|n)? y ―――――――――― 接続についての注意が表示されたらyを押す。
```

「Firewall is active and enabled on system startup」と表示されたら成功です。

● テストのコンテンツを置いて確認する

Apacheをインストールしたら、ブラウザを開いて、「http://レンタルサーバーのIPアドレス/」のように接続してみましょう。まだコンテンツを置いていないので、Apacheのテストページが表示されるはずです。

レンタルサーバーはインターネットに接続されていますから、どこからでもアクセスできます。スマホなどでアクセスしても、同様に見えることを確認するのもよいでしょう。

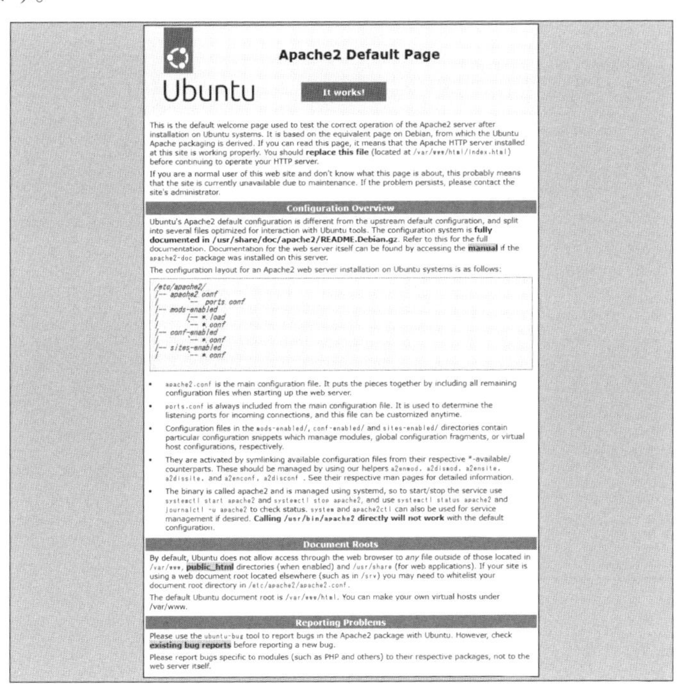

デフォルトのドキュメントルート、「/var/www/html」ディレクトリです。ここにテスト用のHTMLファイルやPHPファイルを置けば、それが表示されます。5-6などを参考にファイル転送を試してみてください。

COLUMN

安全に使うために

Webサイトを公開すると、悪意のある攻撃者に狙われるリスクが存在します。安全に使うためにはポートを不用意に公開しないことや、定期的にソフトウェアを最新版に更新して脆弱性のあるものを使わないようにするなど複合的な対策が必要です。

COLUMN

VPSのパケットフィルタの設定

VPSによっては、安全のためVPS自体にパケットフィルタが設定されていることがあります。その場合は、ポート80やポート443を通す設定をしないとつながりません。

たとえばさくらのVPSでは、サーバーのコントロールパネルから設定します。

デフォルトではSSHしか許可されていないので、追加でWEBを許可しないとつながらない

8-3 ログを確認しよう

ログは、プログラムからのメッセージです。ログを読むとサーバーで何が起こっていたのかわかります。

8-3-1 ログとは

サーバーでは、エラー情報などのメッセージを、ファイルに書き込み、サーバーの管理者が後で確認できるようになっています。これをログ(log)と言います。

ログは、サーバー上で実行しているプログラムが伝えてくるメッセージの記録です。エラー情報の他に、ログイン情報や、アクセス状況などが記録されます。

エラーなど、何かが起こった時には、その時に知りたいと思うかもしれませんが、プログラムの伝えるメッセージは膨大です。もし、プログラム実行中にメッセージを画面に表示したのでは、画面を埋め尽くして邪魔になってしまいます。また、見落とす恐れもあります。そうした理由から、ログは、別のファイルに書き込まれ、後でまとめて閲覧できるようになっているのです。

ログが書き込まれるファイルのことを、「ログファイル」と呼びます。

①ログを出すもの

ログを出すのは、様々なプログラムです。OSやApache、PHPを始めとして、意外なものとしては、ファイアウォールなどもログを出力します。

例えば、ログインに成功した、失敗したといった記録や、ディスクエラーが発生したなどの状況もログが書き出されます。

後述しますが、ログのファイルは1つではなく、複数に分割されることもあります。また、刻々とその情報が記録されることもあり、膨大な量になります。完全に見るのは大変なので、見方を知ることが大事です。

②ログの書き出し先

ログの書き出し先は、設定で変更することができるため一概に言えませんが、慣例的に、「/var/log」ディレクトリ以下に書き出すように構成されています。

もし、他人の構成したサーバーのログを見なくてはいけなくなった場合には、最初にここを探してみましょう。

またログには、システムの情報など書き出されることがあることから、rootユーザーしか読めない設定に構成されていることがほとんどです。

③時刻の同期

サーバーに設定されている時刻は、正確でなければなりません。そうしないと、ログに記載されている時刻が信用なりませんし、あまりにも大きくズレていると、通信エラーが発生することもあります。

手動での時刻の設定は、正確さに限度がありますし、たとえ正確でも使用中にズレてくることもあるので、インターネットで提供されている正確な時間を刻むサーバーと定期的に通信して、正確な時刻に合わせるようにします。このとき使われる通信手順（プロトコル）がNTPで、使うコマンドがntpupdateです。

●ログでわかること

ログは、サーバーの活動の記録と言っても過言ではありません。そのため、主に2つの使い方があります。

①動かないときのトラブルシューティング

動かなくなってしまった、もしくは、設定したけれど動かないという場合には、まずログを見ます。エラー情報が記載されています。

動かない理由が設定ミスであるような場合には、ログを見れば、その場所が判明し、解決しやすくなります。

②異常がないかの確認

ログを見ると、サーバーの正常・異常を確認できます。

例えば、何度も同じ場所からログインに失敗しているようであれば、ブルートフォース攻撃でパスワードクラックされている可能性もあります。

またWebのアクセスログを確認すると、何者かが脆弱性のありそうなファイルにアクセスしていたり、本来は参照できないはずのファイルにアクセスしようとしていたりする（もしくは本当にアクセスされてしまった）ということもわかります。

サーバーの管理をする時に最も重要な情報の1つがログです。「ログを読めるようになること」は、管理の第一歩ですから、徐々に学んでいきましょう。

COLUMN

監視ツール

ログは分量がとても多いので、人間が目視で見るのは大変です。見過ごす恐れもあります。そこで一般に､｢異常がないかを確認する｣という目的でログを扱う場合は、何らかの監視ツールを使います。

監視ツールは、簡単に言うと、「Error」や「Fatal」など、あらかじめ問題がありそうな文言を登録しておき、そうした文言がログに記録されたときに、管理者に通知する機能を持ったツールです。

具体的なソフト名としては、「Zabbix（ザビックス）」や「Nagios（ナギオス）」「prometeus（プロメテウス）」などがあります。監視ツールによっては、ログの確認だけでなく、CPU負荷やディスク容量、メモリの使用量の監視もできます。こうした監視ツールを使うことで、サーバー管理者の仕事は大幅に減り、また、安全に管理できるようになります。

8-3-2 ログの種類

Linuxサーバーが出すログは、大きく2種類あります。

ひとつは｢syslog（シスログ）｣と呼ばれるLinuxの仕組みを使ったログです。OSもsyslog対応の形式でログを出します。

もうひとつは、それぞれのソフトウェアが独自に出力する｢カスタムログ｣です。

ソフトウェアの場合は、片方だけのログを出す場合もあれば、両方の仕組みを使ったログを出す場合もあります。

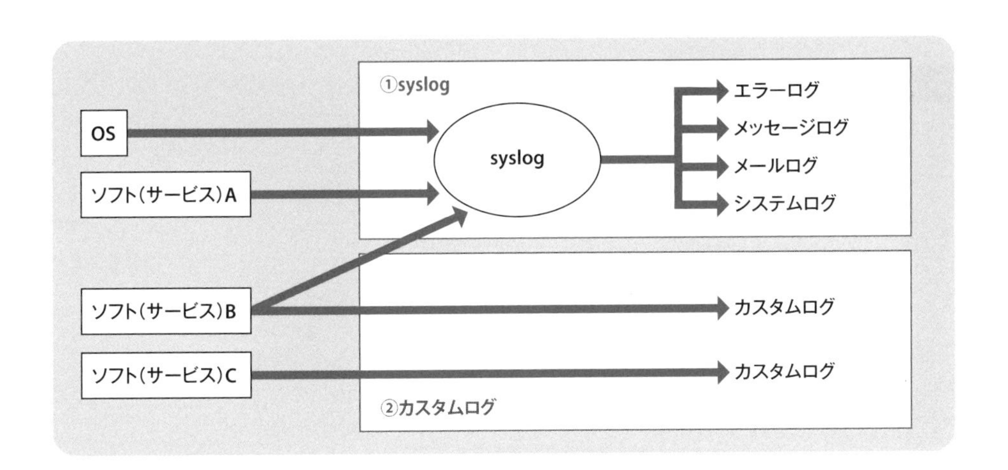

①syslog

これはUNIX系のサーバーで共通するのですが、Linuxサーバーには、syslog（シスログ）という、ログを記録する統一した仕組みがあります。これはサービスとしてLinux上で動いています。

OS本体やsyslogに対応したソフトは、ログを「syslog」に出力します。すると、syslogが、実際にファイルに書き出します。

(a)ファシリティ

syslogで扱うログは、いくつかの分類に分けられています。これをファシリティと言います。たとえば、「認証」「サービス」「メール」などです。

ファシリティ	意味
auth、authprive	認証サービス
cron	一定時間ごとに起動するcronと呼ばれるプログラム
daemon	背後で動くデーモンと呼ばれるプログラム
kern	カーネル（Linuxの本体）
lpr	プリンタ関連
mail	メール関連
news	ニュースグループ関連（現在はほぼ使われていない）
syslog	syslog自身
user	ユーザーの一般的なプログラム
uucp	UUCPと呼ばれる転送プログラム（現在はほぼ使われていない）
local0～local7	任意のカスタムなファシリティ

(b)ログのプライオリティ

ログには重要度があり、プライオリティと呼びます。次の8段階があります。

プライオリティ	意味
emerg	緊急（emergency）
alert	緊急に対処すべき
crit	致命的（critical）
err	エラー（error）
warn	警告（warning）
notice	通知
info	情報（information）
debug	デバッグ情報

OSやソフトがsyslogに対してログを送信するときは、ファシリティとプライオリティを合わせて送信します。syslog側では、ファシリティとプライオリティに応じて、「どのファイルに出力するのか」を決めることができるようになっています。

無視して良いログは記録せずに捨ててしまうこともできます。

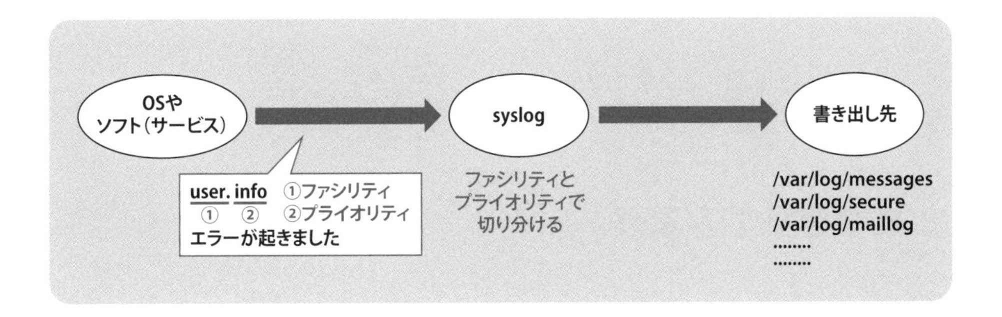

Ubuntuの場合、「syslog」と上位互換の「rsyslog」というプログラムが担当しており、その設定ファイルは、「/etc/rsyslog.conf」ファイルです。このファイルには、「どのようなエラーのときに、どのファイルに書き出す」という設定が書かれています。

表にあるように、すべてのログは、/var/logディレクトリ以下に書き出されます。

●表　syslogなどログの出力先

項目	ファイル
各種情報	/var/log/syslog
認証情報	/var/log/auth.log
カーネル	/var/log/kern.log

syslogが出力するログの書式は、たとえば、次のようになり、左から順に、「時刻」「サーバー名」「サービス名(ソフト名)」「メッセージ」と決まっています。

● syslogの例

```
May 27 00:22:28 yellow systemd: Starting Session 2 of user root.
```

②カスタムログ

カスタムログは、ソフトウェアが出力するログです。どこにどのような形式で出力するのかは、ソフトウェア次第ですが、慣例的に、「/var/log」以下に出力することがほとんどです。

例えば、Apacheの場合、ログファイルの設定は、「apache2.conf」で設定します。デフォルトでは、次の2つのログファイルが作られます。

(a)　エラーログ

「error.log」という名前のファイルにエラーに関するカスタムログが出力されます。

(b)　アクセスログ

「access.log」という名前のファイルにアクセスログに関するカスタムログが出力されます。

ディレクトリ名は、「/var/log/apache2」です。

8-3-3 ログを見てみよう

実際にログを見てみましょう。

ログを記録しているファイルは複数ありますから、見る前に、どのようなログファイルがあるのか確認する必要があります。

また、catコマンドでログを見てしまうと、大量のログが表示されて大変なことになってしまいます。今回は一部だけを表示させる「tail」コマンドを使用します。

● どのようなログファイルがあるかを確認する

どのようなログファイルがあるかを確認しましょう。説明したように、ログは/var/logディレクトリにあるので、このファイル一覧を調べてみます。

やってみよう ➜ /var/logディレクトリの内容を確認する

lsコマンドを入力して、「/var/log」ディレクトリの内容を確認しましょう。

● ログを確認するコマンド

```
ubuntu@ :~$ ls /var/log
```

「/var/log」ディレクトリの一覧を見てみると、ログファイルによっては、「auth.log.1」や「auth.log.2」のように、名称の後ろに番号がついたファイルもあることがわかります。これは一定時間ごとに、ログファイルが更新されたものです。また、「.gz」はgzipというコマンドで圧縮されたファイルです。Ubuntuでは古いログはディスクの容量を抑えるため、圧縮されます。

```
ubuntu@ :~$ ls /var/log
alternatives.log  dist-upgrade  kern.log   ubuntu-advantage-timer.log
apache2           dmesg         landscape  unattended-upgrades
apt               dpkg.log      lastlog    wtmp
auth.log          installer     private
btmp              journal       syslog
```

● **ログの内容を確認しよう**

次にログの内容を確認してみましょう。ここでは、仮にsyslogファイルを確認することにします。すでに説明したcatコマンドを使ったり、viエディタで開いたりすることもできますが、ログは大きいので、とても速い速度で画面を流れたり、ファイルを開くのに時間がかかったりします。そこでログの一部だけを表示することにします。

そのためのコマンドが「head」コマンドと「tail」コマンドです。headコマンドは、そのファイルの先頭から指定した行数分だけ、tailコマンドは、そのファイルの末尾から指定した行数分だけ、それぞれ表示します。

どちらも「-n」オプションで表示する行数を指定できます。例えば「-n 30」なら、30行分表示します。「-n」オプションを指定しなかったときは、10行分表示します。

● ファイルの先頭を表示する

```
ubuntu@ :~$ head -n 行数 ファイル名
```

● ファイルの末尾を表示する

```
ubuntu@ :~$ tail -n 行数 ファイル名
```

やってみよう ➜ /var/log/syslogの末尾を表示

tailコマンドを入力して、「/var/log/syslog」の末尾を表示してみましょう。ログファイルは通常のユーザーの権限では確認できないので、sudoを用います。

なお、表示される内容は、サーバーによって異なるため、例とは違う結果がでます。

```
ubuntu@ :~$ sudo tail /var/log/syslog
Feb 12 09:33:18 yellow systemd[1064]: Listening on GnuPG
cryptographic agent and passphrase cache.
Feb 12 09:33:18 yellow systemd[1064]: Listening on debconf
communication socket.
Feb 12 09:33:18 yellow systemd[1064]: Listening on REST API socket
for snapd user session agent.
Feb 12 09:33:18 yellow systemd[1064]: Listening on D-Bus User Message
Bus Socket.
Feb 12 09:33:18 yellow systemd[1064]: Reached target Sockets.
Feb 12 09:33:18 yellow systemd[1064]: Reached target Basic System.
```

やってみよう ➜ /var/log/apache2/access.logの末尾を表示

同じようにして、Webのアクセスログも見てみましょう。「/var/log/apache2」ディレクトリの下の「access.log」ファイルがそれです。いつ、どこから、どのファイルがアクセスされたのかわかります。

Webサイトのアクセス集計などは、実は、こうしたログファイルをもとに集計しています。そのための代表的なソフトとして、Matome（旧Piwik）というソフトがあります。

```
ubuntu@ :~$ sudo tail /var/log/apache2/access.log
10.0.2.2 - - [12/Feb/2023:09:29:48 +0000] "GET / HTTP/1.1" 200 3460 "-"
"Mozilla/5.0 (Macintosh; Intel Mac OS X 10_15_7) AppleWebKit/537.36
(KHTML, like Gecko) Chrome/110.0.0.0 Safari/537.36"
10.0.2.2 - - [12/Feb/2023:09:29:48 +0000] "GET /icons/ubuntu-logo.png
HTTP/1.1" 200 3607 "http://localhost:8080/" "Mozilla/5.0 (Macintosh;
Intel Mac OS X 10_15_7) AppleWebKit/537.36 (KHTML, like Gecko)
Chrome/110.0.0.0 Safari/537.36"
```

COLUMN

tailコマンドの「-f」オプション

tailコマンドでは、「-f」という特殊なオプションを使うことがあります。このオプションは、該当のファイルを開いて、待ち状態にし、何か書き込まれたら、すぐに画面に表示したい時に使うものです。

例えば、管理者が、「tail -f /var/log/apache2/access.log」と入力すれば、その時点での最新ログを表示した後、次の記録を待つ状態になります。何らかのアクセスがあれば、それはログとして記録されますが、記録と同時に画面上にも随時表示されるという仕組みです。何かトラブルがあったり、一時的に監視したい時などに使います。

8-3-4 ログを読み取ろう

ログをどのように見るかは、システムに依存することなので、一概に言えませんが、エラーや警告は、なんらかの異常があるから表示されます。表示された時に、それを無視しないようにする体制が肝要です。

特に不正アクセスに関するものについては、見逃さないようにします。

一例を挙げれば、ログインに失敗したときには、「/var/log/auth.log」ファイルに、その記録が残ります。そこに、同一の接続元（IPアドレス）から、何度も失敗しているような場合は、攻撃を試みられている恐れがあるので注意するといった具合です。

小さい会社だから、個人だからと、自分は攻撃されるはずがないと思い込んでいる人がいますが、乗っ取られたサーバーが他の大きな会社や団体を攻撃するのに使われることもあります。

異常は異常として、扱うようにしましょう。

●ログを読み取る

まず、ログに表示される文言として、「HALT（ホルト）」「Stop」「ERROR/Error」「WARNING/Warning（＝警告）」「INFO（= information）」などに注意しましょう。

HALT/Stop

HALTやStopは、停止を表します。このログがある場合は、システムが停止した可能性があります。自分がシャットダウンをしたなどの明確な理由がなければ、何らかの理由でシャットダウンが発生した可能性があるので原因を調べましょう。

1回だけなら、たまたま停電したということもありますが、複数回頻繁に起こっているようであれば、調査が必要です。

ERROR/Error

ERRORやErrorは、何らかのエラーが発生している可能性があります。ログにはプログラム名（サービス名）が記述されているので、それらの設定に間違いがないかを確認します。

また、特定の時間帯にだけ発生しているようであれば、その時間帯に負荷が高かったり、攻撃を受けているような可能性があります。頻繁に同じエラーが残っている場合、それを繰り返すと、物理的な破損や、攻撃者からの侵入など、重大な問題につながることもあるので、見過ごさないようにしましょう。

WARNING/Warning

WARNINGやWarningは警告です。すぐにどうということではありませんが、たとえば、ディスクの空き容量が少ない、メモリが少ないなどの警告が出ていることがあります。早めに確認して、問題を解決しましょう。

●ログを検索する

ログはとても大きいので、どの項目についても、目視で探すのは大変です。そこで検索機能を紹介しておくので、上手く使ってみてください。Linuxにはファイルから検索する「grep（グレップ）」というコマンドがあります。このコマンドでファイル内を検索できます。

● ファイルを検索するコマンド

```
ubuntu@ :~$ grep 検索語句 ファイル名
```

やってみよう 「fail」という文字が含まれる箇所を検索する

何を検索するかは、その時々ですが、「HALT」「stop」「error」「warn」「fail（＝失敗）」「fatal（＝致命的な）」などの問題が起こった時によく出てくる言葉を検索することが多いです。

例えば、「/var/log/auth.log」から「fail」という文字を検索すると、ログインに失敗したときの行がわかります。

```
ubuntu@ :~$ sudo grep fail /var/log/apache2/access.log
Feb 12 06:47:44 yellow kernel: [    0.664974] acpi PNP0A03:00: fail
to add MMCONFIG information, can't access extended PCI configuration
space under this bridge.
```

もし、ログインに失敗しているようなら、failが含まれる行が表示されます（ログインに失敗した過去がなければ、まったく何も表示されません）。

なお、「grep」コマンドは大文字小文字を区別します。区別せずに検索したいときは「grep -i 検索語句 ファイル名」のように、「-i」オプションをつけてください。

COLUMN

PHPのセキュリティに注意する

本書で紹介した範囲ではPHPはセキュリティ上の問題が発生する可能性のほとんどない使い方をしているため問題になりにくいですが、PHPでユーザーの入力を処理したり、データベースと連携して情報を管理したりするようになるとセキュリティ上注意すべきことが非常に多くなります。本書の範疇を超えているため解説はしませんが、PHPで高度なプログラミングを行うときはセキュリティ上の問題が生じないか注意しなくてはいけません。

8-4 サーバーは正常に動いているのか確認しよう

サーバーは24時間365日正常に動いていることが求められます。そのためには、ソフトウェアやハードウェアの状態などの監視が必要です。

8-4-1 正常に保つとは

サーバーは稼働したら終わりではありません。正常に保つことが必要です。「正常に保つ」は、「正常とは何か」をまず決めねばなりません。「正常は正常だろう！」と思うかもしれませんが、そのようなあいまいな基準ではいけません。

「正常」である数値や状態を決めなければ正しい管理ができません。「正常」には様々な指針があります。

● サーバーの状態から決める方法

ひとつはサーバーの状態から決める方法があります。例えば、次のような指針を決めます。仕事の現場ではすでに明文化されていることが多いでしょう。

・CPUの負荷率が80%以下

・ディスクの空き容量が60%以下

● サービス稼働状況から決める

もうひとつは、そのサーバーがユーザーに対して、「どれだけの性能を保証するか」で決める方法です。たとえば、次の基準が挙げられます。

・ユーザーがアクセスしてきたとき、その応答を返すまでの時間（レスポンスタイム）が１秒以下

しかしこのような、サービス稼働状況の指針は、掘り下げると、「それを満たすには、どのようなスペックのサーバーが、どのような状態で動いているのか」に起因するので、結局のところ、「サーバーの状態がどういう状態になるのか」という話に落ち着きます。

いずれにせよ、サーバーを運用するときは、「正常値を決める」ことが大事です。大雑把なシステムでは、「動いていれば大丈夫」ということもありますが、それでは、危険かどうかを知ることが困難です。きちんと数値化した指針を示して、現在の状態が、「警告」の状態なのか「危険」の状態なのかぐらいは、把握できるようにしておきましょう。

8-4-2 プロセスは正常か？

サーバー上で、今、どのようなプログラムが実行されているのかを調べることはサーバーの状態を知る基本です。

● プロセスを確認する意味

サーバー上で実行されているプログラムは「プロセス」と言います。プロセスを調べるのは、次の2つの意味で重要です。

①実行されるべきプロセスが存在しているか

エラーや障害などで終了してしまった可能性があります。ログを確認するなどして終了した理由を調べて対策します。

②プロセスが多すぎる

過負荷がかかっている可能性があります。多くのユーザーがアクセスして、同時にたくさんのプロセスが起動している、もしくは、何らかの理由で、本来終了すべきプログラムが終了していないことがあります。この場合もログを確認して調査します。

③いないはずのプロセスがいる

誰かが勝手に実行した可能性があります。モノによっては、外部からの侵入の可能性もあります。何が理由で起動したかを知ることも重要ですが、場合によっては、先に「ひとまず止める」「ネットワークを隔離する」といった、迅速な対処が求められることもあります(注7)。

● 実行中のプロセスを調べる

プロセスの状態を調べるには、「ps」コマンドを使います。「ps」コマンドには、いくつかのオプションがありますが、「axu」いうオプションをつけるのが典型的な使い方です（オプションは順不同なので「aux」などでも同じです）。

● プロセス一覧を表示するコマンド

```
ubuntu@ :~$ ps axu
```

オプションの意味は、次の通りです。ハイフンはいりません。他にもオプションがありますが、ここでは省略します。少しわかりにくいのが「a」と「x」です。

TIPS　（注7）ただし終了させてよいか、消してよいかは運用によります。終了したり消したりしてしまうと、悪意あるプログラムが「何をしていたのか」がわからなくなるため、最近では、隔離して調査することが推奨されるケースが増えています。

プロセスには、端末を持つものと持たないものがあり、両方表示する場合は、どちらも指定します。なお、端末というのは、我々が操作しているような「画面」のことです。

- a　端末を持つすべてのプロセスを表示
- x　端末を持たないすべてのプロセスを表示
- u　見やすさ重視のフォーマットで表示

やってみよう プロセス一覧を表示する

プロセス一覧を表示してみます。

```
ubuntu@ :~$ ps axu
USER        PID %CPU %MEM    VSZ   RSS TTY     STAT START   TIME COMMAND
root          1  0.2  0.6 167080 12632 ?       Ss   22:03   0:03 /sbin/init
root          2  0.0  0.0      0     0 ?       S    22:03   0:00 [kthreadd]
…中略…
root       8577  0.0  0.9 199888 19356 ?       Ss   22:20   0:00 /usr/sbin/apache2 -k start
www-data   8578  0.0  0.4 200384  8756 ?       S    22:20   0:00 /usr/sbin/apache2 -k start
…略…
```

psコマンドの結果から「apache2」というプロセスがあり、Apacheが動いていることがわかります。なお、それぞれの項目の意味は、次の通りです。

項目	説明
USER	所有ユーザー
PID	プロセス番号
%CPU	CPU占有率
%MEM	実メモリ占有率
VSZ	仮想メモリも含めたメモリ利用サイズ
RSS	実メモリ上の利用サイズ
TTY	端末名
STAT	状態
START	開始時刻
TIME	総実行時間
COMMAND	実行コマンド名

● プロセスを終了する

ときには無応答になったプログラムを強制終了したいことがあります。その時には、「kill」コマンドを使います。

● プロセス一覧を表示するコマンド

```
ubuntu@ :~$ sudo kill プロセス番号
```

killコマンドでは「プロセス番号」を指定します。プロセス番号は、「PID」の項目です。psコマンドの結果にある「root 8577 0.0 0.9 199888 19356 ? Ss 22:20 0:00 /usr/sbin/apache2 -k start」の行であれば、「8557」の部分です。

USER	PID	%CPU	%MEM	VSZ	RSS	TTY	STAT	START	TIME	COMMAND
root	8577	0.0	0.9	199888	19356	?	Ss	22:20	0:00	/usr/sbin/apache2 -k start

もし、このプロセスを終了させる場合は、次のようにします。なお、これを実行すると実際に8557のプロセスが終了するので、プロセスを終了させると困る場合はやめておいてください。不用意に落としてWebサーバーが止まることも考えられます。

```
ubuntu@ :~$ sudo kill 8557
```

時には、実行しても終了しないことがあります。その場合は、「-9」というオプションを指定します。すると強制終了します。

「-9」オプションは、プロセスの状況にかかわらず強制終了するので、どうしても終了しない時以外は、指定しないことをおすすめします。

```
ubuntu@ :~$ sudo kill -9 8557
```

8-4-3 ハードウェアは正常か?

メモリ、ディスク、負荷などを調べるためのコマンドもあります。

top

負荷の高いプロセスを調べるには、topコマンドを使います。実行すると、負荷の高い順に、プロセスが上から表示されます。終了するには[q]キーを押します。

free

メモリの使用率を調べるには、freeコマンドを使います。

freeの結果は、totalが総容量、usedが使用量、freeが残り容量として表示されます。sharedは共有メモリ、buff/cacheはキャッシュとして使われている容量を示します。

df/du

ディスクの使用率を調べるには、df、duコマンドを使います。dfコマンドはディスク全体を、duコマンドは、ディレクトリやファイル単位で調べるのに使います。

どちらのコマンドも、オプションを指定しなくてもよいのですが、「-h」というオプションをつけて使うことが一般的です。「-h」は「human-readable」の略で、人間が読みやすくするという意味です。-hオプションをつけると、バイト単位ではなく、キロバイト、メガバイトの単位で表示されるので、わかりやすくなります。また、duコマンドに、「-a」オプションを指定すると、ファイル単位で容量を調べられます。

COLUMN

ネットワークエラーなどを調べる／監視ソフト

最近ではあまりなくなりましたが、時にはネットワーク機器の故障によって正しく通信できない問題が発生することもあます。そうした時は、どれだけのネットワークエラーが発生しているかを確認します。調査方法はいくつかありますが、「ip -s link show」というコマンドを使うのが、まず最初です。

コマンドを実行すると、ネットワークインターフェースごとに、エラー（errors）や消失（drop）の数がわかります。ネットワークケーブルの抜き差しや一時的な不通などでも、このエラーは増えますが、明らかにとても大きな値になっているときは、ネットワークトラブルが発生している可能性があります。

また、サーバーマシンの状態を監視するソフトとして、ハードウェアを提供する業者による監視ソフトが付随している場合があります。これらの監視ソフトを使用すると、電源の状態や温度などがわかり、ネットワーク経由での監視に役立ちます。

COLUMN

冗長構成とRAID、スタンバイ機

サーバーを維持するために、いくつかの方策があります。

冗長構成とは、ハードウェアを複数用意し、故障に備える仕組みです。特に、HDDやSSDのようなストレージの場合には、RAIDを組んでリスクを分散させます。故障しても動き続けられるように考えられています。

また、壊れてしまったら代わりを用意しておき、すぐさま交換する方法もあります。代替機は、稼働しているサーバーと構成を全く同じにしておきます。電源が入った状態ですぐ切り替えられる代替機をホットスタンバイ、切った状態での代替機をコールドスタンバイといいます。

8-5 バックアップをとろう

サーバーの運用中、サーバーに保存されるファイルが壊れたり、失ってしまったりすることがあります。そうした事態に対応するためには、バックアップが必要です。

8-5-1 バックアップとは

機器の故障の場合は、機器や部品を交換すれば話が済みますが、中に入っているデータは買ってくるわけにはいきません。

そのため、定期的にファイルを別の場所にコピーしておくことが大切です。ファイルをコピーして別の場所に保存することをバックアップと言います。

バックアップは、毎日、毎週、毎月など、定期的に行うものもありますが、ソフトウェアのインストールなど、何かサーバーの設定を大きく変更する前には、バックアップをとっておきましょう。そうすれば、万一、失敗した時も、元に戻すことができます。

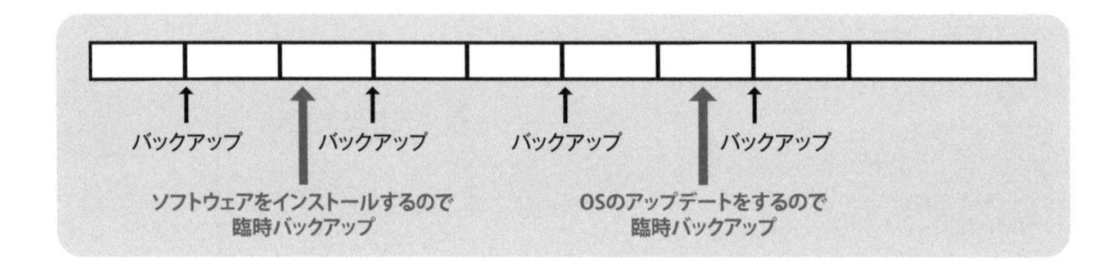

COLUMN

RAIDを構成していてもバックアップは必要

サーバーでは、ディスクの故障に備えるために、複数台のディスクを1台のディスクのように見せかけるRAID（レイド）という仕組みを使って構成することがあります。RAIDで構成すると、そのうちの1台のディスクが壊れても、新しいディスクを買ってきて交換すれば、データを失わずにすみます。

ではRAIDを構成していたらバックアップは必要ないのかというとそうではありません。管理者が誤操作したり、ソフトの不具合などでデータが壊れたり消えてしまう可能性もあるからです。

8-5-2 バックアップの方法

バックアップをとるには、いくつかのコマンドを使います。バックアップ、とくにサーバー全体のバックアップをとる場合は、rootユーザーで操作します。rootユーザーだけしか読み書きできないファイルがあるからです。ただし、/homeディレクトリ以下の自分のディレクトリだけをバックアップするなど、特定のユーザーの所有物だけをコピーする場合は該当のユーザーで作業します。

①cpコマンド

まず簡単なのは、cpコマンドを使うことです。cpコマンドは、すでに説明したようにファイルをコピーするコマンドです。-rオプションをつけると、そのディレクトリ以下をまるごとコピーします。また、-pオプションをつけると、ファイルの所有者や権限もコピーできます。別のHDDにcpでコピーすれば完了です。

②scpコマンド

ネットワーク越しにコピーしたい時は、scpコマンドを使います。scpコマンドの使い方は、cpコマンドと同じですが、ネットワーク越しにコピーするときは、「ユーザー名@サーバー名:ディレクトリ名(もしくはファイル名)」と表記します。

③rsyncコマンド

rsyncコマンドは、2つのディレクトリを同期処理します。同期とは両者を調べて、更新されているものは更新し、削除されているものは削除することで、まったく同じ状態にすることです。rsyncコマンドには、たくさんのオプションがありますが、2つのディレクトリを同期するだけなら、次の書式を覚えておけば十分です(注8)。

●2つのディレクトリの同期をとる

```
ubuntu@ :~$ rsync -av --delete コピー元のディレクトリ名/ コピー先のディレクトリ名
```

また、rsyncでは、ネットワーク経由のコピーもできます。その場合は、コピー元やコピー先を「ユーザー名@サーバー名:ディレクトリ名(またはファイル名)」のように指定します。オプションとして「-e ssh」をつけます。例えば、次のように表記します。

```
rsync -av --delete -e ssh ubuntu@red:/var/www/html/ /tmp/
```

TIPS

(注8) rsyncコマンドでは、コピー元のディレクトリ名の後ろに「/」を付けるかどうかで意味が変わります。注意してください。「/」を付ける場合、中に格納されているファイルがコピーされます。「/」を付けないと、コピー元のディレクトリ自体がコピーされます。

④その他の方法

その他の方法として、ddコマンドや、バックアップソフトをインストールして使う方法もあります。バックアップソフトは、オープンソースのものとしては、Bacula（バキュラ）などがあります。

COLUMN

バックアップデータの漏洩に注意

バックアップデータの対象によっては、個人情報や一般には公開したくない設定情報などが含まれていることもあるので、厳重に管理しなければなりません。

● tarコマンドによるファイルのアーカイブ

ファイルを一つずつコピーするのは面倒なものです。そうではなく、すべてのファイルを1つにまとめる方法があります。「tar」コマンドを使います。

ファイルをひとつにまとめることを「アーカイブ（archive）」と呼びます。アーカイブするソフトなので、tarは「アーカイバ」と呼ばれることもあります。

● tarを使ってアーカイブする

```
[root ~]# tar オプション アーカイブファイル名 対象ディレクトリ名（またはファイル名） ・・・
```

tarでは主に次の項目を使うことが多いです。「f」オプションを指定し忘れると、ファイルに保存されないので注意します。ハイフンはいりません。

・c　作成（create）を意味

・z　gzipという方式で圧縮

・v　作業中のファイルを画面に表示

・f　アーカイブファイル名を指定

通常の拡張子は「.tar」、「z」オプションをつけて圧縮形式で保存するアーカイブファイル名には、「.tar.gz」いう拡張子をつけるのが一般的です。tarコマンドでは、「どのディレクトリを起点とするか」で、展開したときのディレクトリ構造が異なります。そのため圧縮したいファイルやディレクトリのあるディレクトリをカレントディレクトリとなるように移動してから圧縮するのが一般的です。

tarコマンドと似た用途のコマンドにzipコマンドがあります。zipコマンドはzipを生成するためWindowsでも圧縮ファイルを展開したいときなどに便利です。

8-6 セキュリティに注意しよう

サーバーを公開するということは、攻撃に晒されることとも隣り合わせです。セキュリティに十分留意して運用しましょう。

8-6-1 サーバーを公開するときに注意すべきこと

サーバーを公開するときには、セキュリティに注意しなければなりません。注意しなければならないことはたくさんありますが、基本は、次の点に着目します。

①見てはいけないデータを見せない

他の人が見てはいけないものが、見えないようにします。

当たり前だと思うかもしれませんが、意外と見えてしまっているケースは多く、内部用のプレビューページや入力ページが公開されてしまっているサイトもあります。

見られてはいけないデータは、極力サーバーに置かないのが原則です。置く場合はセキュリティの設定をして、非認証ユーザーはアクセスできないようにします。Apacheの設定に注意しましょう。

②不正なアクセスの禁止

ユーザー認証などを設け、不正なユーザーがサーバーにログインできないようにします。ただ、これだけでは、総当たり攻撃によって突破されてしまうこともあるので、SSHで接続できる接続元を制限したり、何回もパスワードを間違えたらアカウントを一時的に無効にするという対策も有効です。

③不正に使わせない

②とも似ていますが、アカウントが乗っ取られなくても、攻撃されたり、他者への攻撃の材料にされてしまったりすることがあります。防げるものに関しては対策しておくべきでしょう。パッケージアップデートやファイアウォール設定の確認が有効です。

④サーバーを過負荷から守る

不特定多数の大量のアクセスによって、サーバーかダウンしてしまうこともあります。そうしたことがないよう、サーバーがある程度の余力がある段階で新規の接続を拒むように構成したり、サーバーの前段のネットワーク機器で、そうした高いトラフィックの接続を排除するような仕組みを持たせます。

8-6-2 サーバーに関連する代表的な攻撃手法

サーバーに関連する代表的な攻撃手法だけでも、多くあります。サーバーは、インターネットにつながっており、「誰かがアクセスすること」が前提であるため、攻撃の対象となるのも当然です。

ただ、その当然であることを、いかに予防し、実際に何か起こってしまった時に、どう対処するかが重要なポイントになってきます。

少なくとも、どのような攻撃があるかだけでも、知っておくと良いでしょう。

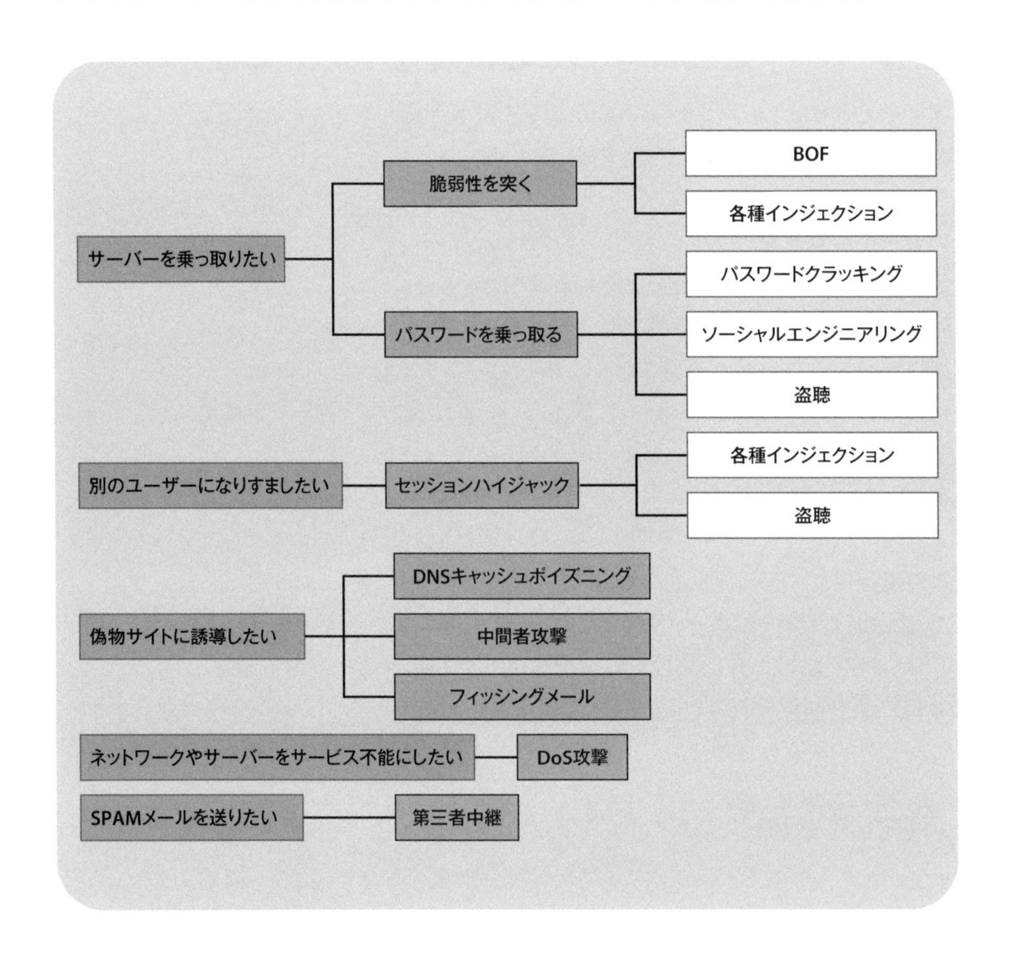

8-6-3 SELinuxとAppArmor（トラステッドOSとセキュアOS）

本来は、4章や5章で紹介すべきセキュリティに関する内容ですが、少し難しいので、この章で解説しておきます。

● セキュアOS

Linuxには、「セキュアOS」というものがあります。これは、セキュリティを通常より高めたOSのことで、「MAC（Mandatory Access Control：強制アクセス制御）」と「最小特権」を満たしているものです。

普段私たちが使用しているアクセス制御は「DAC（Discretionary Access Control：任意アクセス制御）」と呼ばれる考え方で、システム管理者（本書ならnyagoroユーザー）が、他の一般ユーザー（chiroなど）に対してアクセス権を設定しますが、管理者自身（nyagoro）は制約を受けません。

これに対し「MAC」の考え方は、root権限に対しても強制力を持ち、「最小特権」はroot権限を持っていてもアクセス不能・実行不能なファイルを設定し、必要以上の権限を与えないようにするものです。

これにより、不正アクセスでroot権限が乗っ取られたとしても被害を最小限にすることが可能です。

● SELinux（エスイーリナックス）とAppArmor（アップアーマー）

Linuxのセキュア OSといえば「SELinux（Security Enhanced Linux）」を思い浮かべる方も多くいらっしゃるかと思います。SELinuxでは、通常のOSに機能追加という形でセキュアOSにすることができ、機能を有効化するとOS全体に対してセキュリティ機能が働きます。

SELinuxのアクセス制御はファイルやディレクトリに「ラベル」を設定しアクセス制御をするというもので、「ラベルベース」のアクセス制御と呼ばれます。しかしラベルベースはラベルの管理も強いられるので手間がかかり、扱いが難しいと思われがちなので、導入を嫌がる管理者もいますが、セキュリティ的に望ましい状態ではありません。

それに対し、UbuntuにはSELinuxよりも手軽に設定できるセキュアOSとしてカノニカル社の開発した「AppArmor」が用意されています。

AppArmorでは、制御をかけたいファイルパスを指定し「プロファイル」というファイルに制御内容を記載して設定するだけです。これを「パス名ベース」のアクセス制御と言います。ファイルやアプリケーション単位で設定できるため、SELinuxよりも設定が楽なのです。

具体的には、作成したプロファイルを「enforced」モードで読み込ませると、ルール違反したアクセスはブロックされるようになります。「complain」モードというものもあり、こちらはルール違反したものがあってもブロックはせず、ログに書き残すだけに留めます。「ルール違反なら、全部ブロックすればいいじゃないか！」と思われるかもしれませんが、実際のサーバー運用では、こうした柔軟性を求められる場面もあるので、二つのモードがあるのです。

設定は、「disable」でプロファイルを指定すると解除できます。このようにプロファイル単位で制御できるのも、使いやすいですね。

Ubuntuでは AppArmorは標準で動作しており、ごく少数ですがデフォルトのプロファイルが読み込まれ最低限のセキュリティは確保されています

本書ではAppArmor(注9)やSELinuxの説明はしませんが、OSにはセキュアOSという高セキュリティのOSがあり、LinuxではAppArmorやSELinuxという機能でそれを満たすことができる点は押さえておきましょう。

●トラステッドOS

セキュアOSの類似の用語に「トラステッドOS(Trusted OS)」というものがあります。

実はセキュリティOSとしては「トラステッドOS」の方が歴史が長く、セキュアOSはそこから派生したものです。

トラステッドOSは米国防総省の定めたTCSEC(Trusted Computer System Evaluation Criteria：別名「オレンジブック」)のセキュリティ評価基準でA～Bを満たすもので、軍用システムなどの特に高セキュリティが求められる場合に使用されます。

なお、商用調達レベルでの最高レベルは「B1」であり、これに区分されるOSがトラステッドOSと呼ばれます。

トラステッドOSは重要なデータを保護することからセキュリティ至上主義であり、それは逆に民間レベルで使うには扱いづらいためユーザーが扱いやすいように調整したものがセキュアOSとして誕生しました。

セキュアOSにはトラステッドOSのような厳密な満たすべき評価基準は定義されておりませんが、現在は先に述べたように「MAC」と「最小特権」の機能を持ったものを主にセキュアOSと呼んでいます。

このため、トラステッドOSもセキュアOSに含まれ、セキュアOSの中でも特に厳しい基準を満たしたものと言えるでしょう。

8-6-4 まとめ

Ubuntuへのログインの仕方から、セキュリティの基本まで簡単にお話してきましたが、いかがだったでしょうか。

7章までの内容に比べ、8章は少し難しかったかもしれません。

しかし、サーバーを運営していけば、早急に必要となってくる知識ですから、本書で詳しく触れていない内容や、疑問に思ったことは、更に学習していくと良いでしょう。

TIPS (注9) 簡単な設定方法については、サポートページ参照のこと

8-7 サーバーに関わる仕事

サーバー管理の仕事は、本書の内容以外にも、覚えるべき知識や、身につけるべき技術が多くあります。

8-7-1 サーバーを構築するということ

本書では、1冊通してWebサーバーを構築しつつ、Linuxの操作を学びました。簡単なコマンドくらいは身についたのではないかと思いますが、これですぐに実務でバリバリ使えるというわけにはいきません。なぜなら本書は「入門書」であり、皆さんはLinux一年生だからです。**一年生がエースになれるほど甘い業界ではありません。**

今回は、書籍の通りに進めていきましたが、実際の仕事の場合は、プロジェクトごとに、求められるサーバーが異なるため、自分で考えて設計しなければなりません。

時々、「本を読んでも実務に役立たない」とおっしゃる方を見かけますが、言わば、本に書いてあるのは、道具の使い方です。この道具を使って、**「どんなものが欲しいか？」「どんなものを作りたいか？」を考えるのは、皆さん自身**です。本に書いてないのは、当たり前なのです。でも、今回、基礎を学んだことで「わかること、できること」は増えたはずです。この知識を武器に、次のステップへ進んで下さい。

とはいえ、いきなり「どんなものを作りたいか」「実際のプロジェクトで何をすべきか」を考えても、思いつく人は少ないでしょう。一番良いのは、簡単なプロジェクトに参加して、先輩に色々教えてもらうことです。そうすると、現場では、まずは「どのようなアプリケーションを動かしたいのか」「そのために必要なソフトウェアは何か」からはじめ、「閲覧者はどのくらいのアクセスを予定しているか」「セキュリティはどのくらい強固にしなければならないか(もしくは、しなくて良いか)」「かけられる費用はどのくらいか」「サーバーは絶対に停止してはいけないか」などの情報を集めながら、「作るべきサーバー」の姿を設計していく課程を見られるはずです。

こうした要件のうち、機能の関わるものを「**機能要件**」、関わらないものを「**非機能要件**」と言います。例えば、ソフトウェアは機能要件、予定アクセス数は非機能要件です。

実際のプロジェクトでは、こうした要件(注10)を元に、サーバーを設計・構築します。

TIPS (注10) 非機能要件は、マネージャー職が、顧客からヒアリングしながら決定することが多い。マネジメントを兼任していない場合は、非機能要件から必要なスペックを答えられるように、日頃から情報収集しておくと良い。会社員ならば、自社の過去事例を読んで、先輩に質問してみよう。

- **サーバーを設計するのに、必要な情報**

・必要なソフトウェア	・かけられる費用
・予定アクセス数	・サーバーの可用性のレベル
・セキュリティの硬度	など

8-7-2 サーバー管理・運用の仕事

サーバーは、作成して終わりではありません。きちんと動くように管理も必要です。サーバーの設計と管理運用は担当者が違うことも多いですが、一連の流れとしてどちらもわかるようにしておきましょう。

- **サーバー管理・運用の仕事**

サーバー管理者の仕事とは、その名の通り、サーバーを管理することです。では、そもそも「サーバーの管理」とは何でしょうか？

サーバーは、**24時間365日**（ニーヨンサンロクゴとも言います）、正常に稼働し続けることが理想です。その理想を目指すのが、サーバー管理者の仕事の基本です。

実際の作業としては、いくつかありますが、大きく4つに分けられます。

1. 監視

サーバーは生き物です。「無機物に何を言うのか？」と思うかもしれませんが、サーバー上でソフトウェアやシステムが動き、人々がアクセスしてくる限り、メモリやストレージ（HDDやSSD）、ネットワーク負荷など、サーバーの状態は変化し続けます。

ディスクやCPU、メモリが経年劣化で壊れるかもしれませんし、データが貯まりすぎてディスクに書き込めなくなっているかもしれません。また、悪意のある攻撃者が侵入しようとしていることもあります。

こうした流動するサーバーの状態を日々監視し、異常がないかを調べ、異常が発見された時には、それを直したり、社内の権限のある人に報告したりするのは、サーバー管理者の仕事です。そのため、サーバー管理者は、サーバーへの攻撃があったときに、それを把握して社内の対策部署（社内CSIRTなど）に報告する立場でもあります。つまり、出城や見張り塔のように、最初に敵の攻撃を発見する係なのです。

もし、報告が遅れれば、遅れただけ損害も大きくなってしまいます。

このように、サーバー管理者は、最前線で監視する重要な役割を担っているのです。

2. 復旧（バックアップ）

サーバーが24時間365日正常に動くことが理想ではありますが、何か起こってしまうかもしれません。その場合に、正常な状態へと復旧させるのもサーバー管理者の役割です。サーバーが物理的に壊れてしまった場合には、壊れてしまった部品を交換しますし、サーバーのマシンごと取り替えることもあります。

こうした時に、マシンは買ってくることができますが、蓄積したデータは買ってくることができません。そのため、定期的にバックアップを取っておき、万一の時にはこれを使って戻します。バックアップをどのように取るか、バックアップ先や間隔はどうするのかなど、バックアップ計画を検討することも仕事の一つです。

もちろん、バックアップから、本当に復元できるかどうかも確認しておきます。

3. 維持(改良と改修)

これまで学んできたとおり、サーバーは、通常使っているクライアントマシンと大きな違いはありません。そのため、OSやソフトウェアのアップデートも行われます。セキュリティ的なことを考えれば、当然適応させなければなりません。

また、業務システムのアップデートや、新しいソフトウェアのインストールなど、サーバーを使い続けるうちに、変更しなければならない事柄が発生します。

こうした変更に対応しながら、サーバーを維持します。

地震などが起きたときの災害計画を立てるのも、サーバー管理者の仕事です。

4. 導入計画

サーバーを導入すると決まれば、どの程度のスペックのものを、どこに配置するのか決めなければなりません。新規にサーバーをインストールするだけでなく、既存のサーバーをリプレースすることもあり、その場合は、今保存されているデータを、どのタイミングで新しいサーバーに移動するのかなども考慮が必要です。

8-7-3 DockerやAWSなど、「流行の技術」との付き合い方

Dockerや、AWSという言葉を聞いたことがあるでしょうか。どちらも、サーバーに関わる技術です。本書では、一つずつコマンドを入力して、ApacheやPHPをインストールしましたが、DockerやAWSを使うと、手軽に構築できたり、アップグレードが簡単なので、人気なのです。本書では、本筋から外れるため扱いませんが、興味があれば、勉強すると大きな強みになるでしょう。

●Docker

Dockerとは パソコンやサーバー上に、独立したプログラムの実行環境を作れる仕組みです。Dockerを使うと、サーバー上を細かい部屋に分けられるようになるので、独立した環境に、特定のプログラムを入れられるようになります。この独立した環境をコンテナ(container)と言います。

また、Dockerでは、「イメージ」(注11)と呼ばれるコンテナの金型のようなものが配布されており、それを使えばコマンド一つで、コンテナをたくさん作れます。通常ならば、一つの物理的なマシンに、Apacheの同じバージョンを複数インストールすることはできませんが、Dockerならそれも可能です。

Dockerは、Linuxを前提としたソフトウェアなので、本来ならLinuxでなければ使えないのですが、最近ではDocker Desktop for Windowsのように、WindowsにLinuxのカーネルを用意することで、Windows上でも動かせるものが用意されています。

そのため、Windows上のDockerで開発し、それを調整して本番のLinuxマシンへ持って行く開発スタイルも多くなってきました。

● AWS・Google Cloud・Microsoft Azure

AWSは、レンタルで提供されるクラウドプラットフォームです。クラウドでコンピューティング環境を貸してくれるサービスが有名です。Google Cloudや、Microsoft Azureも、提供元は違えど、おおよそ同じようなサービスを提供しています。

「クラウド」とは、「いつでもどこからでもインターネット越しに利用できる環境のこと」です。「コンピューティング」とは、コンピュータを使って、様々なデータを処理することを指します。

例えば、サーバーのリース契約では、サーバー機器を物理的に借りますが、コンピューティングは、「処理すること」自体を指すので、AWSでは、何かを物理的に借りるわけではありません。大雑把ですが、「コンピューティングを借りる=何かの処理(コンピューティング)をお願いできるサービス」と捉えると、理解しやすいでしょう。

クラウドプラットフォームが貸してくれるのは、「サーバーだけ」ではなく、サーバーを使うのに必要なネットワークはもちろんのこと、サーバーにインストールするApacheなどのソフトウェアもセットになっていますし、データベースや、機械学習、管理ツールなど、コンピューティングのために必要なものを一式丸ごと借りられます。

また、クラウドなので、すべてを自宅や自社からログインして操作できるのも魅力的です。物理的なサーバーを借りる場合は、2回目以降はともかく、初回は現物にセッティングをしなければなりませんが、クラウドは初回からリモートで操作します。

ただ、便利であるのに比例して、ランニングコストは高くなりやすいですし、顧客によっては、クラウドの使用を禁止される場合もあります。

● 「流行の技術」との付き合い方

こうした「流行の技術」とはどのように付き合っていけば良いでしょうか。

結論から言うと、「勉強するに越したことはないが、無理のない範囲で」というのが、

TIPS (注11) たくさんのイメージが、ソフトウェアの開発元や、先人たちによってインターネットのサイト(例えば、Docker Hubなど)で公開されています。難しい操作はなく、簡単にインストールできます。

筆者の答えです。また、導入に関しても「よく調べて、必要なら使う」ことを推奨します。

新しい技術が流行り始めると、猫も杓子も、「勉強しなくちゃ」となりがちですが、そちらにばかり目が行って、基礎が疎かになっては、新技術も身につきません。エンジニアは日々忙しいので、なんでもかんでも勉強するとなると、時間が足りません。

肝要なのは「仕事に活かすこと」なのですから、まずは、簡単に概要をつかみ、自分に必要な技術であるかどうか、自分が今すぐに勉強すべき技術であるかどうかをよく判断して、時間を使いましょう。

導入する時も、顧客から「イマドキは○○を使わないといけないんでしょ？」などと言われることがありますが、そのプロジェクトにとって、ベストの選択であるかどうかは、情報を集めて慎重に検討してください。

高いスーツは良いものですが、土木作業には不向きです。安くても動きやすい服装が欲しい時があるように、サーバーもハイスペックなら良いわけではありません。

8-7-4 これからの学習方法

本書は、入門書です。小学生が、いきなり大学受験するのは難しいように、Linux一年生の皆さんもまだ学ぶべき技術があります。今後の指針を簡単に書いておくので、ぜひ参考にしてください。

① Webサーバーの理解を深める／Linuxの知識を深める

今回学んだ知識を、より深めると良いでしょう。特に実務で関わるエンジニアならば、「身につける」ことを意識してください。**「わかる」ことと「できる」ことは違います。**一通り、本を見ながらできるようになっても、身につくまでは何度かやってみましょう。

逆に、実際にコマンドを打たない立場の人ならば、細かいコマンドよりも、「何ができるのか」「何をやってはいけないのか」など、知識を増やしていくと良いでしょう。

分厚い本で学んだり、公式サイトのドキュメントを読んだりすることも強くおすすめしますが、初心者のうちは、量が多すぎてつらいかもしれません。そうした時には、興味ある分野だけつまみ食いしながら、少しずつ学習していきましょう。

② nginxを学ぶ／Red Hat系を学ぶ

Apacheと並んで、Webサーバー用ソフトウェアとして人気なのがnginxです。お互い得意不得意なことがあり、適材適所で使っていくのが大事です。大規模なプロジェクトになってくると、併用することもあるので、一通りのことを知っておきましょう。

また、今回はUbuntuで学習しましたが、Ubuntuとは系統の違うRed Hat系OSの勉強もおすすめです。簡単な概要だけでも知っておくと、突然扱わなければならない事態に陥っても慌てません。

③セキュリティを学ぶ／サーバー監視の仕組みを学ぶ

サーバーはその性質上、攻撃対象になりやすいです。セキュリティの知識やサーバー監視の知識を深めましょう。「このサーバーは小規模だから大丈夫」「自社のような小さな会社は攻撃されない」というのは思い込みです。大規模な攻撃の前段階として利用される事例は多くあります。

セキュリティは、自分ではどうしようもないこともあります。他の職務の担当範囲であったり、顧客の要求や、その他の事情により、完璧な対策を取れるとは限りません。実際に攻撃された時に、どのような行動を取るべきかよく考えておきましょう。

④DNSの仕組みを知る（サポートサイトに簡単な説明有）

DNSとは、ドメインを解決する仕組みです。要は、IPアドレスとドメインを結びつけるものです。Webサーバーを運営していくにあたり、避けては通れないので、仕組みを知っておきましょう。最近では、自分でDNSサーバーを立てることが少なくなりましたが、仕組みを知っておくことは大切です。

⑤メールの仕組みを知る（サポートサイトに簡単な説明有）

メールサーバーも、自分で立てることはなくなりましたが、こちらもWebサーバーとセットで扱うことが多いサーバーです。仕組みだけでも学びましょう。

⑥データベースを学ぶ

最近では、データベースを使ったシステムがほとんどと言って良いほど多くなっています。以前なら、静的ページで作るだけであったようなサイトでも、WordPressや、MovableType(注12)のようなCMS(注13)（コンテンツマネジメントシステム）を入れて、データベースを使っています。

本書でも、LAMPサーバーについて簡単に解説しましたが、Webサーバーとセットと言っても過言ではありません。データベースの設計や、細かいSQL文(注14)までは必要ないとしても、データベースサーバー構築や、冗長化の仕組み、バックアップの仕組みなどは、理解しておく必要があります。

⑦ネットワークの仕組み／冗長化の仕組み／スケール／ユーザー管理について学ぶ

規模が大きくなってくると、閲覧者からのアクセスや、ユーザー管理について考えなければならなくなります。サーバーも、一台では足りなくなりますし、まめにバックアップを取ったり、アクセスを分散したりと、サーバーの「機密性」（Confidentiality）、「完

TIPS

（注12）ブログやウェブサイトのコンテンツを作成・管理できるソフトウェア。CMSの一種。

（注13）ウェブサイトのコンテンツを作成・管理できるソフトウェア。

（注14）データベースに命令する言語。

全性」(Integrity)、「可用性」(Availability)(注15)を守らねばなりません。小さなサーバーでも、守らなければならないのは同じですが、規模が大きくなると、これを損なってしまった時の影響が大きいのです。

負荷分散(ロードバランシング)や、バックアップ、レプリケーション(注16)、ユーザー認証、プロキシサーバー(注17)、CDN(注18)などの仕組みも知っておきましょう。

また、そもそも、自分のサーバーが置かれているネットワークについても知っておかねば、設計ができません。サーバー周り中心で良いので、学んでおきましょう。

8-7-5 さいごに

本書を手に取られた方は、様々なバックグラウンドがあることでしょう。サーバーやネットワークの設計をする予定の人も居れば、管理運用を担当する人も居るでしょうし、プログラマやコーダー、マネージャーの方が、周辺技術の知識を増やす目的であるかもしれませんね。どの職種であっても、サーバーについて理解しておくことは、きっと貴方のエンジニア人生を豊かにするはずです。皆さんは、漸くサーバー学習の第一歩を踏み出したばかり。二歩目に何を選ぶかは、貴方次第です。

楽しいLinux &サーバーライフを送れることを祈っております。

よきLinux&サーバーライフを!!

要点整理

- ✔ サーバーはVPSなどと契約してインターネットに公開できる
- ✔ インターネットに公開するときはセキュリティに注意する
- ✔ サーバーは立ち上げ後も運用やセキュリティに気を配らなくてはいけない
- ✔ Linuxもサーバーもわかるとおもしろい!

TIPS

(注15) 3つ合わせて情報セキュリティ三要素。要は、サーバーなどが安全で正しく運営されていること。

(注16) データベースの複製を作ること。

(注17) 代理サーバー。インターネットへの接続制限や、キャッシュなどで負荷を下げるために使う

(注18) コンテンツデリバリーネットワークの略。サーバーへの負荷を軽減するのに使う

索引

記号

A—M

P—X

あ—た行

は―わ行

■著者紹介
小笠原種高（おがさわらしげたか）
愛称はニャゴロウ陛下。技術ライター、イラストレーター。
システム開発のかたわら、雑誌や書籍などで、データベースやサーバ、マネジメントについて執筆。図を多く用いた易しい解説に定評がある。
主な著書に「図解即戦力　Amazon Web Servicesのしくみと技術がこれ１冊でしっかりわかる教科書」（技術評論社）、「仕組みと使い方がわかる Docker＆Kubernetesのきほんのきほん」（マイナビ出版）など。

Website　モウフカブール　http://www.mofukabur.com
Twitter @shigetaka256

デザイン・装丁 ● 吉村 朋子
レイアウト ● リンクアップ
イラスト ● モウフカブール（1-3-3、7-2-1）
編集 ● 野田 大貴
執筆協力 ● 浅居尚、大澤文孝、モウフフレンズの皆さん
SpecialThanks ● WAKABAYASHI Tomonori

■サポートホームページ
本書の内容について、弊社ホームページでサポート情報を公開しています。
https://gihyo.jp/book/2023/978-4-297-13427-3

ゼロからわかる
Linux（リナックス）サーバー超入門（ちょうにゅうもん）
Ubuntu（ウブントゥ）対応版（たいおうばん）

2023年 4月 8日　初版 第1刷発行
2024年 4月 23日　初版 第2刷発行

著　者　小笠原（おがさわら）　種高（しげたか）
発行者　片岡　巌
発行所　株式会社技術評論社
東京都新宿区市谷左内町21-13
電話　03-3513-6150　販売促進部
03-3513-6177　第５編集部
製本／印刷　図書印刷株式会社

定価はカバーに印刷してあります

ISBN978-4-297-13427-3　C3055
Printed in Japan

■お問い合わせについて
ご質問は本書の記載内容に関するものに限定させていただきます。本書の内容と関係のない事項、個別のケースへの対応、プログラムの改造や改良などに関するご質問には一切お答えできません。なお、電話でのご質問は受け付けておりませんので、FAX・書面・弊社Webサイトの質問用フォームのいずれかをご利用ください。ご質問の際には書名・該当ページ・返信先・ご質問内容を明記していただくようお願いします。
ご質問にはできる限り迅速に回答するよう努力しておりますが、内容によっては回答までに日数を要する場合があります。回答の期日や時間を指定しても、ご希望に沿えるとは限りませんので、あらかじめご了承ください。

●問い合わせ先
〒162-0846　東京都新宿区市谷左内町21-13
株式会社技術評論社　第５編集部
「ゼロからわかるLinuxサーバー超入門
Ubuntu対応版」質問係
FAX番号　03-3513-6173

なお、ご質問の際に記載いただいた個人情報は、ご質問の返答以外の目的には使用いたしません。また、返答後は速やかに破棄させていただきます。